하드웨어 제어를 위한

C언어와
마이크로프로세서

박영만·홍순남 공저

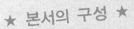

★ 본서의 구성 ★

01 전기·전자 기초
02 C언어 프로그래밍
03 통신 프로그래밍
04 마이크로프로세서

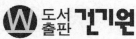

도서
출판 건기원

메카트로닉스 및 자동화 관련 엔지니어는 기계 기구의 설계 및 가공 능력과 기본적인 전기·전자 지식을 바탕으로 기계 기구들을 움직이게 하는 각종 액추에이터들과 센서 등을 컨트롤러와 인터페이스하여 자동화시킬 수 있는 능력이 필요하다. 또한 컨트롤러에 제어 프로그램을 작성하여 시스템에 생명력을 불어넣어야 한다.

본 교재는 자동제어 분야에 범용으로 많이 사용하는 마이크로프로세서 중에서 ATmega128 마이크로컨트롤러를 사용하여 각종 자동화 기계를 제어할 수 있는 능력을 갖출 수 있는 목표를 갖고 메카트로닉스 및 자동화 분야 학과의 마이크로프로세서 교과 운영을 위하여 작성되었다. 마이크로컨트롤러를 사용하기 위해서는 기본적인 전기·전자 지식과 회로 해석 능력, C언어 프로그래밍 능력, 기본적인 통신의 이해, 그리고 ATmega128 마이크로컨트롤러를 사용할 수 있는 다양한 지식이 필요하다. 이 모든 것들을 1권의 교재에 담았고 각기 분야별로 꼭 필요한 내용을 중심으로 작성하였다.

전 기·전자 기초 분야는 전자부품의 기호와 각종 소자의 특성, 계측장비 사용법, 옴의 법칙, 전류의 작용, 정류회로 등 전자회로를 이해할 수 있는 기본적인 소양을 갖출 수 있도록 하였다. 마이크로프로세서로 제어할 때에는 회로의 구성에 따라서 프로그램이 달라지므로 프로그래밍 능력만 가지고는 하드웨어를 제어할 수 없다. 따라서 인터페이스 회로를 이해하여 입력과 출력 신호의 흐름을 이해할 수 있어야 제대로 동작할 수 있게 프로그래밍도 가능하게 된다.

특히 C 프로그래밍 언어는 마이크로프로세서나 컴퓨터로 제어하고자 한다면 프로그래밍 능력을 기본적으로 갖추어야 한다. 물론 컴퓨터를 컨트롤러로 제어한다면 LabVIEW 같은 그래픽 언어를 사용하여 프로그래밍 할 수 있으나 마이크로프로세서는 어셈블리어나 C 프로그래밍 언어를 사용한다. 어셈블리어는 기호언어이므로 프로그램을 이해하거나 작성하기가 매우 어려우므로 생산성이 좋은 C 프로그래밍 언어를 일반적으로 많이 사용한다. 그러나 초보자들이 공부하기에 부담스러워하는 프로그래밍 언어이므로 어려워하는 포인터 부분이나 기타 필요 없는 문법 등은 제외하고 마이크로프로세서를 컨트롤러로 하여 제어하는 데 필요한 문법만을 수록하였다. 또한 C 프로그래밍 언어를 공부하면서 자동제어에는 필수적으로 사용되는 통신 기능을 이해하도록 RS-232C 통신 프로그램을 작성하여 통신의 개념과 통신 프로그래밍을 경험할 수 있도록 하였다.

마이크로프로세서 실습은 메카트로닉스기사 및 생산자동화산업기사 국가기술자격검정에 기초 지식이 되며 검정에 사용되는 미니 MPS 장비를 구동할 수 있도록 기본적인 포트 입·출력부터 타이머, 카운터, 시리얼 통신, 모터 제어 등을 학습하고 최종적으로 미니 MPS를 구동하도록 하였다.

비록 자격증 취득과 관련이 없고, C 프로그래밍 언어에 대하여 지식이 없어도 본 교재에 제시된 실습예제를 단계별로 따라하면 마이크로프로세서로 각종 액추에이터를 제어할 수 있는 자신감을 얻게 될 것이다.

이 책이 나오도록 도움을 주신 건기원 사장님과 교정을 도와주신 편집부 직원들께 진심으로 감사드린다.

저자 박영만, 홍순남

차 례

Chapter 1. 전기 · 전자 기초

Chapter 2. C언어 프로그래밍

C언어와 마이크로프로세서

●○○○

**C언어와
마이크로프로세서**

Chapter 1

전기 · 전자 기초

1.1 전자 부품기호 및 부품 구별

1.2 아날로그(Analog) 소자

1.3 기본적인 디지털(Digital) 소자

1.4 전기회로

1.5 공구 및 계측장비와 측정

1.6 전류의 작용과 전력

1.7 정류회로

1.8 TR 스위칭 회로

전기 · 전자 기초

모든 물질은 전자로 구성되어 있다. 원자는 양자(Proton), 중성자(Newton), 전자(Electron)로 구성되어 있다. 최외곽 전자는 원자핵에 약하게 결합되어 외부의 열이나 빛, 마찰 등에 의해서 궤도로부터 벗어나 자유전자가 된다. 이 자유전자의 흐름에 의해 전기의 여러 가지 현상이 발생한다. 이 장에서는 마이크로프로세서로 자동화 시스템을 제어할 수 있는 능력을 갖출 수 있도록 전기 · 전자의 여러 가지 현상을 이용하기 위한 전자부품의 특성과 용도, 기본적인 원리와 측정 등 전기 · 전자 분야의 기초적인 소양을 습득한다.

1.1 전자 부품기호 및 부품 구별

전자부품은 PCB에 결합하여 전자회로를 구성하는 데 사용되며 능동소자와 수동소자로 구분한다. 수동소자(Passive Element)는 회로 부품 중 저항이나 콘덴서와 같이 자체 부품 조합만으로 증폭이나 발진 등과 같은 동작을 할 수 없는 소자를 말하며 능동소자의 보조 부품으로 사용된다.

능동소자(Active Element)는 회로 부품 중 다이오드나 트랜지스터와 같이 전압을 공급받아 증폭이나 발진 등을 할 수 있는 소자를 말하며 회로의 안정된 동작을 위하여 수동소자를 같이 사용한다.

전자회로는 기호(Symbol) 결합으로 표현하며 회로를 이해하고 조립 또는 수리하기 위해서는 부품과 기호를 잘 알고 있어야 한다. 각종 전자 부품은 용도와 재질, 사용전압, 주파수, 용량, 규격, 크기에 따라 다양하므로 부품을 정확히 구분할 수 있어야 한다.

1.1.1 각종 전자부품의 실물 모형과 기호

(1) 일반 기호

1) 직류 전류계 및 직류 전압계

전류는 A(Amper)를, 전압은 V(Voltage)를 기호로 사용한다. 직류 전류를 표현하기 위하여 기호의 아래에 직선을 그어 기호로 사용한다.

2) 교류 전류계 및 교류 전압계

직류와 같이 전류는 A를, 전압은 V를 기호로 사용한다. 교류 전류를 표현하기 위하여 기호의 아래에 물결 표시(사인파형)를 그어 기호로 사용한다.

3) 교류 전원

물결 표시로 교류 전원을 표시하며 전압 및 주파수 표시는 110/220[V], 60[Hz]와 같이 한다.

4) 직류 전원

극성 표시가 있으며 긴 쪽이 +, 짧은 쪽은 −이다.

5) 도선 접속

(a)는 배선이 접속되어 있는 상태를 나타내는 것으로 교차점에 점을 찍는다. (b)는

접속되지 않은 상태를 나타내는 것으로 접속점이 없다. 즉 도선이 위로 넘어가는 상태를 나타낸다.

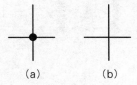

(a)   (b)

6) 접지

(a)는 대지에 접속하여 접지하는 경우를 표시하고, (b)는 새시 또는 공통 접지하는 경우를 표시한다.

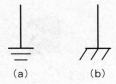

(a)   (b)

(2) 저항(Resistor)

1) 고정 저항

전류 흐름을 방해하는 소자이다. 카본, 권선, 세라믹, 금속피막 저항 등 여러 종류가 있다.

그 용량은 최대로 흐를 수 있는 전류의 와트수로 1/8, 1/4, 1/2, 1, 2[W] 등이 주로 사용된다. 또한 내압이 높은 2[W] 이상의 저항도 있다.

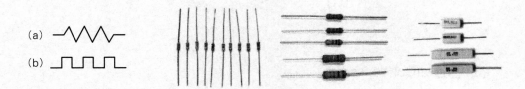

2) 어레이 저항

어레이 저항은 보통 한 개의 공통단자(점 표시)와 여러 개의 저항단자로 구성된 공통형과 각각 공통단자와 저항단자가 짝을 이루어 여러 개가 합쳐진 형태의 분리형이 있다. 또한 IC 타입의 어레이 저항도 있다. 적은 면적에 여러 개의 저항을 배치할 수 있는 장점이 있다.

3) 반고정 저항

주로 PCB에 부착하여 사용하며, 저항 값을 조정봉 등을 사용하여 연속으로 조정할 수 있다. 가끔씩 저항 값을 조절할 필요가 있는 곳에 사용한다. 기호는 저항 표시에 화살표시를 대각선으로 긋는다.

4) 가변 저항

저항 값을 손잡이(Knob)를 사용하여 연속적으로 조정할 수 있다. 자주 저항 값을 조정하는 곳에 사용한다. 기호는 저항 표시에 화살표시를 중심에 직각으로 긋는다.

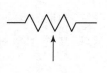

(3) 콘덴서(Condenser)

콘덴서의 다리 길이가 긴 쪽이 +극성을 가지며, 짧은 쪽은 −극성을 갖는다. 극성이 없는 콘덴서는 별도로 표시하지 않으며 양방향으로 사용이 가능하다.

1) 세라믹 콘덴서

유전율이 높은 산화티탄이나 티탄산바륨 등의 자기를 유전체로 하는 소자이다. 극성이 없는 특징이 있다.

기호에 +, − 표시를 하지 않는다.

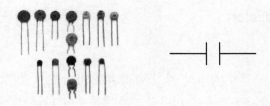

2) 마일러 콘덴서

전하를 저장하는 기능이 있고 교류회로에서 공진소자로 사용되고 교류신호만 통과시킨다.

필름 유전체를 전극 사이에 넣고 감은 것으로 저, 고주파 특성이 우수하다. 마일러 콘덴서도 극성이 없다.

3) 전해 콘덴서

전하를 일정한 방향으로 저장하는 기능을 하고 +, −극성이 있다. 비교적 용량이 크며 극성에 주의하여 사용해야 한다.

4) 탄탈 콘덴서

전해 콘덴서에 비해 충전과 방전 속도가 빠르고 온도 범위가 넓으며 안정성과 수명이 뛰어나다.

전해 콘덴서에 비해 내압이 낮고 용량이 적은 단점이 있다.

(4) 인덕터(Inductor)

1) 인덕터

도선이나 코일의 전기적 자기적 성질을 가지는 것을 말한다. 코일에 흐르는 전류는 코일 속의 유도작용을 이용하는데 주파수에 따라서 저주파 코일, 고주파 코일로 구분한다.

코일에는 선재를 많이 감을수록 코일의 성질이 강해지고 용량이 커진다. 코일은 인덕턴스라는 특성을 가지며 용도에 따라 동조 코일, 초크 코일, 발진 코일, 전원 트랜스 등으로 분류하며 코일의 기본 단위로 헨리(H : Henry)를 사용한다.

(a)　(b)　(c)

(5) 반도체(Semi-Conductor)

1) 다이오드

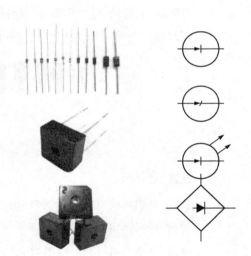

① 정류 다이오드
② 제너 다이오드
③ 발광 다이오드(LED)
④ 포토 다이오드
⑤ 브리지 다이오드
⑥ 가변용량 다이오드
⑦ 터널 다이오드
⑧ 검파 다이오드

2) 트랜지스터(Transistor)

전류를 증폭하고 스위칭할 수 있는 소자로서 NPN, PNP형이 있다. 각각 종류별로 표시하는 기호는 다음과 같다.

① 2SAXXXX : PNP형 고주파용
② 2SBXXXX : PNP형 저주파용
③ 2SCXXXX : NPN형 고주파용
④ 2SDXXXX : NPN형 저주파용

NPN형 PNP형

3) FET, UJT, PUT

① FET : 전압증폭 소자이다.
② UJT : 발진소자이다.
③ PUT : 마이크로파 발진소자이다.

 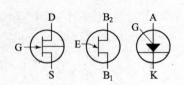

4) 사이리스터

사이리스터는 3개 이상의 P-N접합을 1개의 반도체 기판 내에 형성함으로써 전류
가 흐르지 않는 오프 상태와 전류가 흐를 수 있는 온 상태의 2개의 안정된 상태가
있고, 또한 오프 상태에서 온 상태로 또는 온 상태에서 오프 상태로 이행이 가능한
반도체 소자이다. 사이리스터는 상품명으로 불리는 SCR, TRIAC, DIAC 등 3종류
가 있다.

• SCR : 3극 단방향 사이리스터
• TRIAC : 3극 쌍방향 사이리스터
• DIAC : 2극 쌍방향 사이리스터

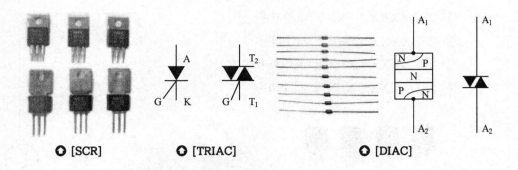

    ◑ [SCR]   **◑ [TRIAC]**   **◑ [DIAC]**

5) Thermistor

온도 변화에 의해 저항 값이 변하는 소자이며 온도 센서로 사용된다.

6) 배리스터(Varistor)

전압 변화에 의해 저항 값이 변하는 소자이다. 보통 전원회로에 사용되며 높은 과전압이 흐를 경우에 배리스터 자신이 파열되면서 합선을 일으켜 퓨즈가 차단되어 이상 전압이 회로에 더 이상 흐르지 않도록 보호하는 역할을 한다.

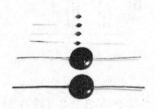

7) FND(7 Segment)

7개 LED를 조합하여 숫자를 표시하는 소자로서 공통 +극성을 갖는 Common Anode type과 공통 −극성을 갖는 Common Cathode type이 있다.

다음의 기호를 보면 3번과 8번 핀은 공통단자이며 나머지 핀들은 LED에 각각 연결되어 숫자를 표시하게 된다.

 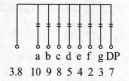

8) 액정 표시장치(LCD)

마이크로컴퓨터 표시부에 많이 사용되며 표시 문자, 숫자 등 종류가 다양하다. 온도계, 전압·전류계 등의 표시기에 사용되며 한글을 표시할 수 있다.

9) CdS(광도전소자)

빛의 밝기에 따라 저항 값이 변하는 소자이다. 빛이 밝으면 저항 값이 작아지고, 어두우면 저항 값이 커지는 특성이 있다.

이 특성을 이용하여 햇빛을 추적하는 센서로 사용하거나 조명장치의 가로등 제어용 센서로 많이 사용된다.

 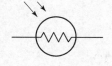

10) 포토 TR

빛의 세기에 따라 트랜지스터에 흐르는 전류가 변한다. 광 스위치, 단거리 광 통신기기, 마크 판별기 등에 이용한다.

 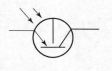

11) 포토 커플러(Photo Coupler)

LED 발광소자와 Si 수광소자를 사용하여 스위칭한다.

입력과 출력 측이 전기적으로 분리되어 신호가 빛으로 전달한다. 따라서 입력측 전압과 출력측 전압이 서로 달라도 사용이 가능하여 외부의 신호전달에 노이즈를 차단할 수 있는 소자이다.

신호는 한 방향으로 전달되고 응답속도가 빠른 특징이 있다.

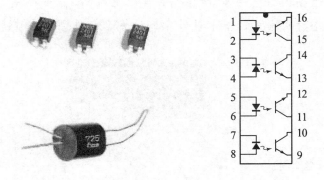

12) Analog IC

연속적인 신호를 증폭하며 오디오, TV, 센서회로 등에 사용한다.

13) Digital IC

2진수를 기억, 전송, 시프트 제어를 하며 자동화기기, 컴퓨터 등에 사용한다.

(6) 스위치(Switch)

1) Switch

① 슬라이드 스위치
② 푸시 버튼 스위치
③ 토글 스위치

2) DIP Switch

디지털 회로에서 여러 개의 스위치가 필요할 때 사용한다. 마이크로컴퓨터 등에서 각종 설정을 위하여 사용하며, 접점 용량이 작기 때문에 대 전류용으로는 부적절하다.

3) Digital Switch(BCD Switch)

2진수 또는 BCD코드 신호를 만드는 데 사용한다.

4) Rotary Switch

패널에 설치하여 동작을 순서대로 전환하여 선택하는 용도로 사용한다. 감도 전환이나 주파수 선택 등 측정기에서 사용한다.

(7) 기타 전자 부품

1) 수정 발진자

수정의 진동 특성을 이용하여 일정 주파수 클록 발진회로에 사용한다. 이러한 클록은 컴퓨터나 마이크로프로세서 회로에 필수적으로 사용된다.

2) 스피커(Speaker)

전기적인 신호를 소리(음파)로 변환해 주는 부품이다.

3) 기판용 커넥터

PCB와 케이블을 접속할 때 사용하는 커넥터로 핀 수는 1핀에서 수십 핀까지 다양하다.

4) 전원회로 부품

퓨즈는 AC 전원을 단락하거나 과전류가 흘렀을 때 안전을 위해 사용한다. AC 콘센트는 외부로 AC 전원을 공급할 때 패널에 설치하는 콘센트이다.

5) 방열판

　TR이나 3단자 레귤레이터 등 방열을 필요로 하는 소자에 부착하여 사용하며 크기에 따라 방열 능력이 다르며 열 저항으로 나타낸다.

6) IC 소켓

　IC를 직접 기판에 납땜할 수 없을 때, 재사용하고자 할 때, 고장 날 가능성이 높은 곳 등에는 IC 소켓을 사용한다.

7) 트랜스(Trans)

　전자유도 작용에 의해서 교류전압이나 전류값을 변환하는 부품이며 변압기라고도 한다.

8) 계전기(Relay)

　코일에 전류를 흘리면 자석이 되는 성질을 이용한 부품이다. 전기적으로 독립된 회로를 연동시킬 수 있다.

자주 사용되는 기호는 다음 그림과 같다.

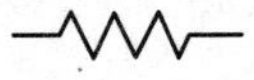	저 항	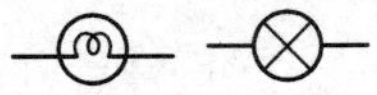	전 구
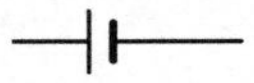	전지(배터리)	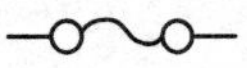	퓨 즈
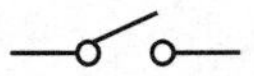	스위치	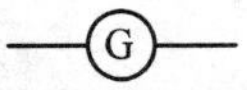	발전기
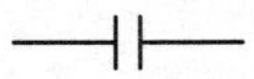	콘덴서	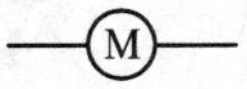	모 터
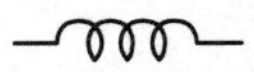	코 일	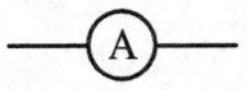	전류계
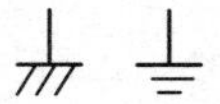	어 스	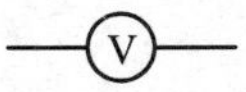	전압계
	도 선	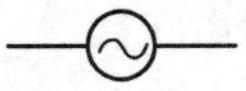	교류전원
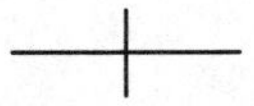	도선의 교차 (접속 안됨)	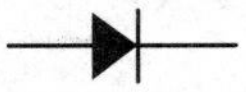	다이오드
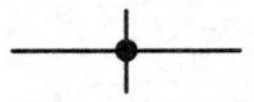	도선의 접속		
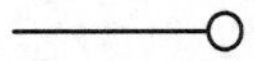	단 자		
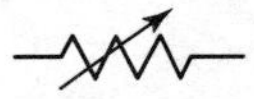	가변저항		
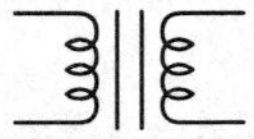	변압기		

기호를 사용하여 회로를 표현하면 다음 그림과 같이 표현할 수 있다.

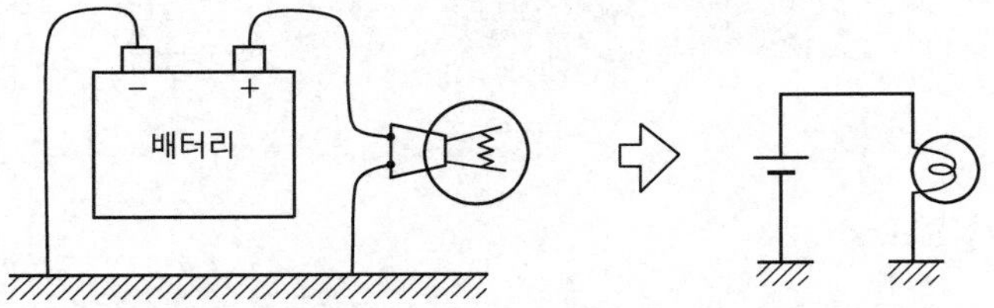

몸체를 ⊖어스로 표시하는 경우가 많다.

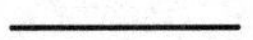

1.2 아날로그(Analog) 소자

제어회로는 디지털 소자와 아날로그 소자들로 구성된다. 논리회로는 디지털 소자를 중심으로 각종 논리연산이 처리되지만 아날로그 소자 또한 회로를 안정적으로 동작시키는 데 있어서 중요한 역할을 하기 때문에 기본적인 아날로그 소자의 종류와 사용법을 알아본다.

1.2.1 저항(Resister)

저항은 전류의 흐름을 방해하는 소자다. 전류는 곧 전하의 흐름을 말하는데 저항은 전하의 흐름을 방해를 하는 것이다. 대부분 전기의 흐름을 물의 흐름에 비유하는데 높은 위치에 물통에 물이 가득 차 있는 경우 전압, 전류, 저항을 물통에 비유해서 살펴보자.

지상으로부터 물통의 수면까지의 높이, 즉 물의 높이는 전압을 의미한다. 전압(Voltage)이라는 것은 전위를 말하고 전위라는 것은 쉽게 말해 물의 낙차 높이를 말한다. 폭포의 높이가 높을수록 밑에 떨어지는 힘은 더 세지는 것처럼 전위가 높으면 전기가 흐르려고 하는 힘인 전압이 높은 것이다.

전류(Current)는 물의 흐르는 양을 말하는 것으로 물통의 관을 통해서 나오는 물이 전류라 생각하면 당연히 물의 높이가 높으면 그 힘에 의해서 물은 더욱 빨리 많이 나올 것이다. 결국 전압이 전류가 많이 흐르도록 해준다. 그렇다면 물의 흐름을 방해하는 요소는 무엇일까? 물을 잘 흐르지 못하게 하는 건 관의 면적이다. 관이 넓으면 물은 한꺼번에 많은 물이 나갈 것이나 좁다면 조금씩밖에 나갈 수 없을 것이다.

저항(Resistance)은 전류의 흐름을 방해해 전류가 많이 흐르지 못하게 하는 것이다. 쉽게 말하면 집에서 수도밸브를 많이 개방하면 수돗물이 수도관을 통해서 물이 많이 나오는 것과 같다. 전류는 저항이 크면 흐름이 감소되기 때문에 저항에 반비례하게 되고, 전압이 커지면 누르는 힘 때문에 빨리 많이 흐르기 때문에 전압에 비례하게 되는 것이다.

(1) 저항의 종류와 저항 읽는 방법

1) 일반 색 저항

　저항 중에서 가장 많이 쓰이고 있는 것은 카본으로 만들어진 색 저항으로 저항의 크기에 따라 정격이 다르지만 일반적으로 흔히 볼 수 있는 것은 1/4W이고, 대개 1/8W, 1/4W, 1/2W, 1W, 2W 등이 있다. 이러한 저항은 각각이 컬러코드 값으로 4색 띠 또는 5색 띠를 가지고 있는데 이는 그 저항의 크기를 나타낸다.

　저항의 값을 읽는 방법은 일정한 규칙을 가지고 있는데 금색이나 은색의 색상띠는 저항의 정밀도를 나타내는 색상이다. 이 정밀도를 나타내는 색상띠를 오른쪽으로 놓고 왼쪽부터 각 자릿수 별로 색상별 가중치를 가지고 있다. 다음 그림과 표에 나타난 바와 같은 규칙으로 저항값의 크기를 읽을 수 있다.

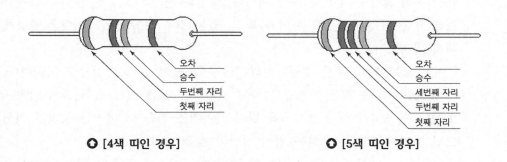

✪ [4색 띠인 경우]　　　　　　**✪ [5색 띠인 경우]**

4색 띠/5색 띠 저항 읽는 방법					
4색 띠 저항	첫째자리(값)	둘째자리(값)		셋째자리(승수)	넷째자리(오차)
5색 띠 저항	첫째자리(값)	둘째자리(값)	셋째자리(값)	넷째자리(승수)	다섯째자리(오차)
검정색	0	0	0	10^0	
갈 색	1	1	1	10^1	
빨간색	2	2	2	10^2	
주황색	3	3	3	10^3	
노란색	4	4	4	10^4	
초록색	5	5	5	10^5	
파란색	6	6	6	10^6	
보라색	7	7	7	10^7	
회 색	8	8	8	10^8	
백 색	9	9	9	10^9	
금 색				0.1	±5%
은 색				0.2	±10%

4색 띠와 5색 띠를 가지고 있는 저항의 크기를 읽어보면 다음과 같다.

4색 띠를 갖는 저항은 첫 번째, 두 번째 색상 값을 차례로 적고 세 번째 색상 값은 10의 승수를 나타내므로 여기에 곱셈을 한 결과가 저항 값이 된다.

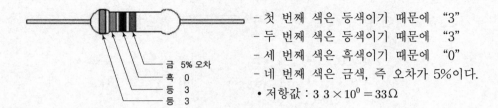

- 첫 번째 색은 등색이기 때문에 "3"
- 두 번째 색은 등색이기 때문에 "3"
- 세 번째 색은 흑색이기 때문에 "0"
- 네 번째 색은 금색, 즉 오차가 5%이다.
- 저항값 : $3\,3 \times 10^0 = 33\Omega$

5색 띠를 갖는 저항은 첫 번째, 두 번째, 세 번째 색상 값을 차례로 적고 네 번째 색상 값은 10의 승수를 나타내므로 여기에 곱셈을 한 결과가 저항 값이 된다. 4색 저항과 자리수가 1개 더 많은 것을 제외하고는 읽는 방법이 같으나 5색 띠를 갖는 저항이 보다 더 정밀한 값을 표현할 수 있다.

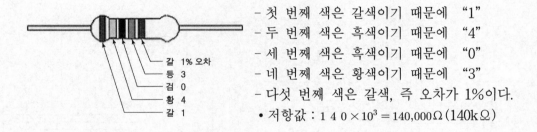

- 첫 번째 색은 갈색이기 때문에 "1"
- 두 번째 색은 흑색이기 때문에 "4"
- 세 번째 색은 흑색이기 때문에 "0"
- 네 번째 색은 황색이기 때문에 "3"
- 다섯 번째 색은 갈색, 즉 오차가 1%이다.
- 저항값 : $1\,4\,0 \times 10^3 = 140,000\Omega\ (140k\Omega)$

2) 어레이(Array) 저항

어레이 저항은 여러 개의 저항을 하나의 패키지로 묶어 놓은 형태로 같은 수치의 저항이 여러 개 사용된다면 일반저항을 여러 개를 같이 사용하는 것보다는 어레이 저항을 사용하면 더욱 간결하게 회로를 구성할 수 있다.

어레이 저항의 점 찍혀 있는 부분이 1번 핀으로 공통단자이고 회로 구성을 하는데 +, - 극성에 관계없이 연결되어 사용한다.

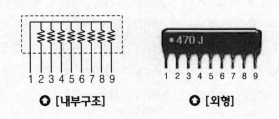

ↂ [내부구조]　　**ↂ [외형]**

같은 수치의 저항을 같은 용도로 8개 사용하려면, 8개의 저항 다리와 공통단자가 있기 때문에 9핀의 어레이 저항을 선택하면 된다.

어레이 저항 값의 표현은 3자리 숫자로 표시하며 수치를 읽는 방법은 색 저항과 같은 방식으로 세 자리 숫자 중 앞의 두 자리는 저항 값 자리수가 되고 마지막 숫자는 승수가 된다.

$$4\ 7\ 0\quad =\quad 4\ 7\quad \times\quad 10^0\quad =\quad 47\,\Omega$$
$$1\ 0\ 3\quad =\quad 1\ 0\quad \times\quad 10^3\quad =\quad 10\,\mathrm{k}\Omega$$

다음의 회로도에서와 같이 어레이 저항은 디지털 회로에서 풀업(Pull up)이나 풀다운(Pull down) 회로에 많이 사용한다. 풀업은 어레이 저항의 공통단자를 높은 전압(5V)에 연결하고 있는 것을 의미하고, 풀 다운은 공통단자를 낮은 전압(0V)에 연결하는 것을 의미한다.

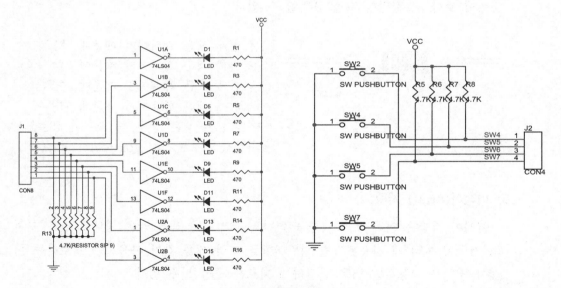

❶ [풀업과 풀다운 회로]

풀업과 풀다운 회로가 사용된 예는 위의 회로도와 같다. 풀업 저항은 High신호가 입력될 때 확실하게 5V가 입력되도록 하며, 풀다운 저항은 Low신호가 입력될 때 확실하게 0V가 입력되도록 하기 위하여 사용된다. 동일한 저항을 여러 개 나란히 배치할 때 일반 색 저항 여러 개를 나란히 배치하는 것보다 어레이 저항을 사용하면 적은 면적을 차지하는 장점이 있다.

3) 칩 저항

칩 저항(Chip Resistor)은 다음 그림과 같이 크기가 아주 작고 보통 비닐 안에 포장되어 롤에 말아져 있다. PWB(Printed Wiring Board/프린트 배선판) 또는 PCB(Printed Circuit Board/프린트 기판) 표면에 납땜으로 부착하여 사용하는 저항으로서 사람 손으로 납땜하기가 어려우므로 보통은 표면 실장기술을 사용하는 SMT(Surface Mount Technology) 장비를 사용하여 자동으로 삽입하고 납땜을 한다. 저항 값을 읽는 방법은 어레이 저항 읽는 방법과 칩 저항도 같은 표기법을 사용하므로 읽는 방법도 같다.

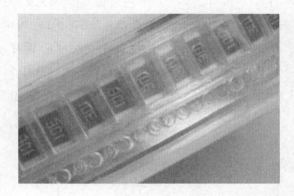

♦ [칩 저항의 모양과 칩 저항 포장 상태]

예를 들어 그림과 같이 칩 저항 윗면에 301라고 쓰여 있으면 $30 \times 10^1 = 300\Omega$이다. 760으로 쓰여 있으면 $76 \times 10^0 = 76\Omega$이다. 실수하여 760은 마치 760Ω으로 읽기 쉽기 때문에 세 번째 숫자가 10의 승수를 나타냄을 주의해야 한다. 또한 5.6Ω의 경우에 칩 저항 표기법은 5R6으로 표시한다.

SMT는 표면 실장형 부품(SMD : Surface Mount Device)을 프린트 기판 표면에 장착하고 납땜하는 기술을 의미하는 것이며, IMT(Insert Mount Technology)는 PCB 기판의 Plated Through Hole 내에 부품의 LEAD를 삽입 납땜하는 방법을 말한다. 다음 그림과 같이 IMT는 프린트 기판의 한쪽 면에만 모든 부품이 배치되었으나 SMT는 프린트 기판의 양면 모두에 부품을 배치할 수 있는 장점이 있어 전자회로기판을 소형화할 수 있는 방법으로 요즘은 대부분 SMT 실장기술을 사용하여 전자회로를 제작한다.

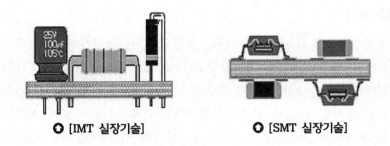

○ [IMT 실장기술]   **○ [SMT 실장기술]**

4) 가변저항

가변저항은 말 그대로 저항 값을 변화시킬 수 있는 소자로 기본적으로 저항의 수치가 있고 그 사이에서는 원하는 저항 값을 조정하여 사용할 수 있다. 가변저항의 경우에 핸들이 부착되어 있어서 수시로 저항 값을 조절이 가능하게 되어 있고, 반 고정저항의 경우에는 가끔 저항 값 조정이 필요한 경우 다음 그림처럼 가변저항 윗면을 드라이버로 돌려서 한번 변경하면 움직이지 않는 경우에 저항 값을 조정하여 사용한다.

○ [가변저항]   **○ [반 고정저항]**

가변저항은 다리 세 개가 존재하고, 가운데 다리를 중심으로 양쪽으로 저항이 존재한다고 생각하면 된다. 가변저항의 수치는 어레이 저항처럼 읽으면 된다.

$$1 \ 0 \ 3 \quad = \quad 1 \ 0 \quad \times \quad 10^3 \quad = \quad 10\,\mathrm{k\Omega}$$

103인 가변저항의 1번 핀과 3번 핀을 측정하면 전체 저항 값이 $10\,\mathrm{k\Omega}$이다. 가변저항의 핸들을 정확히 가운데 맞추었다면 중심으로부터 왼쪽 저항(1번 핀~2번 핀) 값은 $5\,\mathrm{k\Omega}$, 오른쪽 저항(2번 핀~3번 핀) 값도 $5\,\mathrm{k\Omega}$가 되는 것이다.

1.2.2 콘덴서(Capacitor)

콘덴서는 전하를 축적하는 소자이다. 콘덴서를 물을 저장하는 탱크로 비유한다면, 이 저장탱크에 물이 들어가는 용량은 저장탱크의 높이와, 탱크의 면적이다. 즉 탱크의 부피가 콘덴서의 한계 용량이다. 물은 절대로 콘덴서의 한계 높이 이상 채워질 수 없다. 만일 저장탱크가 부득이하게 정해진 용량 이상의 물을 채워야 한다면, 저장탱크는 파괴될 수밖에 없으며, 이는 곧 콘덴서의 파괴를 의미한다. 콘덴서의 한계 용량은 물의 높이로 나타나듯이 전압(Volt)이 그 단위가 된다. 이렇게 물의 흐름의 주체인 물이 저장탱크에 모이는 것과 같이, 콘덴서는 전류의 주체인 전하를 모으는 역할을 한다. 만일 전원에 해당하는 물탱크에 갑자기 물이 공급이 안 된다면, 이제 저장탱크에 있는 물이 관을 따라 어느 정도의 시간 동안 흘러나올 것이다. 즉 전원 공급이 멈추더라도 콘덴서의 방전에 의하여 어느 정도의 시간 동안 콘덴서에 저장되어 있는 전류원이 있기 때문에 콘덴서의 충전량에 따라 회로에 전원이 공급될 수 있다.

콘덴서는 회로에서 주변의 부품과 어떻게 구성되느냐에 따라서 다양한 역할을 수행한다.

① 전원회로에서는 주로 에너지를 저장하는 역할을 한다. 높은 전압에서 충전했다가 낮은 전압이 될 때 자신이 충전한 에너지를 내보내는 역할을 한다. 이것을 평활이라고 한다.

② 직류는 차단하고 교류는 통과시키는 역할을 한다. 보통 노이즈는 교류성분을 갖는데 이때 콘덴서를 GND에 붙여서 노이즈를 통과시켜서 제거하므로 노이즈 제거에도 사용한다.

③ 저항 또는 코일과 결합하여 특정한 주파수만 통과시키는 필터로 사용되거나, 코일과 결합하여 발진회로를 구성할 때 사용한다.

(1) 콘덴서의 종류

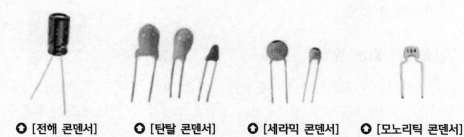

❶ [전해 콘덴서]   ❶ [탄탈 콘덴서]   ❶ [세라믹 콘덴서]   ❶ [모노리틱 콘덴서]

1) 전해 콘덴서

전해 콘덴서는 얇은 산화 막을 유전체로 사용하고 전극은 알루미늄을 사용하는 극성이 있는 콘덴서이다. 다리가 긴 단자에 +극을 연결하면 된다. 보통 μF 정도의 커다란 용량을 가지며, 정격 전압보다 훨씬 높은 전압이 가해지면 콘덴서가 터져 버린다. 직류신호에 섞인 교류 잡음을 제거하는 데 많이 사용되고, 고주파 회로에서는 특성이 나쁘기 때문에 많이 사용하지 않는다.

2) 탄탈 전해 콘덴서(탄탈 콘덴서)

탄탈은 전극의 재료로 사용하고 있으며, 전해 콘덴서처럼 용량이 크다. 극성이 있으며, 절대로 극성을 바꾸어서 사용하면 안 된다. 교류 신호의 일그러짐이 적기 때문에 아날로그 회로에서 많이 사용한다. 가격이 비싼 것이 흠이다.

3) 세라믹 콘덴서

탄산바륨(Titanium-Barium)과 같은 유전율이 큰 재료를 유전체로 사용하고 있다. 용량은 수 pF에서 수십만 pF 정도로 폭넓게 나오지만 전해 콘덴서보다는 용량이 작다. 보통 용량이 커지면 커질수록 콘덴서의 지름도 더 길어진다. 고주파의 교류를 제거하거나, 중간 주파수 영역의 교류를 신호처리하는 데 많이 사용하고 있다. 가격이 싸고 극성도 없다.

4) 폴리에스테르 필름 콘덴서(마일러 콘덴서)

마일러(Mylar) 콘덴서라고도 하며, 얇은 폴리에스테르 필름을 양측에서 금속으로 삽입하여, 원통형으로 감은 것이다. 가격이 싸다는 장점이 있고, 높은 정밀도는 기대할 수 없다. 오차는 대략 ±5%에서 ±10% 정도이다. 극성은 없다.

5) 모노리틱 콘덴서(바이패스 콘덴서)

모노리틱 콘덴서는 주로 바이패스로 사용하는데 일반적인 TTL IC나 CPU 같은 곳에 붙어서 전원 공급에 따른 충격을 줄여주는 역할을 한다. 세라믹 콘덴서와 같이 극성은 없다.

(2) 콘덴서 읽는 방법

콘덴서는 정격전압과 정전용량이 숫자로 적혀 있다. 정격전압은 사용이 가능한 최대 전압을 나타내고 정전용량은 전하를 충전할 수 있는 콘덴서의 용량을 의미한다. 만약 세라믹 콘덴서의 경우에 103이라는 숫자가 콘덴서에 적혀 있다면, 어레이 저항을 읽는 방법과 같이 10×10^3, 즉 10K가 된다. 하지만 콘덴서는 항상 $10^{-12} =$ 1pF의 지수가 붙어 있다. 따라서 콘덴서의 용량은 10k×1pF $= 10 \times 10^3 \times 10^{-12} =$ $10 \times 10^{-9} = 10$nF이 된다.

전해 콘덴서를 제외한 대부분의 콘덴서는 그 용량이 1μF 이하의 용량을 갖는다. 1μF 이상의 용량을 갖는 콘덴서는 대부분 전해 콘덴서로서 외부에 정격전압과 정전용량이 인쇄되어 있다.

❶ [전해 콘덴서]　　　❶ [세라믹 콘덴서]　　　❶ [탄탈 콘덴서]

전해 콘덴서의 표시가 400V 100μF일 경우에 정격전압이 400V, 정전용량이 100μF을 나타낸다. 세라믹 콘덴서의 정전용량 표시가 105K 100V일 때 맨 뒷자리는 10의 5승을 의미하기 때문에 바로 읽으면 $10 \times 10^5 \times 10^{-12} = 10 \times 10^{-7} = 10$pF $\times 10^{-1} =$ 1uF이 된다. 또한 100V 이하에서 사용이 가능하고 정밀도는 K등급으로 ±10%의 오차를 갖는다.

마일러 콘덴서의 용량은 152K일 경우에 정전용량 표시 뒤에 정밀도를 나타내는 "K"가 붙었다. 콘덴서 정전용량은 $15 \times 10^2 \times 10^{-12} = 1.5 \times 10^{-9} = 1.5$nF이며, 정밀도를 나타내는 문자는 K이므로 ±10%의 오차를 가진다. 따라서 이 콘덴서는 1.35nF~1.65nF 사이의 값을 가지게 됨을 알 수 있다.

탄탈 콘덴서의 표시가 47μF 35로 표시된 경우 표면에 표시된 대로 정전용량은 47μF이고 그 뒤의 숫자는 정격전압을 의미하므로 35V 이하에서 사용해야 한다.

다음의 표는 콘덴서 정전용량의 정밀도를 나타내는 문자에 따른 오차 값을 보여준다.

정밀도 문자	B	C	D	F	G	J	K	M	N
오차 값	±0.1%	±0.25%	±0.5%	±1%	±2%	±5%	±10%	±20%	±30%

1.2.3 다이오드(Diode)

다이오드는 전류를 한쪽 방향으로만 흐르고 그 반대 방향으로는 흐르지 못하게 하는 것이 가장 기본적인 특성이다. 이 기본 특성을 갖는 대표적인 다이오드들을 살펴본다.

❶ [스위칭 다이오드]   ❶ [제너 다이오드]   ❶ [브리지 다이오드]

(1) 다이오드

P형 반도체와 N형 반도체를 접합시킨 것을 PN 접합이라 하는데, 이것을 이용한 소자가 다이오드이다. 다이오드는 전류를 한쪽 방향을 흘려주는 소자로, 전류는 P형에서 N형 쪽으로만 잘 흐른다. 이 방향을 순방향이라고 한다. 즉 순방향으로 전류가 잘 흐른다. 반면 역방향인 N형에서 P형으로는 흐르지 않는다. 다이오드는 교류신호를 직류신호로 만드는 정류작용과 검파 작용, 그리고 전류의 on/off를 제어하는 스위칭 회로에 많이 쓰인다.

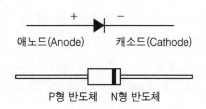

애노드(Anode)   캐소드(Cathode)

P형 반도체   N형 반도체

위 그림은 다이오드의 심벌과 외형도로 전류는 +인 애노드에서 -인 캐소드로 흐른다.

전자는 -1.6×10^{-19}C의 전하를 가지고 있고, 정공이란 전자가 비어 있는 상태를 말하는데 이 정공이 가지게 되는 전하는 1.6×10^{-19}C이다. 모든 원자는 전기적으로 중성이기 때문에 하나의 전자에 빈 공간은 양의 전하가 생성되어야만 하기 때문이다. 전류란 전하의 흐름이라고 하였다. 즉 전하를 가지고 있는 전자나 정공이 이동할 때 전류가 흐른다고 할 수 있고, 전류의 방향은 전자의 이동방향과는 반대이며, 정공의 이동 방향과 같다. N형 반도체에는 전자가 정공에 비해 상대적으로 많은 반도체이며, P형 반도체는 정공이 많은 반도체이다.

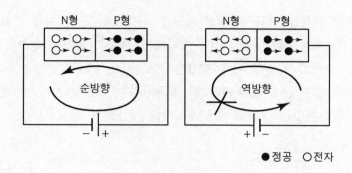

●정공 ○전자

전자와 정공의 이동을 살펴보면 순방향의 경우, 전지의 음극을 N형 반도체에, 양극을 P형 반도체에 연결하면, N형 반도체에 있는 전자가 P형 반도체 쪽으로 이동하고, P형 반도체에 있는 정공이 N형 반도체 쪽으로 이동하여 전류가 흐르게 된다.
역방향의 경우 전지의 양극을 N형 반도체에, 전지의 음극을 P형 반도체에 연결하면, P형 반도체에서 N형 반도체에 계속적으로 공급해 줄 전자가 없으므로, 전류가 흐르지 못하게 된다.

(2) 제너(Zener) 다이오드

제너 다이오드는 실리콘 다이오드에 역전압을 가하여 항복현상을 일으키게 하면 전류가 급격히 증가하는데, 어떤 전류 범위에 걸쳐 전압이 일정하게 유지되는 것을 이용한 다이오드이다. 이러한 제너 다이오드는 레귤레이터와 같은 정전압 회로에 많이 이용된다.

(3) 브리지(Bridge) 다이오드

브리지 다이오드는 4개의 다이오드로 이루어진 소자로 전파정류의 기능으로 많이 쓰인다. 전파정류란 교류파형을 직류파형으로 만들기 위해 거치는 가장 기본적인 방법이다.
이러한 브리지 회로에 직류 전압이 인가되면 입력되는 극성에 상관없이 일정한 전위차가 출력된다. 그렇기 때문에 DC전압을 사용할 때 극성의 위치에 상관없이 사용하고 싶거나 사용자의 실수로 극성을 변경하더라도 이상 없이 전원이 공급될 것이다.

1.2.4 레귤레이터(Regulator)

정전압 레귤레이터는 일정한 전압을 유지시켜주는 소자를 말한다. 일반적으로 디지털 회로에는 5V가 공급된다. 그렇다면 항상 전압이 일정한 DC 5V를 입력으로 공급해 주어야 하는데 이때 SMPS(Switching Mode Power Supply/직류전원 공급 장치) 같은 것을 사용한다. 이 직류전원 공급 장치는 5V 이상의 전압을 이용해 5V를 만들어주는 정전압 레귤레이터를 사용하여 제작한다.

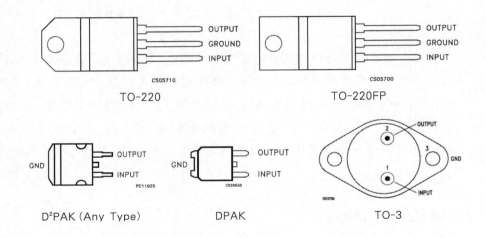

레귤레이터는 정면으로 보았을 경우 좌측이 입력(Input)이고, 가운데와 임시 방열판 역할을 해주는 메탈이 그라운드(GND)가 되며, 우측 핀이 출력이 된다.

대표적인 레귤레이터 7805는 Power Supply나 어댑터로 전원 공급은 9V에서 12V 정도 입력해주면 출력 단에 5V가 나온다. 입력단과 출력단의 전압차를 7805가 감당하게 되므로 전압을 가능한 적정수치로 가해주어야 한다. 1A의 전류를 출력하나 최대 2~3A까지 낼 수 있다. 전압 차에 따른 에너지는 모두 열로 손실되므로 방열판을 달아 주어 열의 방출을 도와주어야 한다. 다음의 그림은 9V의 입력을 5V로 다운시켜 출력하는 정전압 레귤레이터 IC의 출력을 비교하여 보여주고 있다.

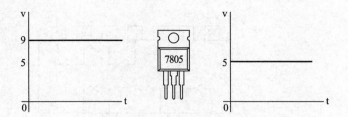

또한, 7905라는 정전압 레귤레이터가 있는데 이것은 −5를 출력하는 정전압 레 귤레이터도 있다.

예를 들어 "7812"라는 정전압 레귤레이터를 보았다면 그것은 출력이 +12V라는 것이다. 이때 입력은 당연히 12V 이상이며 최소 14.2V 이상이어야 한다. "7912"라 면 −12V 출력하는 정전압 레귤레이터 IC이다.

자세한 내용은 1.7절 정류회로에서 살펴본다.

1.3 기본적인 디지털(Digital) 소자

디지털 회로의 중심이 되는 논리 게이트는 논리 연산을 하기 위한 소자로서 NOT, AND, OR, Ex-OR, Ex-NOR 등 연산을 하는 TTL(Transistor-Transistor Logic) 소자에 대하여 살펴본다.

(1) NOT(Inverter)

입력	출력
0	1
1	0

인버터는 부정을 의미하는 것으로 입력의 부정(NOT)을 출력으로 내보낸다. 대 표적인 NOT 게이트로 7404가 있으며, OC(Open Collector) 타입의 7414도 있다.

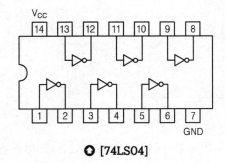

● [74LS04]

모든 게이트에는 VCC 단자와 GND 단자가 있다. VCC 단자에는 5V를 인가하고 GND 단자에는 0V를 인가해야 한다. 이를 전원인가라고 하며, 전원을 인가하지 않은 모든 게이트나 디지털 칩들은 동작하지 않는다. 또한 홈이 파여진 부분의 좌측에 1번 단자가 있으며, 시계 반대 방향으로 증가하여 홈이 파여 있는 부분의 우측 단자가 끝번이다. 74LS04 IC의 소자 안에는 인버터 1개가 존재하는 것이 아니고 위의 그림처럼 6개의 인버터 게이트가 존재한다.

(2) AND & NAND

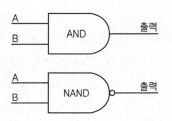

AND			NAND		
A	B	출력	A	B	출력
0	0	0	0	0	1
0	1	0	0	1	1
1	0	0	1	0	1
1	1	1	1	1	0

AND 연산은 두 개 이상의 입력을 가지고 있으며, 입력 중 하나만이라도 "0"의 값을 갖는다면 나머지 입력에 상관없이 무조건 출력은 "0"이다. NAND 연산은 AND 연산 결과에 인버터를 연결과 형태로 AND 연산 결과를 부정한 결과를 나타낸다.

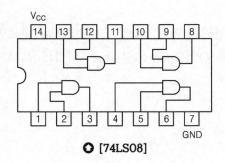

● [74LS08]

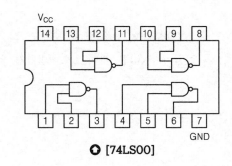

● [74LS00]

AND, NAND Gate 또한 Not 게이트와 마찬가지로 IC 안에 한 개가 아닌 4개로 구성되어 있다. AND 게이트의 대표적인 TTL은 7408, NAND 게이트의 대표적인 TTL IC는 7400이 있으며 이들은 두 개의 입력과 1개의 출력을 가지고 있다. 입력이 3개, 4개인 TTL IC도 있으니 필요에 따라 선택하면 된다.

(3) OR & NOR

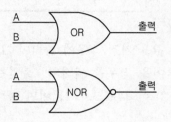

	OR			NOR	
A	B	출력	A	B	출력
0	0	0	0	0	1
0	1	1	0	1	0
1	0	1	1	0	0
1	1	1	1	1	0

OR 연산은 두 개 이상의 입력 중 어느 것 하나라도 "1"이면 출력이 "1"의 값을 갖는다. 합이기 때문에 곱과는 달리 하나라도 "1"이 있으면 출력은 "1"이 될 수밖에 없다. NOR 연산은 NAND와 마찬가지로 OR 연산의 결과 값에 인버터를 연결과 형태가 되어 결과의 반대 값이 출력된다.

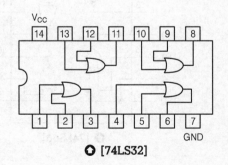

○ [74LS32]

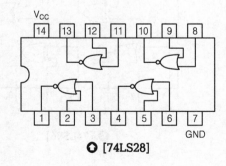

○ [74LS28]

OR 게이트의 대표적인 TTL은 7432, NOR 게이트는 7402가 있으며, AND, NAND와 마찬가지로 하나의 IC 안에 4개의 게이트가 존재한다.

(4) Ex-OR & Ex-NOR

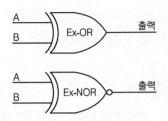

Ex-OR			Ex-NOR		
A	B	출력	A	B	출력
0	0	0	0	0	1
0	1	1	0	1	0
1	0	1	1	0	0
1	1	0	1	1	1

　　Ex-OR 연산은 입력이 서로 배타적인 값을 가질 경우에 출력이 "1"이 되는 연산이다. 다시 말하면 서로 다른 입력이 들어올 경우를 말하며 "불일치 회로"라고도 표현한다. 서로 같은 입력, 입력이 모두 "0"이거나, 모두 "1"이면 출력은 "0"이라는 말이다.

　　Ex-NOR는 입력이 서로 같은 값을 가질 경우에 출력이 "1"이 되는 연산이다. 즉 "일치회로"라고도 표현한다.

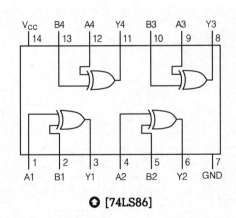

○ [74LS86]

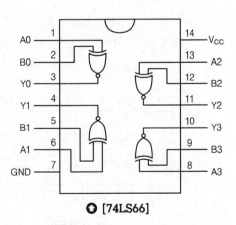

○ [74LS66]

　　Ex-OR나 Ex-NOR 게이트는 입력되는 값들을 비교하여 같은지 또는 같지 않은지를 빨리 판단할 수 있다. 패리티비트 생성회로나 패리티비트 검사회로, 각종 코드 변환회로에 많이 사용된다.

1.4 전기회로

1.4.1 옴(Ohm)의 법칙

저항에 전압을 가하면 전류가 흐른다. 이 저항, 전류, 전압과의 관계를 독일의 과학자 옴이 전기의 기본 법칙이 되는 "도체에 흐르는 전류의 크기는 전압에 비례하고 저항에 반비례한다."는 옴의 법칙을 발견하였다.

전기회로에서 옴의 법칙을 적용하여 저항, 전류, 전압 간의 관계는 다음의 공식으로 계산할 수 있다.

$$전류(A) = \frac{전압(V)}{저항(\Omega)}$$

$$I(A) = \frac{E(V)}{R(\Omega)}, \quad R(\Omega) = \frac{E(V)}{I(A)}, \quad E(V) = I(A) \times R(\Omega)$$

다음과 같은 3가지의 경우에 옴의 법칙을 적용하여 각각 계산하는 방법을 살펴본다.

(1) 전압과 저항을 알고 전류 구하기

저항이 6Ω인 램프에 12V의 전압을 가한 경우에 흐르는 전류를 구하는 계산 방식은 다음과 같은 공식을 이용하여 계산한다.

$$I(A) = \frac{E(V)}{R(\Omega)} = \frac{12}{6} = 2(A)$$

(2) 전압과 전류를 알고 저항 구하기

24V의 축전지에 저항을 연결하여 8A 전류가 흘렀을 경우에 저항 값을 구하는 계산 방식은 다음과 같은 공식을 이용하여 계산한다.

$$R(\Omega) = \frac{E(V)}{I(A)} = \frac{24}{8} = 3(\Omega)$$

(3) 전류와 저항을 알고 전압 구하기

50Ω의 저항에 2A의 전류가 흐를 때 전압을 구하는 계산 방식은 다음과 같은 공

식을 이용하여 계산한다.

$$E(\mathrm{V}) = I(\mathrm{A}) \times R(\Omega) = 2 \times 50 = 100(\mathrm{V})$$

1.4.2 직·병렬회로

저항의 접속 형태에 따라 직렬접속과 병렬접속으로 나눌 수 있다. 이들의 접속 형태에 따라서 저항 값, 전류 값, 전압강하 값 등이 달라진다. 또한 회로가 직렬과 병렬이 혼합한 형태의 회로가 대부분일 것이다. 이러한 경우에 각각의 회로 구성 형태별로 계산하는 방법을 살펴본다.

(1) 직렬접속

직렬접속은 전류가 한 길로 흐르도록 부하를 접속하는 방법이다. 다음 그림의 저항 R_1, R_2, R_3에 가해지는 전압을 E_1, E_2, E_3로 하며 직렬저항에서는 전압강하가 발생한다. 회로에 흐르는 ⓐ~ⓓ 지점의 전류는 동일하며 I라 한다. 상호간의 관계식은 다음과 같다.

$$E = E_1 + E_2 + E_3 = IR_1 + IR_2 + IR_3 = I \times (R_1 + R_2 + R_3)$$

1) 합성저항과 전류 계산

다음 그림과 같은 회로 전체에 흐르는 전류를 계산하기 위해서는 먼저 합성저항을 구해야 한다.

합성저항 $R = R_1 + R_2 + R_3 = 6 + 4 + 2 = 12(\Omega)$으로 계산된다. 그러면 옴의 법칙에 의해서 회로에 흐르는 전류 값을 계산한다. 전류$(I) = E/R = 12 \div 12 = 1(\mathrm{A})$로 계산된다.

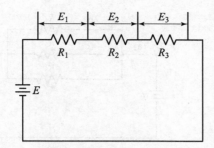

2) 전압강하 계산

이제 회로에 흐르는 전류 값을 계산하였으므로 각 지점의 저항에 의해서 생기는 각 구간의 전압강하를 계산하면 다음과 같다.

$$E_1 = I \times R_1 = 1 \times 6 = 6(\mathrm{V})$$
$$E_2 = I \times R_2 = 1 \times 4 = 4(\mathrm{V})$$
$$E_3 = I \times R_3 = 1 \times 2 = 2(\mathrm{V})$$

이때 각 구간의 전압강하 값의 합은 전원의 전압과 같아야 한다.

$E = E_1 + E_2 + E_3 = 6 + 4 + 2 = 12(\mathrm{V})$로 정상적으로 계산되었음을 알 수 있다.

(2) 병렬접속

병렬접속은 전류가 2개 이상의 길로 흐르도록 부하를 접속하는 방법이다. 다음 그림의 저항 R_1, R_2, R_3에 가해지는 전압은 12V로 동일하며 병렬저항 부분의 각 경로에 따라 흐르는 전류는 저항에 의해 각각 다르게 된다. 회로에 흐르는 총 전류를 I, 합성저항을 R이라 하면 다음 공식과 같이 계산한다.

$$\text{총 전류} \ \ I = I_1 + I_2 + I_3 = \frac{E}{R_1} + \frac{E}{R_2} + \frac{E}{R_3} = \left(\frac{1}{R_1} + \frac{1}{R_2} + \frac{1}{R_3} \right) \times E$$

$$\text{합성저항} \ \ R = \frac{1}{\left(\dfrac{1}{R_1} + \dfrac{1}{R_2} + \dfrac{1}{R_3} \right)}$$

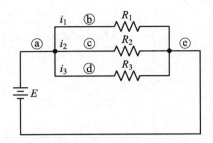

1) 합성저항 계산

병렬회로에서도 회로 전체에 흐르는 전류를 계산하기 위해서는 먼저 합성저항을 구해야 한다. $R_1 = 6(\Omega)$, $R_2 = 4(\Omega)$, $R_3 = 2(\Omega)$일 때 합성저항을 먼저 계산하면 합성저항 $R = \dfrac{1}{\left(\dfrac{1}{6} + \dfrac{1}{4} + \dfrac{1}{2}\right)} = 1.09(\Omega)$이 된다.

2) 전류 계산

다음은 병렬저항의 경로별로 흐르는 전류는 저항값에 따라 다르게 된다. 즉 저항이 적으면 보다 많은 전류가 흐르고, 저항이 크면 전류가 상대적으로 적게 흐르게 될 것이다. 병렬회로에서는 각 저항에 흐르는 전류량은 다르지만 전압은 동일하게 걸리게 된다. 따라서 각 경로별 전류 값은 다음과 같다.

$$I_1 = E / R_1 = 12\text{V} \div 6\Omega = 2(\text{A})$$
$$I_2 = E / R_2 = 12\text{V} \div 4\Omega = 3(\text{A})$$
$$I_3 = E / R_3 = 12\text{V} \div 2\Omega = 6(\text{A})$$

총 전류는 $I = 2 + 3 + 6 = 11(\text{A})$로 계산된다. 전체 합성저항이 1.09Ω이고 전압이 12V이므로 총 전류 $I = 12(\text{V}) / 1.09(\Omega) = 11(\text{A})$로 계산되어 각 경로별로 흐르는 전류의 합과 일치함을 알 수 있다.

(3) 직·병렬접속

직·병렬접속은 직렬접속과 병렬접속이 혼합된 경우이다. 다음 그림의 저항 R_1, R_2, R_3에 가해지는 전압은 12V로 동일하며 병렬저항 부분의 각 경로에 따라 흐르는 전류는 저항에 의해 각각 다르게 된다. 회로에 흐르는 총 전류를 I, 합성저항을

R이라 하면 다음 공식과 같이 계산한다.

$$\text{총 전류 } I = I_1 + I_2 + I_3 = \frac{E}{R_1} + \frac{E}{R_2} + \frac{E}{R_3} = \left(\frac{1}{R_1} + \frac{1}{R_2} + \frac{1}{R_3} \right) \times E$$

$$\text{합성저항 } R = \frac{1}{\left(\dfrac{1}{R_1} + \dfrac{1}{R_2} + \dfrac{1}{R_3} \right)}$$

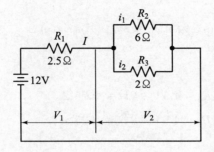

1) 합성저항 계산

직 · 병렬접속에서도 회로 전체에 흐르는 전류를 계산하기 위해서는 먼저 합성저항을 구해야 한다. $R_2 = 6(\Omega)$, $R_3 = 2(\Omega)$일 때 병렬접속 부분의 합성저항을 먼저 계산하면

$$\text{합성저항 } R_{병렬} = \frac{1}{\left(\dfrac{1}{6} + \dfrac{1}{2} \right)} = \frac{6}{4} = 1.5(\Omega)\text{이 된다.}$$

그러면 다음 그림과 같이 병렬 저항 값이 1.5Ω이 더해진 직렬접속과 같아진다.

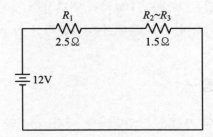

이제 전체 합성저항을 계산하면 $R = 2.5\Omega + 1.5\Omega = 4(\Omega)$이 된다.

2) 전류 계산

총 전류는 $I = E/R = 12V \div 4\Omega = 3(A)$로 계산된다.

다음은 병렬저항의 경로별로 흐르는 전류는 저항 값에 따라 다르게 되므로 각 경로별 전류 값은 먼저 각 구간의 전압을 계산한 다음에 전류를 계산한다.

$$V_1 = I \times R_1 = 3A \times 2.5 = 7.5(V)$$
$$V_2 = I \times R_2 \sim R_3 = 3A \times 1.5 = 4.5(V)$$

V_2는 4.5V로 병렬저항에 전압이 같게 걸리므로 저항값이 크면 전류는 적게 흐르므로

$$i_1 = V_2/R_2 = 4.5V \div 6\Omega = 0.75(A)$$
$$i_2 = V_2/R_3 = 4.5V \div 2\Omega = 2.25(A)$$

와 같이 계산한다.

1.5 공구 및 계측장비와 측정

전기·전자 관련 작업을 할 때 전선을 자르거나 연결하고, 전자부품들을 가지고 회로를 구성하는 등 작업을 할 때 사용되는 기본적인 공구와 회로에 전원이 공급되어 사용된 소자들에게 전원을 제대로 공급되고 있는지와 소자들 사이의 신호가 제대로 전달되는지 등을 눈으로 확인할 수 있는 계측장비가 있다.

전기·전자 작업을 제대로 수행하기 위해서는 기본적인 공구와 계측장비를 원활히 다룰 수 있어야하며 이번 절에서는 기본적인 공구와 계측기에 대해서 살펴본다.

1.5.1 기본적인 공구

전기전자 회로에 부품을 삽입하거나 제거, 전선을 결선, 터미널 연결 등 작업할 때 기본적인 공구가 반드시 필요하다. 가장 기본적인 납땜 작업과 전선의 결선 등 기초 작업에 필요한 공구를 알아본다.

(1) 납땜인두기

납땜인두기는 전기에너지를 이용하는 전기납땜인두기가 보편적으로 많이 사용되나 가스의 발열에너지를 이용하는 휴대가 간편한 가스 납땜인두기도 있다. 전기납땜인두기는 발열장치가 있어, 전기에너지를 열에너지로 바꿔주고 그 열로 납을 녹이는 장치이다. 이러한 인두기의 형태는 여러 종류가 있지만 얼마나 많은 전력소모로 인해 열을 내는가 하는 전력량과 인두 팁의 형태이다.

인두 팁은 DIP 타입의 IC나 일반적인 전자부품을 위한 뾰족한 모양의 인두 팁과 SMD와 같은 형태의 칩에 용이한 칼날형과 둥근 반달형 모양이 있다. 또한 팁은 인두에서 따로 분리가 가능하여 마모되거나 발열이 잘 되질 않을 경우에는 팁만 교환할 수 있는 제품이 좋은 것이다.

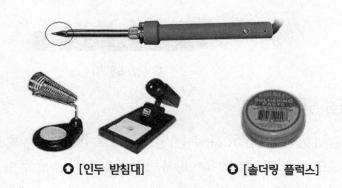

❶ [인두 받침대]   ❶ [솔더링 플럭스]

인두 받침대는 과열된 인두를 작업하면서 안전하게 거치해 놓을 때 사용한다. 솔더링 플럭스는 인두 팁과 모재의 보이지 않은 불순물을 제거하고 납땜 후 고형된 납 표면에 얇은 막을 형성하여 산화를 방지하는 역할을 한다.

❶ [납땜하는 요령]

납땜하는 요령은 위의 그림과 같이 다음 순서대로 작업한다.

① 가열된 인두를 납땜할 장소에 갖다 대어 충분히 예열을 한다. 이때 인두 끝이 납땜할 기판과 45도 각도를 유지한다. 적당히 예열되면 실 납도 납땜할 부위에 30도 각도로 유지하면서 같이 가열한다.

② 실 납이 녹아 모재(기판)에 잘 스며들어 접착될 때까지 전기인두를 대고 있는다.

③ 납이 빛나고 약간 퍼질 때까지 기다렸다가 2~3초 후에 전기인두를 뗀다. 이때 납이 식을 때까지 모재가 움직이지 않도록 한다.

(2) 납 흡입기

납 흡입기는 잘못 납땜한 부분의 납을 녹인 상태에서 버튼을 눌러서 흡착하여 제거하는 공구이다. 소자를 잘못 납땜해 제거할 때 주로 사용된다.

♦ [납 흡입기]

(3) 니퍼와 커터

니퍼(Nipper)와 커터(Cutter)는 전선을 자르거나 소자나 IC소켓의 긴 다리를 자르는 도구로 서로 구분 없이 사용하기도 한다. 니퍼는 날이 비교적 약해 소자의 다리를 자르게 되면 날이 손상될 수 있어 전선은 니퍼로 그 밖의 두꺼운 소자의 다리는 커터를 이용하는 것이 좋다.

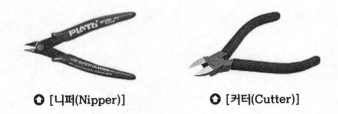

♦ [니퍼(Nipper)]　　　　♦ [커터(Cutter)]

(4) 롱 노즈와 와이어 스트리퍼

롱 노즈(Long-nose)는 소자를 잠시 잡아주거나 다리를 휘어줄 때 사용하고, 와이어 스트리퍼(Wire-Stripper)는 잎의 모양이 롱 노즈와 비슷해서 간단히 롱 노즈 역할을 할 수 있지만 가장 큰 목적은 전선의 피복을 벗기는 역할을 한다. 전선의 두께에 따라 벗길 수 있고, 납땜하거나 결선할 때 필요한 길이만큼의 피복을 벗기는 데 아주 유용한 공구이다.

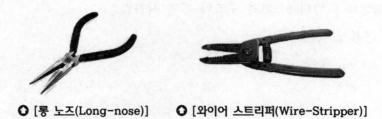

○ [롱 노즈(Long-nose)] ○ [와이어 스트리퍼(Wire-Stripper)]

1.5.2 멀티미터(Multimeter)

전압과 전류, 저항들을 측정할 수 있을 뿐만 아니라, 전선이 제대로 연결되었는지를 확인할 수 있는 장비로 저항계, 전류계, 전압계 등이 따로 존재하지만 멀티미터기는 여러 가지를 측정이 가능해서 멀티 테스터라고도 하며 간략히 테스터라고도 한다. 전기 및 전자 작업시에 기본적으로 항상 사용하는 테스터로서 그 사용법을 가장 기본적으로 익혀야 한다.

다음 그림은 아날로그 테스터기와 디지털 테스터기를 보여주고 있다. 아날로그 멀티테스터는 지침바늘이 수치를 가리키는 형태로 되어 있어서 측정방법을 숙달시킬 필요가 있다.

○ [아날로그 멀티테스터] ○ [핸드용 디지털멀티테스터] ○ [탁상용 디지털멀티테스터]

1.5.3 멀티테스터로 저항, 전류, 전압 측정 실습

(1) 아날로그 멀티테스터 사용법

1) 아날로그 멀티테스터의 구조와 기본 사용법

① 명칭 및 기능

㉠ 0점 조정기

지침의 눈금을 "0"의 눈금으로 조정할 때 사용한다. 사용 전 지침이 "0"이 아닌 곳에 있을 때는 "0"으로 맞춘 후 사용해야 한다.

㉡ 0Ω 조정기

정밀한 저항값을 측정하기 위해서 두 리드선을 맞대고 바늘이 0Ω의 눈금으로 조정 후 저항을 측정한다. 만약 0Ω으로 조절이 되지 않을 때는 건전지를 교체해야 한다.

㉢ 선택스위치

직류전압(DC V), 직류전류(DC A), 교류전압(AC V), 저항(Ω) 등 측정하고자 하는 범위에 놓고 측정한다.

㉣ COM단자

공통 단자이다. 흑색 단자를 연결해야 한다. 흑색은 (−), 적색은 (+)에 연결한다. 디지털 테스터일 경우는 흑색과 적색을 바꾸어서 직류 전압을 측정했을 때는 (−)값이 나오지만, 아날로그의 경우는 지침이 0 이하로 내려간

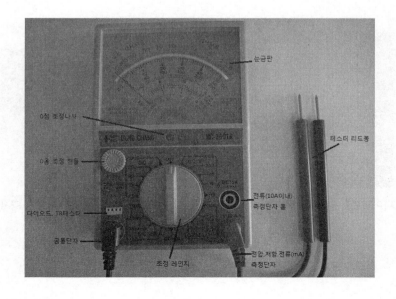

다. 이 점을 유의해야 한다. 교류 전압은 흑색, 적색 구분 없이 사용해도 무
방하나 될 수 있으면 리드선은 색에 맞게 꽂아서 사용해야 한다.

　ⓓ 리드선

　　흑색(−)과 적색(+)으로 구성되어 있고 측정하고자 하는 곳에 접촉하는 역
　　할을 한다.

② **눈금 읽는 방법**

　아날로그 테스터는 눈금을 선택스위치 조정에 따라서 눈금값을 곱하거나 나누어
서 읽어야 된다. 그러나 디지털테스터는 결과값에 단위까지 출력되므로 곧바로 읽
기만 하면 되어서 보다 편리하다.

　다음의 물음과 같이 측정 선택스위치를 조정한 결과 테스터 눈금판이 다음 그림
과 같이 측정되었을 때 측정값을 읽는 방법을 살펴본다.

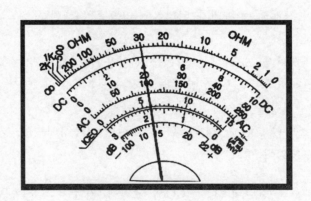

[측정결과 1] : 테스터의 선택스위치를 저항 (OHM) X10에 놓았을 때의 저항 값
　　　　　　 읽기

　　　　　　 OHM 눈금을 읽는다. 눈금이 0~∞까지에서 30을 가리키므로 30×
　　　　　　 10=300Ω으로 읽는다. 만약 선택스위치를 X1에 놓았으면 30Ω이
　　　　　　 다. 또한 선택스위치를 X 1K에 놓았으면 30KΩ으로 읽으면 된다.

[측정결과 2] : 테스터의 선택스위치를 직류 전압(DC V) 1,000에 놓았을 때의 전
　　　　　　 압 값 읽기

　　　　　　 DC 10인 눈금을 읽으면 된다. 이때 1,000에 놓았으므로 현재 10
　　　　　　 의 눈금을 읽으면 곱하기 100을 해주어야 한다. 눈금이 0~10까지
　　　　　　 에서 4를 가리키므로 4×100=400V로 읽는다.

[측정결과 3] : 테스터의 선택스위치를 직류전류(DC mA)25에 놓았을 때의 전류의 값 읽기

DC 250인 눈금을 읽으면 된다. 이때 25에 놓았으므로 현재 100의 눈금을 읽으면 나누기 10을 해주어야 한다. 눈금이 0~250까지에서 100을 가리키므로 100÷10=0mA로 읽는다.

[측정결과 4] : 테스터의 선택스위치를 교류 전압 (AC V) 50에 놓았을 때의 전압 값 읽기

AC 50인 눈금을 그대로 읽으면 된다. 눈금이 0~50까지에서 20을 가리키므로 20V로 읽는다.

2) 저항 측정

저항 측정은 전원이 공급되지 않는 상태에서 측정물을 분리하여 저항 값을 측정해야 하며 극성과는 관계가 없다. 즉 리드봉의 색깔 구분 없이 저항의 끝에 갖다 대면 된다.

주로 테스터가 고장 나는 이유는 전압을 측정하는 경우에 잘못해서 저항 측정 위치에 선택스위치를 두고 전압을 측정하는 경우이다. 다시 강조하면은 전기가 흐를 때에는 저항을 측정해서는 안 된다.

멀티테스터의 OHM 선택스위치의 선택값(측정배수)은 ×1, ×10, ×1K, ×10K 등으로 구성되어 있다.

① 아날로그 멀티테스터의 COM 단자에 흑색 리드봉을, V, Ω, A 단자에 적색 리드봉을 연결한다.
② 멀티테스터의 0점을 조정한다. 다음 그림과 같이 눈금판 바로 밑에 위치한 0점 교정용 나사를 드라이버로 조정하여 지침이 0에 오도록 한다.

③ 0[Ω] 조정을 한다.

　㉠ 선택스위치를 OHM[Ω]의 X1로 전환한다.

　㉡ 흑·적 리드 봉을 멀티테스터에 연결하고 리드봉 양끝을 쇼트시킨다.

　㉢ 멀티테스터의 좌측 중간 지점에 있는 VR(0 ADJ)을 돌려가며 지침이 Ω
　　눈금 오른쪽 끝 지점 0[Ω]에 오도록 조정한다.

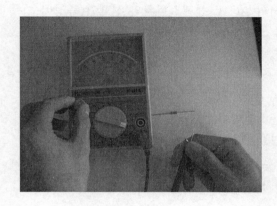

④ 저항을 측정한다.

　㉠ 0[Ω] 교정이 끝난 회로 시험기로 저항 값을 측정한다. 이 때 손가락이 리
　　드봉에 닿지 않도록 주의한다.

　㉡ 지침이 정지하면 Ω 측정 눈금 값을 읽어 아래의 표에 기록한다.

　㉢ 만약 지침이 중앙 부근에 오지 않고 무한대(∞) 쪽에 가까우면 실렉터를
　　10R, 1K, 10K로 바꾸어 가며 측정한다. 그리고 실렉터를 전환할 때마다
　　꼭 0[Ω] 조정을 하고 측정한다. 이 때 측정값은 실렉터가 10R일 경우 지
　　침 값에 10을 곱하여 읽고, 1K일 경우 지침이 지시한 값에 바로 [kΩ]을
　　붙여 읽으며 10K일 경우 지시 값에 10[kΩ]을 곱하여 읽는다.

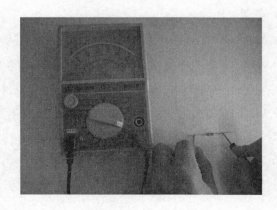

3) 교류 전압 측정

  교류 전압 측정은 +, - 극성이 수시로 바뀌므로 극성과 관계없이 측정부위에 리드봉을 갖다 대어 측정한다. 이때 주의할 점은 실제 전압보다 선택스위치를 큰 수치부터 측정한 다음 작은 수치로 이동하면서 측정해야 한다. 즉 실제의 전압보다 더 적은 값에 선택스위치를 놓고 전압을 측정하면 멀티테스터가 고장 나게 된다.

  멀티테스터의 AC V 선택스위치의 선택값(측정배수)은 10, 50, 250, 1000으로 구성되어 있다.

  ① 아날로그 멀티테스터의 COM 단자에 흑색 리드봉을, V,Ω,A 단자에 적색 리드봉을 연결한다.
  ② 실제 측정전압이 220V 정도이므로 그보다 큰 값인 250으로 멀티테스터의 선택스위치를 AC V 250에 고정하여 둔다.
  ③ 교류는 극성이 없으므로 측정 리드 봉을 흑색, 적색에 관계없이 전원에 댄다.
  ④ 지침이 눈금판에 정지하면 지시 값을 읽는다.

4) 직류 전압 측정

  직류 전압 측정은 +, - 극성에 맞게 적색 리드 리드봉에는 +극을, 흑색 리드봉에는 -극을 갖다 대어 측정해야 한다. 이때도 주의할 점은 실제 전압보다 선택스위치를 큰 수치부터 측정한 다음 작은 수치로 이동하면서 측정해야 한다. 즉 실제의 전압보다 더 적은 값에 선택스위치를 놓고 전압을 측정하면 멀티테스터가 고장의 원인이 된다.

  멀티테스터의 DC V 선택스위치의 선택값(측정배수)은 2.5, 10, 50, 250, 1000으로 구성되어 있다.

① 아날로그 멀티테스터의 COM 단자에 흑색 리드봉을, V, Ω, A단자에 적색 리드봉을 연결한다.

② 실제 측정전압이 5V 정도이므로 그보다 큰 값인 10으로 멀티테스터의 선택스위치를 DC V 10에 고정하여 둔다.

③ 그림과 같이 +극에 적색 리드 봉을 −극에 흑색 리드봉을 대어 측정한다. 만약 극성을 바꾸어 대면 0 이하의 값으로 지침이 떨어질 수 있으니 주의해야 한다.

④ 지침이 눈금판에 정지하면 지시 값을 읽는다. 멀티테스터의 선택스위치를 DC V 10에 두고 측정하였으므로 값을 읽을 때 DC 10 부분의 값을 읽는다. 그림과 같이 5를 가리키므로 5V로 측정된다.

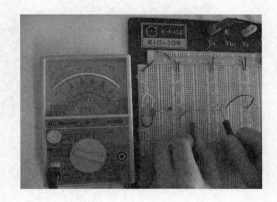

5) 직류 전류 측정

직류 전류 측정은 +극에서 −극으로 테스터 리드봉을 통하여 전류가 흐르도록 하여 측정해야 한다. 이때 주의할 점은 흑색 리드봉은 COM 단자에 꽂고 작은 전류 측정은 적색 리드봉을 V, Ω, A단자에, 10A까지의 큰 전류는 10A 단자에 꽂아서 측정해야 한다.

멀티테스터의 DC mA 선택스위치의 선택 값(측정배수)은 2.5m, 25m, 250m, DC10A으로 구성되어 있다.

① 그림과 같이 5V 전원에 330Ω 저항을 연결하여 여기에 흐르는 전류를 측정하도록 회로를 구성한다.

② 250mA보다 작은 전류를 측정하므로 아날로그 멀티테스터의 COM 단자에 흑색 리드봉을, V, Ω, A단자에 적색 리드봉을 연결한다.

③ 전류량이 25mA 이하로 예상되므로 멀티테스터의 선택스위치를 DCmA 25m 에 둔다.

④ 지침이 눈금판에 정지하면 지시 값을 읽는다. 멀티테스터의 선택스위치를 DCmA 25m에 두고 측정하였으므로 값을 읽을 때에는 DC 250 부분의 값이 140을 가리킨다. 측정배수가 25이므로 10으로 나누어 14mA로 전류 값을 읽는다. 또는 DC 50 부분의 눈금을 읽으면 값이 28을 가리킨다. 측정배수가 25 이므로 2로 나누어 14mA로 전류 값을 읽는다.

6) 통전 실험

통전 실험은 회로에 전류가 흐르는지 또는 회선에 단선이 되어 전류가 흐르지 않는지 여부를 판단할 때 사용한다. 그림처럼 선택스위치를 소리표시에 맞추고 두 리드 봉을 갖다 대면 전류가 흐르므로 스피커에서 소리를 내게 된다. 소리가 나면 전류가 흐를 수 있도록 회선이 연결되어 있음을 확인하는 것이다.

7) TR 및 Diode 실험

트랜지스터(TR)는 PNP, NPN 타입의 2종류가 있다. 이 트랜지스터의 종류와 3 핀의 위치를 확인할 때 사용한다.

그림처럼 선택스위치를 TR 표시에 맞추고 E B C E 홀에 TR 핀을 꽂으면 타입이 맞을 때 PNP LED 또는 NPN LED가 점멸한다. 이때 점멸한 LED가 TR의 타입을 의미하며 이때 TR단자가 꽂힌 부분의 표시된 대로 Emitter, Collector, Base 단자를 나타낸다.

Diode는 전류를 한쪽으로만 흐르게 하는 소자이다. 따라서 전류가 흐를 수 있는 순방향을 찾을 때와 다이오드의 파손 여부를 확인할 때 사용한다. 아날로그 멀티테스터는 발광 다이오드의 −극에 빨간색 리드봉을 대고 +극에 검정색 리드봉을 대면 눈금이 움직이면서 불이 켜진다. 이때가 순방향이면서 발광 다이오드가 정상임을 나타내는 것이다.

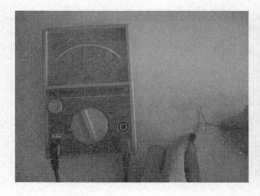 

(2) 디지털 멀티테스터 사용법

1) 디지털 멀티테스터의 구조와 기본 사용법

① 명칭 및 기능

㉠ POWER 스위치

디지털 멀티테스터의 전원 스위치이다. 사용 후에는 버튼을 눌러 전원을 OFF해야 한다.

㉡ 선택스위치

직류전압(DC V), 직류전류(DC mA), 교류전압(AC V), 교류전류(AC mA), 저항(Ω) 등이 있고 측정하고자 하는 범위에 놓고 측정한다.

㉢ COM 단자

공통 단자이다. 흑색 단자를 연결해야 한다. 흑색은 (−), 적색은 (+)에 연결한다. 만약 COM 단자(흑색)와 VΩHz 단자(적색)를 바꾸어서 직류 전압을 측정했을 때는 (−)값이 나온다. 교류 전압은 흑색, 적색 구분 없이 사용해도 무방하나 리드선은 극성에 맞게 꽂아서 사용해야 한다.

㉣ VΩHz 단자

전압과 저항을 측정하는 단자이다. 이곳에 적색 단자를 꽂아서 사용한다.

㉤ mA 단자

전류 측정시 200mA보다 작은 전류를 측정시 리드봉을 꽂아서 측정한다.

㉥ 20A 단자

전류 측정시 200mA~20A 정도의 큰 전류를 측정시 리드봉을 꽂아서 측정한다.

㉦ 리드선

흑색(−)과 적색(+)으로 구성되어 있고 측정하고자 하는 곳에 접촉하는 역할을 한다.

② 눈금 읽는 방법

디지털 테스터는 결과 값에 단위까지 LCD에 출력되므로 곧바로 읽기만 하면 된다. 따라서 아날로그 멀티테스터보다 편리하게 사용할 수 있어서 근래에는 많이 사용된다.

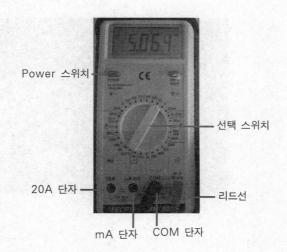

Power 스위치

선택 스위치

20A 단자

리드선

mA 단자   COM 단자

2) 저항 측정

  아날로그 멀티테스터와 같이 저항 측정은 전원이 공급되지 않는 상태에서 측정물을 분리하여 저항 값을 측정해야 하며 극성과는 관계가 없다. 즉 리드봉의 색깔 구분 없이 저항의 끝에 갖다 대면 된다. 측정결과는 LCD창에 측정단위와 함께 나타나므로 그대로 읽기만 하면 된다.

  전압을 측정하는 경우에 잘못해서 저항측정 위치에 선택스위치를 두고 전압을 측정하는 경우이다. 전기가 흐를 때에는 저항을 측정을 하면 측정값의 결과가 부정확하게 되므로 주의한다.

  디지털 멀티테스터의 Ω 선택스위치의 선택값은 종류마다 다르지만 대게 200, 2K, 20K, 200K, 2M, 20M 등으로 구성되어 있다.

① 디지털 멀티테스터의 COM단자에 흑색 리드봉을, V,Ω,Hz 단자에 적색 리드봉을 연결한다.
② 예상되는 저항 값을 모를 때에는 선택스위치를 큰 값부터 측정하여 적은 값으로 측정해야 한다. 3.3KΩ 저항을 측정하는 경우에 3.3보다 큰 20K에 선택스위치를 놓는다.
③ 극성과 관계없이 리드봉을 저항의 양 끝에 대고 측정하여 LCD에 출력되는 값을 읽는다. 이때 저항에 손이 닿지 않도록 주의한다.

3) 교류 전압 측정

다음 그림과 같이 전류계는 회로와 직렬 연결하고 전압계는 병렬로 연결하여야
한다.

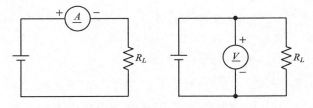

◐ [전압, 전류 측정 시 회로 결선도]

교류 전압 측정은 +, −극성이 수시로 바뀌므로 극성과 관계없이 측정부위에 리
드봉을 갖다 대어 측정한다. 이때 주의할 점은 실제 전압보다 선택스위치를 큰 수
치부터 측정한 다음 작은 수치로 이동하면서 측정해야 한다. 즉 실제의 전압보다
더 적은 값에 선택스위치를 놓고 그보다 높은 전압을 측정하면 멀티테스터가 고장
나게 된다.

멀티테스터의 V~ 선택스위치의 선택값은 200m, 2, 20, 200, 750으로 구성되어
있다.

① 디지털 멀티테스터의 COM 단자에 흑색 리드봉을, V, Ω, Hz 단자에 적색 리
드봉을 연결한다.
② 실제 측정전압이 220V 정도이므로 그보다 큰 값인 750으로 멀티테스터의 선
택스위치를 V~ 250에 고정하여 둔다.

③ 교류는 극성이 없으므로 측정 리드 봉을 흑색, 적색에 관계없이 전원에 댄다.
④ 측정하여 LCD에 출력되는 값을 읽는다.

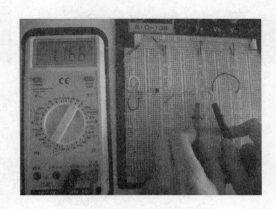

4) 직류 전압 측정

　직류 전압 측정은 +, − 극성에 맞게 적색 리드 리드봉에는 +극을, 흑색 리드봉
에는 −극을 갖다 대어 측정해야 한다. 이때도 주의할 점은 실제 전압보다 선택스
위치를 큰 수치부터 측정한 다음 작은 수치로 이동하면서 측정해야 한다. 즉 실제
의 전압보다 더 적은 값에 선택스위치를 놓고 전압을 측정하면 멀티테스터가 고장
의 원인이 된다.

　디지털 멀티테스터의 DC V 선택스위치의 선택값은 200m, 2, 20, 200, 1000으로
구성되어 있다.

① 디지털 멀티테스터의 COM 단자에 흑색 리드봉을, V, Ω, Hz단자에 적색 리
　 드봉을 연결한다.
② 실제 전원전압이 5V 정도인 직렬저항 2개로 구성된 회로를 준비하고 5V보다
　 큰 값인 10으로 멀티테스터의 선택스위치를 DC V 10에 고정하여 둔다.
③ 그림과 같이 +극에 적색 리드 봉을, −극에 흑색 리드봉을 대어 측정한다. 만
　 약 극성을 바꾸어 대면 −값으로 출력하니 주의해야 한다. 각각 저항 2개소와
　 전원전압을 측정한다.
④ 측정하여 LCD에 출력되는 값을 읽는다. 다음 그림과 같이 첫 번째 저항에서
　 1.166V, 두 번째 저항에서 3.895V의 전압강하가 생성되었음을 알 수 있고 이
　 두 개의 합한 값은 5.06V로 $V = V_1 + V_2$ 공식이 성립함을 알 수 있다.

다음 그림은 9V 건전지의 전압을 측정한 것이다. 새 제품이므로 9.407V를 나타냄을 볼 수 있다.

5) 직류 전류 측정

직류 전류 측정은 +극에서 −극으로 테스터 리드봉을 통하여 전류가 흐르도록 하여 측정해야 한다. 이때 주의할 점은 흑색 리드봉은 COM 단자에 꽂고 작은 전류 측정은 적색 리드봉을 mA 단자에, 20A까지의 큰 전류는 20A 단자에 꽂아서 측정해야 한다.

멀티테스터의 DC A 선택스위치의 선택 값(측정배수)은 200u, 2m, 20m, 20A 등으로 구성되어 있다.

① 그림과 같이 5V 전원에 3.3KΩ, 330Ω, LED 등 3개를 직렬로 연결하여 여기에 흐르는 전류를 측정하도록 회로1을 구성한다.
위와 같은 5V 전원에 3.3KΩ과 330Ω 저항을 직렬 연결하여 여기에 흐르는 전류를 측정하도록 회로2를 구성한다.
② 20A보다 작은 전류를 측정하므로 디지털 멀티테스터의 COM 단자에 흑색 리드봉을 mA 단자에 적색 리드봉을 연결한다.

③ 전류량이 200mA 이하로 예상되므로 멀티테스터의 선택스위치를 200m에 둔다.

④ +극에서 −극으로 테스터 리드봉을 통하여 테스터 안쪽으로 전류가 흘러서 GND로 흐르도록 직렬로 연결하여 측정한다.

⑤ 측정하여 LCD에 출력되는 값을 읽는다. 회로1에서는 0.75mA, 회로2에서는 1.16mA의 전류가 흐름을 알 수 있다.

6) 통전 실험

아날로그 멀티테스터 사용법과 같이 통전실험은 회로에 전류가 흐르는지 또는 회선에 단선이 되어 전류가 흐르지 않는지 여부를 판단할 때 사용한다. 그림처럼 선택스위치를 다이오드(소리표시)에 맞추고 두 리드 봉을 갖다 대면 전류가 흐르므로 스피커에서 소리를 내게 된다. 소리가 나면 전류가 흐를 수 있도록 회선이 연결되어 있음을 확인하는 것이다.

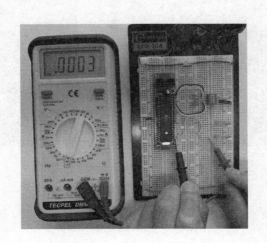

7) 다이오드 실험

　사용 방법은 아날로그 멀티테스터와 비슷하지만 디지털 멀티테스터는 아날로그 멀티테스터와는 반대로 극성을 접촉한다. Diode는 전류를 한쪽으로만 흐르게 하는 소자이다. 따라서 전류가 흐를 수 있는 순방향을 찾을 때와 다이오드의 파손 여부를 확인할 때 사용한다. Diode 측정방법은 먼저 다이오드 측정에 선택스위치를 놓고 +극에 검정색 리드봉을 대고 −극에 빨간색 리드봉을 대면 숫자 값이 출력된다. 이때가 정방향으로 전류가 흐름을 나타내어 정상임을 나타낸다.

　LED 측정방법은 먼저 저항 측정이나 다이오드 측정에 선택스위치를 놓고 발광다이오드의 +극에 빨간색 리드봉을 대고 −극에 검정색 리드봉을 대면 숫자 값이 출력된다. LED의 경우에는 불이 켜진다. 이때가 순방향이면서 다이오드가 정상임을 나타내는 것이다. 그 반대로 접촉하면 LED에 불이 켜지지 않는다.

○ [다이오드 체크]

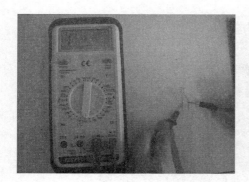
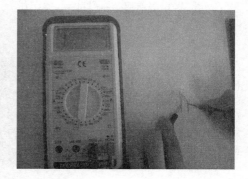

○ [발광 다이오드 체크]

1.5.4 각종 반도체 부품 측정

(1) 숫자표시기(7-Segment)를 검사한다.

① 다음 그림과 같이 숫자 표시기는 (a)처럼 (＋)공통(Common Anode) 숫자 표
시기와 (b)처럼 (－)공통(Common Cathode) 숫자 표시기가 있다.

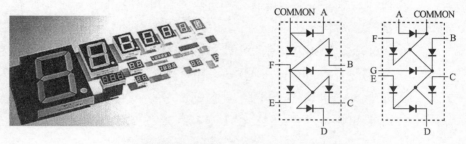

○ [FND(Flexible Numeric Display)]

② 숫자 표시기 극성 및 양부는 발광 다이오드를 점검하는 방법과 같이 한다. 멀
티테스터 레인지를 RX1에 놓고 점등 시험을 하면서 각 단자를 찾는다. 공통
단자에 회로시험기 흑색(＋) 리드 봉이 접속되어 있으면 공통 Anode형이며
이 때 단자 a~g와 p를 점검한다.

③ (－)공통형은 (＋)공통형과 같은 방법으로 점검한다.(공통단자에 적색 리드
봉을 접속한다.)

(2) Photo TR과 CdS를 검사한다.

1) 베이스 단자 찾기

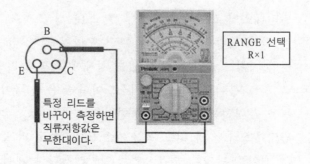

특정 리드를
바꾸어 측정하면
직류저항값은
무한대이다.

RANGE 선택
R×1

① 멀티테스터 레인지를 RX1에 놓고 0[Ω] 조정을 한다.

② 베이스 단자에 흑색 리드 봉을, 에미터 단자에 적색 리드 봉을 접속하면 대략

500[Ω] 정도 저항 값을 지시한다.(반대로 하면 ∞ 저항 값을 지시한다.)
③ 베이스 단자에 흑색 리드 봉을, 컬렉터 단자에 적색 리드 봉을 접속하면 에미터 단자 저항 값보다 큰 값을 지시한다.(반대로 하면 ∞ 저항 값을 지시한다.)

2) 컬렉터 찾기

① 멀티테스터 레인지를 RX1에 놓고 0[Ω] 조정을 한다.
② 베이스 단자를 제외하고 컬렉터와 에미터 사이에 멀티테스터 리드 봉을 교대로 접속해본다.
③ 멀티테스터 지침이 움직이고 있을 때 흑색 리드 봉이 닿은 곳이 컬렉터가 되고 나머지는 에미터가 된다.
④ 흑색 리드 봉을 컬렉터에, 적색 리드 봉을 에미터에 접속하고 상단 창을 가리거나 빛을 비추면 저항 값이 변하는 것을 확인한다.

3) CdS는 무극성으로 멀티테스터 레인지를 RX1~RX100 레인지로 측정하면 지침이 중간 정도 움직이며, 빛을 비추거나 또는 차단하여 저항 값이 변화되면 양호한 소자이고 이때 저항 값은 소자마다 약간씩 다르게 측정된다.

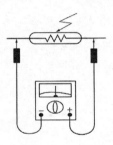

(3) SCR을 검사한다.

① 멀티테스터 레인지를 Rx1에 놓고 0[Ω] 조정을 한다.
② 각 단자 저항 값을 측정해 보면 순방향 저항 값을 지시하는 단자가 있다. 순방향 저항 값을 지시하고 있는 상태에서 흑색 리드 봉이 닿은 곳이 게이트 적색 리드 봉이 닿은 곳이 캐소드이며 남은 전극이 애노드이다.(애노드는 방열판을 부착하는 단자와 도통한다.)
③ 멀티테스터 흑색 리드 봉을 애노드에, 적색 리드 봉을 캐소드에 대고 애노드와 게이트 단자를 순간적으로 단락시켰다가 게이트 단자를 때면 애노드와 캐소드 사이가 도통 상태를 유지해야 한다.(게이트에 (+)펄스를 순간적으로 공급하면 애노드-캐소드 사이는 다이오드로 동작한다.)

④ 만약 상기 동작이 되지 않으면 SCR은 불량인 소자이다.

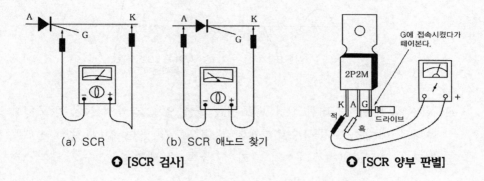

(a) SCR   (b) SCR 애노드 찾기

⬆ [SCR 검사]   ⬆ [SCR 양부 판별]

(4) 트랜지스터의 특성 및 극성 찾기

트랜지스터(TR:Transistor)는 E(Emitter), C(Collector), B(Base)로 구성되어 있다. NPN 트랜지스터는 다음 그림과 같이 베이스에 전압을 가하면 컬렉터에서 에미터로 전류가 증폭되어 흐르게 된다.

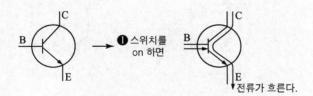

따라서 NPN 트랜지스터를 이용한 스위치 회로의 예에서 보면 증폭 기능과 스위칭 기능이 있음을 알 수 있다.

TR은 평소에 전류가 흐르지 못하다가 B와 E 사이에 전압을 가하는 정도에 따라 증폭되어 C와 E 사이에 흐르는 전류량이 많아진다. B에 넣어주는 전압(전류)량의 미소한 변화에도 CE간의 전류 값이 많이 변화한다.

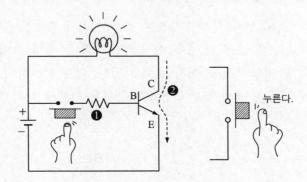

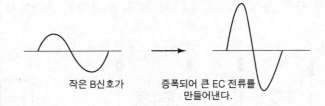

작은 B신호가   증폭되어 큰 EC 전류를
만들어낸다.

1) NPN형 트랜지스터는 P형 반도체를 중심으로 양측에 N형 반도체를 접합한
   형태로 베이스를 중심으로 2개의 다이오드가 있는 것과 같은 형태로 트랜지
   스터 전극 형태는 플라스틱 패키지, 금속 캔 패키지, 다수 트랜지스터 패키지
   등 여러 가지 형태가 있다.

2) 베이스 전극 찾기

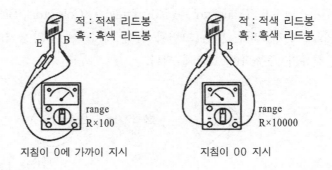

3) 에미터와 컬렉터 찾기

위의 왼쪽 그림과 같이 테스터 레인지를 R×100에 놓고 한쪽 단자에 흑색을, 다
른 두 쪽에 각각 적색 리드를 연결하였을 때 순방향이며, 이 때 공통으로 흑색이
닿은 쪽이 베이스가 된다. 만약 눈금이 ∞에 있으면 흑색 리드를 나머지 다른 단자
로 이동하여 다시 측정한다.

3) 에미터와 컬렉터 찾기

위의 오른쪽 그림과 같이 순방향과 역방향 전극 간을 측정한다. 베이스를 고정하
고 측정하였을 때 NPN일 경우 적색 리드가 닿은 쪽이 컬렉터이며 나머지는 에미
터가 된다. PNP일 경우는 이와 반대가 된다. 이는 디지털 멀티테스터로 측정할 때
에도 위와 동일한 방법으로 측정하고 극성은 반대로 인식한다.

1.5.5 오실로스코프

오실로스코프는 전압뿐만 아니라 소자들 사이의 신호까지 시간 축을 기준으로 크기의 변화를 그래프 형태로 보여주는 장비이다. 지원해주는 주파수에 따라 고주파까지 측정할 수 있고, 여러 채널을 통해 여러 신호를 동시에 보여주기도 한다.

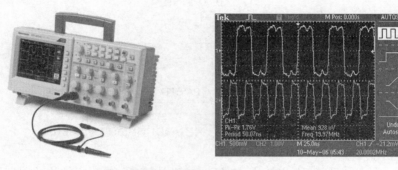

◆ [디지털 오실로스코프와 출력된 신호의 파형]

오실로스코프 화면의 가로 X축은 시간축이 되며, Y축은 크기가 된다. 현재의 오실로스코프는 컬러를 지원하며, 측정되는 신호를 PC로 실시간 전송과 그래프의 저장, 통신으로 원격으로 오실로스코프를 제어하기도 한다.

근래에는 아날로그 오실로스코프보다 사용방법이 간단하고 성능 면에서도 우수한 디지털 오실로스코프가 많이 사용되고 있다. 이 같은 디지털 오실로스코프의 사용법을 알아보자.

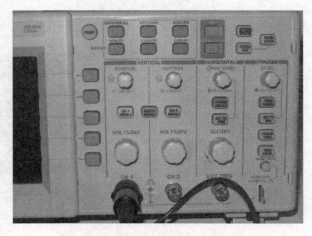

◆ [디지털 오실로스코프의 프런트 패널]

(1) 오실로스코프 기능 검사

오실로스코프가 올바르게 작동하고 있는지 다음과 같이 기능 검사를 수행하여
확인한다.

① 오실로스코프의 전원을 켠다.

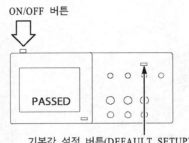

기본값 설정 버튼을 누른다. 초기치 호출 메뉴 버튼을 선택하면 공장에서 출
하될 때의 상태로 모든 설정치가 변경이 된다. 기본 프로브 옵션 감쇠 설정은
10X이다.

② 스위치를 P2220 프로브에서 10X로 설정하고 프로브를 오실로스코프에 있는
채널 1에 연결한다.
이렇게 하려면 프로브 커넥터의 슬롯을 CH 1 BNC 키에 맞게 정렬하고 눌러
연결한 후 오른쪽으로 감아 프로브가 제자리에 위치하도록 해야 한다. 프로
브팁과 기준 리드선을 PROBE COMP 터미널에 연결한다.

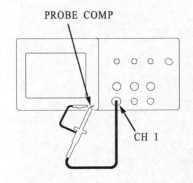
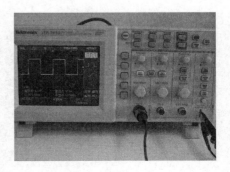

③ AUTOSET 버튼을 누른다.

몇 초 안에 1KHz에서 약 5V의 첨두치 구형파가 화면에 표시된다. 전면 패널
의 CH 1 MENU 버튼을 두 번 눌러 채널 1을 제거하고 CH 2 MENU 버튼
을 눌러 채널 2를 표시한다. 프로브가 연결되어 있지 않으므로 채널색이 다르
게 수평선만 나타난다.

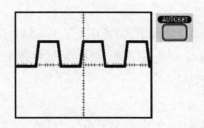

(2) 프로브 보정작업을 한다.

① CH 1 MENU → 프로브 → 전압 → 감쇠 옵션을 누르고 10X를 선택한다.

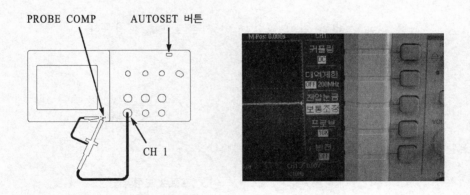

프로브의 감쇠 스위치를 변경하는 경우에 이와 일치하도록 오실로스코프 감
쇠 옵션도 변경해야 한다. 프로브의 감쇠 스위치는 1X, 10X 2가지 중 선택할
수 있다. 스위치를 프로브에서 10X로 설정하고 프로브를 오실로스코프에 있
는 채널 1에 연결한다. 프로브 후크 팁을 사용하는 경우 팁을 프로브에 단단
히 삽입하여 제대로 연결되었는지 확인한다.

감쇠 스위치

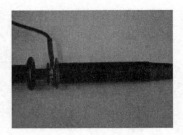

② 프로브 팁을 PROBE COMP~5V@1KHz 터미널에, 기준 리드선을 PROBE COMP 섀시 터미널(접지단자)에 부착한다. 채널을 표시한 다음 AUTOSET 버튼을 누른다.

③ 표시된 파형의 모양을 확인한다. 다음 그림과 같이 정상적인 파형이 아니면 보정작업을 한다.

⊙ [과 보정됨] ⊙ [부족 보정됨] ⊙ [정상 보정됨]

④ 다음 그림과 같이 필요한 만큼 프로브를 보정한다.

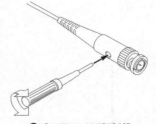

⊙ [프로브 보정작업]

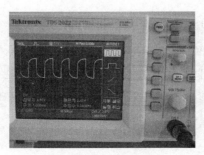

⊙ [프로브 보정 전]

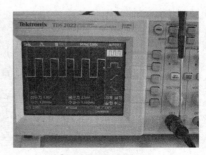

⊙ [프로브 보정 후]

(3) 디스플레이 영역 설명

디스플레이는 파형을 표시할 뿐 아니라, 파형과 오실로스코프 컨트롤 설정에 대한 다양한 세부 사항을 포함하여 모니터의 윗줄과 아래, 좌우측에 표현한다.

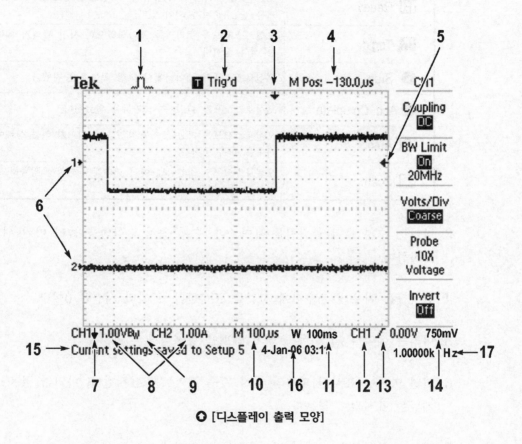

○ [디스플레이 출력 모양]

출력된 표시내용을 각 번호별로 설명한다.

1. 아이콘 디스플레이는 획득 모드를 표시한다.

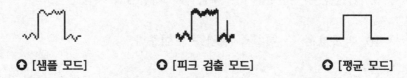

○ [샘플 모드]   ○ [피크 검출 모드]   ○ [평균 모드]

2. 트리거 상태의 종류별로 내용은 다음과 같다.

☐ Armed.	오실로스코프가 사전 트리거 데이터를 획득 중이다. 이 상태에서는 모든 트리거가 무시된다.
ℝ Ready.	모든 사전 트리거 데이터가 획득되었고 오실로스코프는 트리거를 받을 준비가 되어 있다.
🅣 Trig'd.	오실로스코프가 트리거를 포착하였으며 사전 트리거 데이터를 획득 중이다.
⬤ Stop.	오실로스코프가 데이터에서 파형 획득을 중지했다.
⬤ Acq. Complete	오실로스코프가 단일 순서 획득을 완료했다.
ℝ Auto.	오실로스코프는 자동 모드에 있으며 트리거가 없는 상태에서 파형을 획득 중이다.
☐ Scan.	오실로스코프가 스캔 모드에서 계속해서 파형을 획득하고 표시하는 중이다.

3. 마커는 수평 트리거 위치를 보여준다. 수평 위치 다이얼을 돌려 마커 위치를 조절한다.

4. 판독값은 가운데 계수선에 시간을 표시한다. 트리거 시간은 0이다.

5. 마커는 에지나 펄스 폭 트리거 레벨을 표시한다.

6. 화면 마커는 표시된 파형의 접지 기준 포인트를 표시한다. 마커가 없을 경우 채널은 표시되지 않는다.

7. 화살표 아이콘은 파형이 반전되었음을 나타낸다.

8. 판독값은 채널의 수직 눈금 계수를 보여준다.

9. A BW 아이콘은 채널 대역폭이 제한됨을 나타낸다.

10. 판독값은 주 시간축 설정을 보여준다.

11. 판독값은 윈도 시간축을 사용중인 경우 그 설정을 보여준다.

12. 판독값은 트리거링에 사용되는 트리거 소스를 보여준다.

13. 아이콘은 선택된 트리거 종류를 다음과 같이 보여준다.

⌐⌐	상승 에지를 위한 에지 트리거
⌐⌐	하강 에지를 위한 에지 트리거
⌐⌐	라인 동기를 위한 비디오 트리거
⌐⌐	필드 동기를 위한 비디오 트리거
⌐⌐	펄스 폭 트리거, 포지티브 극성
⌐⌐	펄스 폭 트리거, 네거티브 극성

14. 판독값은 에지나 펄스 폭 트리거 레벨을 표시한다.

15. 표시 영역에서 유용한 메시지를 표시하며 일부 메시지는 3초 동안만 표시된다. 저장된 파형을 호출할 경우 판독값은 RefA 1.00V 500μs와 같은 기준 파형에 대한 정보를 보여준다.

16. 판독값은 날짜와 시간을 표시한다.

17. 판독값은 트리거 주파수를 표시한다.

(4) 메뉴 및 컨트롤 버튼 설명

SAVE/RECALL	설정 및 파형에 대한 저장/호출 메뉴를 표시한다.
MEASURE	자동 측정 메뉴를 표시한다.
ACQUIRE	획득 메뉴를 표시한다.
UTILITY	유틸리티 메뉴를 표시한다.
CURSOR	커서 메뉴를 표시한다. 종류 옵션이 Off로 설정되어 있지 않으면, 커서 메뉴에서 나온 후에도 커서는 계속 표시되지만 조정할 수는 없다.

DISPLAY	디스플레이 메뉴를 표시한다.
도움말	도움말 메뉴를 표시한다.
기본값 설정	공장 설정을 호출한다.
AUTOSET	입력 신호의 유용한 디스플레이를 생성하도록 오실로스코프 컨트롤을 자동으로 설정한다.
SINGLE SEQ	단일 파형을 획득한 다음 중지한다.
RUN/STOP	파형을 연속적으로 획득하거나 획득을 중지한다.

(5) 기타 용어 설명

[트리거링]

트리거는 오실로스코프가 데이터 획득을 시작하고 파형을 표시할 때를 결정한다. 다음 그림과 같이 트리거를 제대로 설정하면 오실로스코프는 불안정한 디스플레이나 빈 화면을 의미 있는 파형으로 변환해준다.

트리거 레벨을 표시하는 오른쪽의 화살표가 파형의 안으로 들어오도록 TRIGGER LEVEL 핸들을 좌우로 돌려서 안정된 파형이 잡히도록 조정한다.

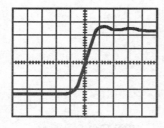 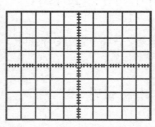

○ [트리거된 파형]　　　　　　○ [트리거되지 않은 파형]

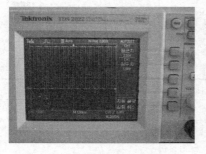 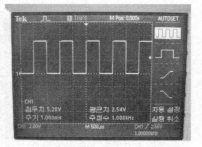

○ [트리거가 맞지 않았을 경우]　　　○ [트리거 설정 후]

[파형 스케일 및 위치조정]

눈금 및 위치를 조정하여 파형의 디스플레이를 변경할 수 있다. 눈금을 변경하면 파형 디스플레이 크기가 증가하거나 감소한다. 위치를 변경하면 파형은 위, 아래, 오른쪽 또는 왼쪽으로 이동한다.

① 수직눈금 및 위치

POSITION 노브를 돌려 모든 파형의 수직눈금의 위치를 수직 방향으로 변경한다. 즉 디스플레이에서 파형을 위나 아래로 이동하여 파형의 수직 위치를 변경할 수 있다. 데이터를 비교하려면 파형을 다른 파형 위에 배치하거나 서로 겹치도록 정렬할 수 있다. 파형의 수직눈금을 변경할 수 있다. 파형 디스플레이는 접지 기준 레벨에 상대적으로 축소되거나 확대된다.

② 수평눈금 및 위치 사전 트리거 정보

SEC/DIV 노브를 돌려 모든 파형의 수평눈금을 변경한다. 수평 위치 컨트롤을 조정하여 트리거 전, 트리거 후의 파형 데이터를 볼 수 있다. 파형의 수평 위치를 변경하면 트리거와 디스플레이 중앙 사이의 시간이 실제로 변경된다.(이것은 디스플레이에서 파형이 오른쪽이나 왼쪽으로 이동하는 것으로 나타난다.)

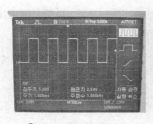  

◑ [초기의 출력파형]　　　◑ [수직 위치 이동]　　　◑ [수직/수평 변경]

[측정 결과 값 읽는 방법]

오실로스코프는 전압과 시간의 그래프를 표시하며 표시된 파형을 측정하는 장비이다. 측정하는 방법은 여러 가지가 있는데 계수선, 커서 또는 자동 측정 등 3가지 방법을 사용할 수 있다.

① 계수선

다음 그림의 파형 진폭을 판단할 때 크고 작은 계수선 구간을 카운트하고 눈금 계수를 곱하여 간단한 측정을 수행할 수 있다. 예를 들어, 파형의 최소값 및 최대값 사이의 주요 수직 계수선 구간 5개를 카운트했다면 배율 계수가 100mV/구간이라고 할 때 첨두치 전압을 다음과 같이 계산한다.

5구간×100mV＝500mV로 계산한다.

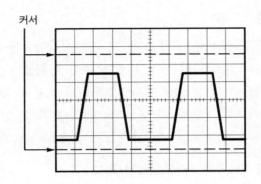

② 커서

커서를 사용하여 측정하려면 CURSOR 버튼을 누른다. 이 방법을 사용하면 항상 쌍으로 나타나는 커서를 이동하고 디스플레이 판독값에서 숫자 값을 읽어 측정을 수행할 수 있다. 커서는 진폭 및 시간의 두 종류가 있다.

• **진폭 커서** : 진폭 커서는 디스플레이에 수평선으로 나타나며, 수직 매개변수를 측정한다. 진폭은 접지 기준 레벨을 기준으로 한다. Math FFT 기능의 경우 이러한 커서는 크기를 측정한다.

• **시간 커서** : 시간 커서는 디스플레이에 수직선으로 나타나며, 수평 및 수직 매개변수를 모두 측정한다. 시간은 트리거 포인트를 기준으로 한다. Math FFT 기능의 경우 이러한 커서는 주파수를 측정한다. 시간 커서는 파형이 커서를 통과하는 지점에서 파형 진폭의 판독값도 포함한다.

③ **자동 측정**

MEASURE 메뉴를 사용하여 최대 5가지 자동 측정을 수행할 수 있다. 자동 측정을 수행하면 오실로스코프가 모든 계산을 자동으로 수행한다. 이 측정은 파형 레코드 포인트를 사용하기 때문에 앞에서 살펴본 계수선 또는 커서 측정보다 정확하다.

자동 측정은 모니터의 오른쪽에 나타나는 판독값을 사용하여 측정 결과를 보여 준다. 이러한 판독값은 오실로스코프가 새로운 데이터를 획득하면 계속적으로 업데이트된다.

이와 같이 오실로스코프에서 측정이 가능한 종류는 다음의 표와 같이 여러 가지를 측정할 수 있다.

주파수	첫 번째 사이클을 측정하여 파형의 주파수를 계산한다.
주 기	첫 번째 사이클의 시간을 계산한다.
평 균	전체 레코드에 대해 산술 평균 진폭을 계산한다.
첨두치	전체 파형의 최대 피크와 최소 피크 간 절대차를 계산한다.
실효치	파형의 첫 번째 완전한 사이클의 실제 RMS 측정을 계산한다.
최 소	전체 2,500포인트 파형 레코드를 검사하고 최소값을 표시한다.
최 대	전체 2,500포인트 파형 레코드를 검사하고 최대값을 표시한다.
상승 시간	파형의 첫 번째 상승 에지의 10%와 90% 간 시간을 측정한다.
하강 시간	파형의 첫 번째 하강 에지의 90%와 10% 간 시간을 측정한다.
상승 펄스	파형 50% 레벨에서 첫 번째 상승 에지와 다음 하강에지 간 시간을 측정한다.
하강 펄스	파형 50% 레벨에서 첫 번째 하강 에지와 다음 상승 에지 간 시간을 측정한다.
None	측정을 하지 않는다.

(6) 자동측정 방법을 이용한 측정 실습

자동측정 방법을 이용하여 신호를 신속하게 표시하고 주파수, 주기 및 첨두치 진폭을 측정하려 한다. 다음 그림과 유사한 신호를 출력하는 회로를 준비하고 채널1에 프로브를 연결한다.

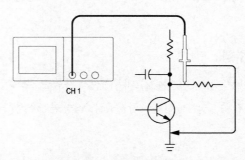

○ [준비된 회로와 오실로스코프의 CH1 연결]

1) 자동 설정 사용하여 측정

신호를 신속하게 표시하려면 다음 단계를 수행한다.

① CH1 MENU 버튼을 누른다.

② 프로브 → 전압 → 감쇠 → 10X를 누른다.

③ 프로브에서 스위치를 10X로 설정한다.

④ 채널 1 프로브 팁을 신호에 연결한다. 기준 리드선을 회로의 GND에 연결한다.

⑤ AUTOSET 버튼을 누른다.

오실로스코프는 수직, 수평 및 트리거 컨트롤을 자동으로 설정한다. 파형 디스플레이를 최적화하려는 경우 이러한 컨트롤을 수동으로 각종 노브를 사용하여 조정할 수 있다.

다음의 그림은 마이크로프로세서의 타이머/카운터를 이용하여 구형파가 출력되고 있는 회로에 주파수와 주기를 자동 설정 사용하여 AUTOSET 버튼을 눌러 곧바로 측정한 결과를 나타내고 있다.

❂ [펄스 발생 회로]　　　　❂ [자동 설정 사용한 측정 결과]

2) 자동 측정 수행

오실로스코프는 표시된 신호 대부분을 자동으로 측정할 수 있다. 신호 주파수, 주기, 첨두치 진폭, 상승 시간, 상승 펄스 등을 측정하려면 다음 ①~⑯단계를 수행한다.

[주파수 측정]

① MEASURE 버튼을 눌러 측정 메뉴를 표시한다.

② 상단 옵션 버튼을 누르면 측정 1 메뉴가 나타난다.

③ 종류→주파수를 누른다.

　값 판독값은 측정과 업데이트를 표시한다.

④ 뒤로 옵션 버튼을 누른다.

[주기 측정]

⑤ 상단에서 두 번째 옵션 버튼을 누르면 측정 2 메뉴가 나타난다.

⑥ 종류→주기를 누릅니다.

　값 판독값은 측정과 업데이트를 표시한다.

⑦ 뒤로 옵션 버튼을 누른다.

[첨두치 측정]

⑧ 중간 옵션 버튼을 누르면 측정 3 메뉴가 나타난다.

⑨ 종류→첨두치를 누른다.

　값 판독값은 측정과 업데이트를 표시한다.

⑩ 뒤로 옵션 버튼을 누른다.

[상승 시간 측정]

⑪ 하단에서 두 번째 옵션 버튼을 누르면 측정 4 메뉴가 나타난다.

⑫ 종류→상승 시간을 누른다.

　값 판독값은 측정과 업데이트를 표시한다.

⑬ 뒤로 옵션 버튼을 누른다.

[상승 펄스 측정]

⑭ 하단 옵션 버튼을 누르면 측정 5 메뉴가 나타난다.

⑮ 종류→상승 펄스를 누른다.

　값 판독값은 측정과 업데이트를 표시한다.

⑯ 뒤로 옵션 버튼을 누른다.

　자동으로 측정한 결과 다음 그림과 같이 주파수, 주기, 첨두치, 상승 시간, 상승펄스 등이 모니터의 오른쪽에 순서대로 출력된다.

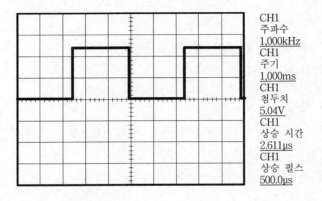

CH1
주파수
1,000kHz
CH1
주기
1,000ms
CH1
첨두치
5.04V
CH1
상승 시간
2.611µs
CH1
상승 펄스
500.0µs

3) 두 가지 신호 측정

　다음 그림과 유사한 신호를 출력하는 회로를 준비하고 채널1과 채널2에 프로브를 연결한다. 예를 들면 장비를 테스트 중이며 오디오 증폭기의 게인을 측정하려는 경우 증폭기 입력에 테스트 신호를 보낼 수 있는 오디오 생성기가 필요하다. 두 오실로스코프 채널을 증폭기 입력과 출력에 다음과 같이 연결한다. 두 신호 레벨을 모두 측정하고 측정값을 사용하여 게인을 계산한다.

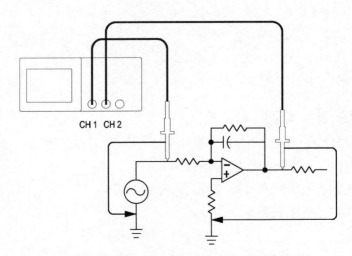

CH1　CH2

○ [준비된 회로와 오실로스코프의 CH1, CH2 연결]

　채널 1과 채널 2에 연결된 신호를 활성화하고 표시한 뒤 이 두 채널에 대한 측정을 선택하려면 다음 ①~⑩단계를 수행한다.

① AUTOSET 버튼을 누른다.
② MEASURE 버튼을 눌러 측정 메뉴를 표시한다.
③ 상단 옵션 버튼을 누르면 측정 1 메뉴가 나타난다.
④ 신호원→CH1을 누른다.
⑤ 종류→첨두치를 누른다.
⑥ 뒤로 옵션 버튼을 누른다.

⑦ 상단에서 두 번째 옵션 버튼을 누르면 측정 2 메뉴가 나타난다.
⑧ 신호원→CH2를 누른다.
⑨ 종류→첨두치를 누른다.
⑩ 뒤로 옵션 버튼을 누른다.

　자동으로 측정한 결과 다음 그림과 같이 주파수, 주기, 첨두치, 상승 시간, 상승펄스 등이 모니터의 오른쪽에 순서대로 출력된다.

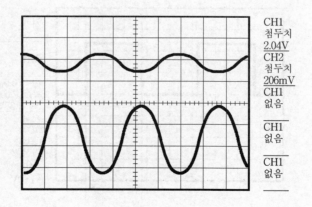

　두 채널에 대해 표시된 첨두치 증폭을 판독한다. 오디오 증폭기의 전압 게인을 다음 공식을 사용하여 계산한다.

$$VoltageGain = 출력\ 진폭\ /\ 입력\ 진폭,$$
$$VoltageGain(dB) = 20 \times \log(VoltageGain)$$

4) 커서를 이용한 펄스 폭 측정

오실로스코프에 측정한 파형이 출력되고 있을 때 커서를 사용하여 파형에 대한 시간과 진폭을 신속하게 측정할 수 있다. 펄스 파형을 분석 중이며 펄스 폭을 파악하려는 경우 다음 단계를 수행한다.

① CURSOR 버튼을 눌러 커서 메뉴를 표시한다.
② 종류→시간을 누른다.
③ 신호원→CH1을 누른다.
④ 커서 1 옵션 버튼을 누른다.
⑤ 범용 노브를 돌려 커서를 펄스의 상승 에지에 놓는다.
⑥ 커서 2 옵션 버튼을 누른다.
⑦ 범용 노브를 돌려 커서를 펄스의 하강 에지에 놓는다.

커서를 이용한 측정 결과 다음 그림과 같이 커서 메뉴에 트리거에 상대적인 커서 1에서의 시간, 트리거에 상대적인 커서 2에서의 시간, 펄스 폭 측정인 Δ(절대차) 시간 등 측정값이 나타난다.

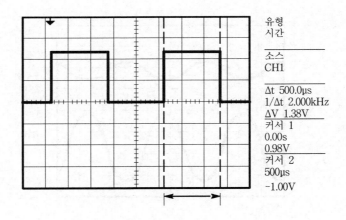

·연습문제·

각 과제의 회로도를 보고 브레드보드에 회로를 완성한 다음에 멀티테스터로 저항, 전압, 전류를 측정하여 표에 작성하고, 옴의 법칙을 사용하여 계산한 값을 각각 표에 적으시오.

[과제 1]

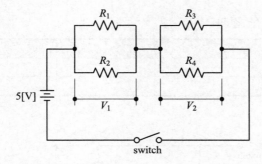

(측정 및 계산 결과)

항 목	R1	R2	R3	R4	V1	V2	I
측정치							
계산치							

[과제 2]

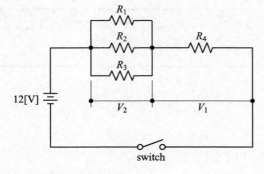

(측정 및 계산 결과)

항 목	R1	R2	R3	R4	V1	V2	I
측정치							
계산치							

[과제 3]

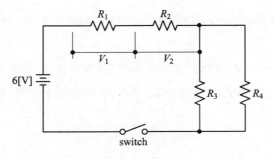

(측정 및 계산 결과)

항 목	R1	R2	R3	R4	V1	V2	I
측정치							
계산치							

[과제 4]

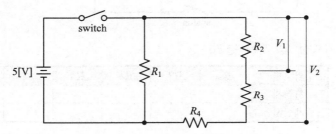

(측정 및 계산 결과)

항 목	R1	R2	R3	R4	V1	V2	I
측정치							
계산치							

1.6 전류의 작용과 전력

(1) 전류(電流)의 작용

1) 발열작용

금속에는 전류의 흐름을 막으려는 저항이 있고 이 저항에 전류가 흐르면 열이 발생한다. 일정한 시간 내에 발생하는 열량은 저항의 크기가 크고 전류의 양이 많을수록 발생하는 열량이 많아진다. 이 작용은 전등, 전열기, 온수기 등 널리 이용되고 있다.

2) 자기(磁氣)작용

철심에 코일을 감아 전류를 흐르면 전자석이 된다. 이 전자석의 세기는 코일의 권선수가 많을수록, 전류가 많이 흐를수록 자력이 커지게 된다. 자기작용을 이용하는 것을 보면 전기에너지를 기계에너지로 바꾸는 모터, 릴레이 등이 있고 기계에너지를 전기에너지로 바꾸는 발전기가 있다. 또한 변압기, 승압기, 감압기 등이 자기작용을 이용한다.

3) 화학작용

전류가 물질 속에 흐르면서 화학 반응이나 전기 분해를 하는 작용을 한다. 배터리, 도금 등에 이용된다.

(2) 전력(電力)

전원에서 나온 전하는 전류로써 회로에 흘러서 열, 빛, 힘이라는 여러 가지 형태의 에너지로 방출한 후 에너지가 낮아진 후 전원으로 되돌아온다. 이때 전류가 1초간에 하는 일, 즉 전류의 일률을 전력이라고 한다.

전류에 의해 발생하는 열량은 영국의 물리학자 줄(Joule)에 의해 "도체에 전류가 흐를 때 발생하는 열량은 전류의 제곱과 저항을 곱한 값에 비례한다."는 줄의 법칙이 발견되었다.

$$열량(Q) = I^2 \times R \times t$$

즉 1줄은 0.24 Cal이므로 열량(Cal) $= 0.24 \times I^2 \times R \times t$ 가 된다.

전류가 1초간에 발생하는 열량은 전압과 전류에 비례한다. 전력을 P로 하면 $P = EI$[W]가 된다.

전력의 계산식은 전력(P)=전압(E)×전류(I), P(W)=E(V)×I(A)가 된다.

$$I = P/E, \quad E = P/I, \quad P = I^2R \quad P = \frac{E^2}{R}(W)$$

전기가 하는 일의 양은 전력과 일을 한 시간을 곱하여 전력량으로 표시한다.

$$전력량(Wh) = 전력(W) \times 시간(h)$$

다음과 같은 경우에 전력을 계산해보자.

① 100V에 3A 전류가 흐를 때 전력을 계산하시오.
$P = EI$(W)이므로 100V×3A = 300W가 된다.

② 4Ω의 저항에 5A 전류가 흐를 때 전력을 계산하시오.
$P = I^2R = 5^2 \times 4 = 100$W가 된다.

③ 12V에 2Ω 저항에 전류가 흐를 때 전력을 계산하시오.
$P = \dfrac{E^2}{R} = \dfrac{12^2}{2} = \dfrac{144}{2} = 72$W가 된다.

④ 100V용 10Ω의 전열기를 2시간 동안 사용 시 소비 전력량(KWh)을 계산하시오.
$P = \dfrac{E^2}{R} = \dfrac{100^2}{10} = \dfrac{10000}{10} = 1000$W
Wh = $W \times h$이므로 1000×2 = 2KWh

⑤ 전구에 220V, 60W로 표시되어 있다. 이 전구에 흐르는 전류와 전구의 필라멘트의 저항 값을 계산하시오.
전구에 흐르는 전류 계산은 $I = P/E = 60 \div 220 = 0.273$(A)가 된다.
전구의 필라멘트의 저항값 계산은 $I = E/R$, $R = E/I = 220$(V)$\div 0.273$(A)$ = 805.9$(Ω)

⑥ 1A의 전류가 10 kΩ의 필라멘트에 1분 동안 흘러서 가열할 때 10℃의 물 10l
(10,000g)를 몇 ℃까지 올릴 수 있는가?

먼저 총 발생 열량을 계산하면 Cal = $0.24 \times I^2 \times R \times t$ 공식에 수치를 대입하
여 계산하면 $0.24 \times 1^2 \times 10,000\,\Omega \times 60\,\mathrm{sec} = 144,000\,\mathrm{Cal}$가 된다.

물 1g(1cc)을 1℃ 올리는 데 필요한 열량이 1Cal이므로 나누기 10,000을 하
면 14.4℃의 온도를 올릴 수 있다. 따라서 최종 온도는 24.4℃가 된다.

1.7 정류회로

교류를 직류로 바꾸는 과정을 정류라고 한다. 이때 정류 소자는 실리콘 다이오드
가 많이 사용되며 다음 그림은 교류에서 직류로 변환되어 안정화된 직류를 얻기까
지의 과정을 그림으로 나타낸 것이다.

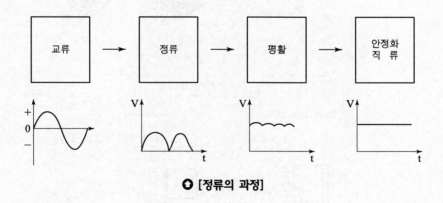

○ [정류의 과정]

먼저 교류전원이 입력되면 트랜스를 거쳐서 필요한 전압으로 다운시킨 다음에
정류과정을 거치게 된다. 정류과정에서는 다음 그림과 같이 4개의 다이오드로 브
리지를 구성하여 직류로 변환한다. 이때의 출력 전압은 불안정하고 리플이 발생하
므로 콘덴서와 정전압 IC를 사용하여 안정화된 직류를 얻게 된다.

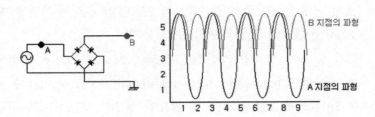

○ [브리지 정류 회로와 출력파형]

정전압 IC는 전압 레귤레이터(Voltage Regulator)라고도 하며 그림과 같이 주로 3~4 단자형 78시리즈가 사용된다.

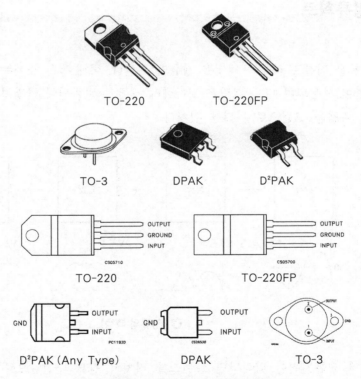

○ [78시리즈 3단자 정전압 IC의 모양과 핀]

3단자 정전압 IC는 기본적으로 출력 전압이 고정되어 있다. IC의 종류별로 출력 전압과 최소 입력전압은 다음의 표와 같으며 78XX로 시작한 것은 +전압을 출력 하고, 79XX로 시작한 것은 -전압을 출력한다.

○ [정전압 IC의 출력과 입력전압]

IC	출력전압〔V〕	최소 입력전압〔V〕	IC	출력전압〔V〕	최소 입력전압〔V〕
7805	+5	7.3	7905	−5	7.3
7806	+6	8.3	7906	−6	8.3
7809	+9	12.5	7909	−9	12.5
7812	+12	14.6	7912	−12	14.6
7815	+15	17.7	7915	−15	17.7
7818	+18	21.0	7918	−18	21.0
7824	+24	27.1	7924	−24	27.1

정전압 IC의 기본적인 사용법은 그림과 같이 출력 고정형으로 입력 측에 사용한 C1 콘덴서는 IC의 동작을 안정화시키고 평활용 콘덴서로 동작한다. 출력 측에 사용하는 C2 콘덴서는 IC의 발진 방지용으로 동작한다.

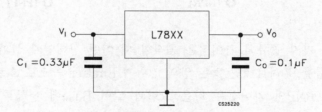

○ [78시리즈 IC의 기본 구성도]

다음의 회로와 같이 7805, 브리지다이오드, 220V in/9V out 트랜스, 콘덴서 등으로 회로를 구성하고 디지털 오실로스코프로 파형을 측정하여 주파수, 주기, 전압 등을 측정해본다.

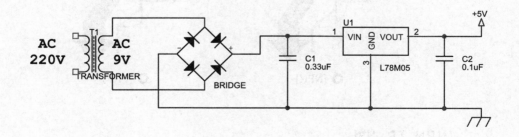

1.8 TR 스위칭 회로

트랜지스터는 접합형 트랜지스터(BJT : Bi-polar Junction Transistor)가 아날로 그 회로나 디지털 회로에 모두 사용된다. 보통 아날로그 회로에서는 전류 증폭용으로, 디지털 회로에서는 스위칭 목적으로 사용한다. 종류에는 다음 그림과 같이 NPN, PNP의 2종류가 있다.

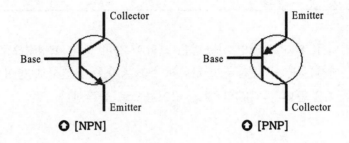

○ [NPN]   **○ [PNP]**

이 두 가지 종류의 차이점은 동작할 때 어떤 상태인지 살펴보면 Base에 조그만 제어전류를 흘려보내면 많은 양의 전류가 Emitter 쪽으로 흐르는 것을 알 수 있다. NPN과 PNP의 차이점은 다음 그림과 같이 Base에 전류를 집어넣거나(+전압), 전류를 뽑아내는(-전압) 방식으로 트랜지스터를 동작시킨다. 이들의 공통점은 아주 작은 제어신호를 주면 구동전류가 10~20배의 많은 양의 전류를 흐를 수 있게 한다.

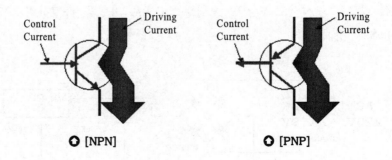

○ [NPN]   **○ [PNP]**

「NPN TR 실험」

다음 회로도처럼 NPN TR인 2N3904을 가지고 LED를 ON, OFF시키는 회로를 구성하여 TR 스위칭 동작을 확인해 보고 동작원리를 이해한다.

2N3904 TR은 NPN Type의 범용의 스위칭, 증폭용으로 사용된다. DC 전류 증
폭률 hFE는 Ic=10mA에서 약 100 정도 되고, 아래 회로에서 12V전원으로 LED
를 ON시킬 때 TR은 Switch처럼 동작한다.

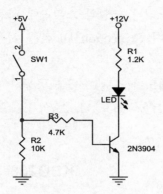

일반적인 LED는 10mA 정도 전류를 흘리면 적당한 밝기가 나오므로 12V÷
10mA=1.2KΩ의 저항을 사용하면 LED를 무리 없이 구동할 수 있다.

입력으로 5Volt 전원을 사용하는 것은 TTL 신호로 제어하기 위한 것이며, 회로
에서 Switch가 OFF된 상태는 0V이므로 OFF되어 LED는 소등되고, Switch가
ON일 때 5V가 입력되어 ON되고 LED는 점등한다.

TR의 base에 10KΩ 저항이 연결한 것은 Switch가 OFF된 상태일 때 base를
0V로 확실하게 동작하게 하는 풀다운 저항 역할을 한다. 4.7KΩ 저항은 base에 전
류를 제한하는 역할을 하며 이 회로에서는 약 1mA의 base 전류를 공급할 수 있으
므로 TR이 포화영역(Saturation Region)에 들어가기 충분하게 된다.

앞의 TR스위칭 회로에서 TR의 역할을 이해하였다면 많은 종류의 TR 중에서
목적에 맞는 TR 선택 방법을 살펴보면 다음과 같다.

① 먼저 트랜지스터를 연결하여 사용할 장치(부하)에 필요로 하는 전류의 양
(Load Current)을 파악한다.

② 트랜지스터의 데이터시트에서 max Ic(최대 Collector Current) 값이 Load
Current보다 큰 것을 선택한다.

    Load Current = 공급전압(V_s) ÷ 부하저항(R_L)

③ 트랜지스터의 minimum current gain 값이 Load Current보다 최소 5배 이상
큰 것을 선택한다.

④ Base 쪽의 저항 값의 계산은

$$R_B = 0.2 \times R_L \times h_{FE} \quad R_B = \frac{V_S \times h_{FE}}{5 \times I_C}$$

⑤ 트랜지스터가 모터나 코일의 스위칭에 사용되는 경우에는 역기전력으로부터 보호할 수 있도록 Protection Diode를 사용하여야 한다.

다음은 모터나 솔레노이드 밸브 등을 구동하기 위해 많이 사용하는 KSD288 트랜지스터의 데이터시트를 나타낸다. 2A의 DC 모터를 구동하기 위해 적절한지 판단해보기 바란다.

KSD288

Power Regulator
Low Frequency High Power Amplifier
- Collector-Base Voltage : V_{CBO}=80V
- Collector Dissipation : P_C=25W(T_C=25°C)

TO-220

1.Base 2.Collector 3.Emitter

NPN Epitaxial Silicon Transistor

Absolute Maximum Ratings T_C=25°C unless otherwise noted

Symbol	Parameter	Value	Units
V_{CBO}	Collector-Base Voltage	80	V
V_{CEO}	Collector-Emitter Voltage	55	V
V_{EBO}	Emitter-Base Voltage	5	V
I_C	Collector Current	3	A
P_C	Collector Dissipation (T_C=25°C)	25	W
T_J	Junction Temperature	150	°C
T_{STG}	Storage Temperature	- 55 ~ 150	°C

Electrical Characteristics T_C=25°C unless otherwise noted

Symbol	Parameter	Test Condition	Min.	Typ.	Max.	Units
BV_{CBO}	Collector-Base Breakdown Voltage	I_C=500μA, I_E=0	80			V
BV_{CEO}	Collector-Emitter Breakdown Voltage	I_C=10mA, I_B=0	55			V
BV_{EBO}	Emitter-Base Breakdown Voltage	I_E=500μA, I_C=0	5			V
I_{CBO}	Collector Cut-off Current	V_{CB}=50V,I_E=0			50	μA
h_{FE}	DC Current Gain	V_{CE}=5V,I_C=0.5A	40		240	
V_{CE}(sat)	Collector-Emitter Saturation Voltage	I_C=1A, I_B=0.1A			1	V

h_{FE} Classification

Classification	R	O	Y
h_{FE}	40 ~ 80	70 ~ 140	120 ~ 240

C언어와
마이크로프로세서

C언어와 마이크로프로세서

Chapter 2

C언어 프로그래밍

C언어 프로그래밍

2.1 C언어의 이해와 프로그래밍 방법

마이크로컨트롤러와 그 주변회로 등으로 구성된 하드웨어로 제어대상을 원하는 동작으로 제어하기 위해서는 입력과 출력 조건에 맞게 프로그램을 구현해서 동작이 이루어지도록 해야 한다. 프로그램의 종류는 여러 가지 언어가 있지만 C언어는 어셈블리보다 이식성이 좋을 뿐만 아니라 사용자가 사용하기에 편리하므로 많이 사용되어지고 있는 프로그래밍 언어이다.

이 장에서는 마이크로컨트롤러나 PC를 사용하여 하드웨어를 제어하기 위한 목적으로 C언어 프로그래밍 방법에 대하여 살펴본다.

2.1.1 C언어의 이해

프로그램을 작성하는 것은 컴퓨터로 처리해야 할 문제를 컴퓨터 프로그래밍 언어를 사용하여 각종 연산을 통한 처리 방법을 프로그램 문법에 맞게 작성하는 것이다. 우리가 앞으로 공부할 C언어는 컴퓨터와 인간 사이의 의사소통을 위한 프로그래밍 언어로서 프로그래밍 언어의 종류는 C언어, C++언어, C#언어, JAVA언어 등 수십 가지의 종류가 있다.

C언어는 미국 AT&T사의 벨(Bell) 연구소의 연구원들 중 켄톰슨이 B언어를 만들었으나 B언어는 기계 종속적이어서 이식성이 떨어져 데니스리치가 B언어를 개선하여 C언어를 만들게 되었다.

$$\boxed{\text{ALGOL 60}} \dashrightarrow \boxed{\text{CPL}} \dashrightarrow \boxed{\text{BCPL}} \dashrightarrow \boxed{\text{B}} \dashrightarrow \blacksquare$$

컴파일러는 인간이 사용하는 언어를 기반으로 일 처리 순서에 맞게 만든 소스 프로그램을 기계, 즉 마이크로컨트롤러나 컴퓨터 등이 이해하도록 기계어로 변환하는 변환기로서 인간의 통역관 역할을 해주는 프로그램이다. 프로그래머가 작성한 소스코드를 컴파일러로 반드시 동작시킬 기계에 맞는 기계어로 변환 작업을 거쳐야 한다.

기계어는 컴퓨터가 이해할 수 있는 2진 숫자(0과 1)로 작성된 언어로 모든 컴퓨터나 마이크로컨트롤러가 실행되기 위해서는 기계어가 필요하게 된다.

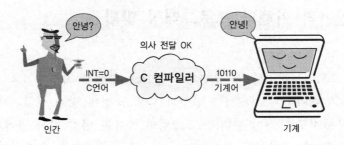

프로그램 작성하여 실행하기까지는 다음 그림과 같이 4단계의 과정을 거치게 된다.

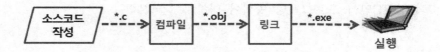

① 소스코드(Source Code) 작성 단계에서는 일처리 순서(제어 절차)를 C언어 문법에 맞게 문서편집기나 프로그래밍 툴의 편집기를 사용하여 텍스트 문서로 작성하며 "*.C"와 같이 확장자를 c로 소스파일을 저장한다.

② "*.C"로 저장된 소스파일을 C컴파일러로 번역하여 오브젝트 파일("*.obj")을 생성한다.

③ 앞에서 생성된 기계가 이해할 수 있는 오브젝트 파일이나 각종 라이브러리들을 오브젝트 파일과 연결하여 실행이 가능한 실행파일("*.exe")을 생성한다. 여기에서 사용되는 라이브러리는 소스코드에서 마치 명령처럼 사용되는 내장함수들을 모아놓은 파일을 의미하는 것으로 소스코드에서 사용한 내장함수의 실행코드가 연결되어 실행파일에 삽입되게 된다.

④ 생성된 ".exe"는 컴퓨터에서 실행되기 위해서 주기억장치에 저장되는 마지막 단계이다.

2.1.2 프로그램 작성방법

프로그램의 작성방법은 현재 많이 사용하고 있는 Visual C++ 2008 버전과 Visual C++ 6.0 버전으로 프로그램을 작성하고 실행하는 방법을 두 가지 버전에 대하여 모두 살펴본다. Visual C++ 2008 버전 사용법을 알면 그 이후 버전은 사용 법이 유사하므로 불편함을 느끼지 않을 것이다.

(1) Visual C++ 2008 버전으로 프로그래밍

〈 Step 0 〉

0) Visual C++ 2008 실행

윈도의 시작 버튼을 누르고 모든 프로그램 그룹 안에 있는 Microsoft Visual Studio 2008을 선택하여 실행한다. Visual Studio 프로그램은 소스 프로그램 작성 부터 컴파일, 프로그램의 실행까지 모든 작업을 할 수 있는 통합 패키지 프로그램 이다.

〈 Step 1 〉

1) 프로그램 작성 단계로 소스파일(Hello.c)을 작성한다.

Visual Studio가 실행되면 소스 코드를 작성하기 위하여 먼저 프로젝트를 만들 어야 한다. 요즈음의 프로그래밍 툴들은 거의가 프로젝트를 만들고 이때 생성된 디 렉터리에 프로젝트별로 관련 파일들을 관리하게 된다. 프로젝트를 만들게 되면 프 로그램의 관리가 쉽고 편리하게 된다.

다음의 그림과 같이 파일/새로 만들기(N)/프로젝트(P) 메뉴를 선택하여 프로젝트 마법사를 실행한다.

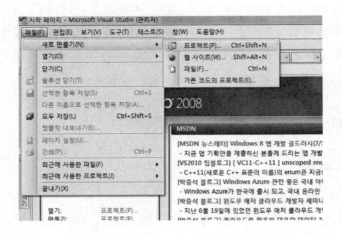

과거의 DOS(Disk Operating System) 환경에서의 프로그래밍 방식처럼 검은색 바탕의 창이 나타나서 실행되게 C언어는 프로그래밍해야 하므로 콘솔 모드를 선택한다. 이것 또한 윈도 환경에서의 윈도 프로그램의 일종인 것이다.

프로젝트가 저장될 디렉터리를 위치 항목에 입력하고 "솔루션 디렉터리 만들기"를 체크하면 작업 후에 디렉터리가 생성된다.

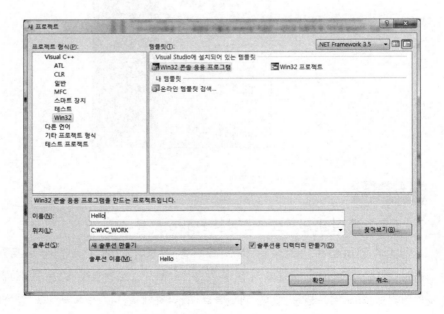

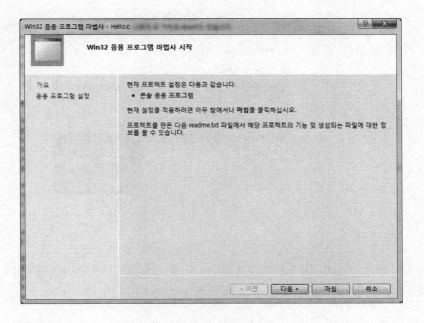

프로그램 마법사를 마치기 전에 "빈 프로젝트"를 반드시 선택하여 체크 표시가
나타나도록 한다. 만약 이를 선택하지 않으면 마법사가 자동으로 코드를 삽입해 주
는데 이는 처음에 공부할 때에는 사용하지 않는 것이 좋고 어느 정도 프로그래밍
을 익힌 다음에 사용하는 것이 바람직하다.

마침 버튼을 선택하여 마법사를 완료하면 프로젝트가 생성되고 다음과 같이 왼쪽의 솔루션 탐색기에 나타나게 된다.

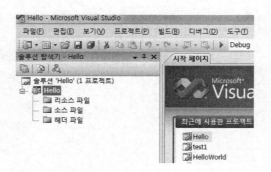

이제 소스코드를 작성하기 위해서 다음 그림과 같이 소스파일 폴더 위에서 마우스 우측버튼을 눌러 "새 항목(W)"을 선택한다.

나타난 윈도에서 왼쪽 범주 창의 코드를 선택하고 오른쪽 창에서 "C++파일(.cpp)"를 선택한 다음 아래의 이름 항목에 Hello.c를 입력하여 추가 버튼을 누른다.

파일 이름은 이름 항목에 입력하되 반드시 확장자는 "__.C"로 입력해야 한다. 만약 입력하지 않으면 자동으로 확장자에 cpp가 붙게 되어 C++ 프로그램으로 인식하여 컴파일시 에러가 발생하게 된다. 이는 소스 프로그램은 C언어 문법으로 작성하고 컴파일은 C++ 컴파일러가 번역하게 되므로 에러가 발생할 수 있게 된다.

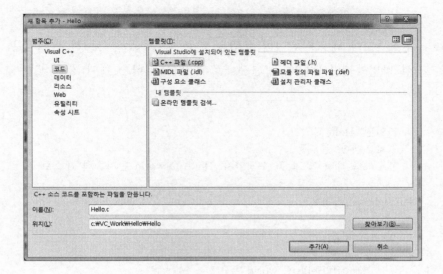

솔루션 탐색기의 소스파일 폴더 아래에 "Hello.c" 파일이 프로젝트에 등록된 것을 볼 수 있다. 소스코드의 작성 영역은 우측의 빈 공간인 Hello.c 탭에 해당되는 윈도 영역이다.

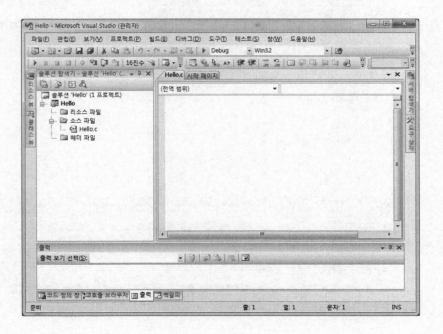

프로그램 작성 영역에 다음의 소스코드를 입력한다.

소스코드의 내용은 C언어 문법을 다룰 때 이해하기로 하고 지금은 프로그램의 작성 방법의 4단계에 따라 순서대로 방법을 익히는 것이 중요하다.

```c
/*
    파일명: Hello.C
    프로그래머: 홍길동
    프로그램 내용 및 최종 수정일자: Hello C world 문자출력 테스트
*/
#include<stdio.h>

int main(void)
{
        printf("Hello C world \n");
        return 0;
}
```

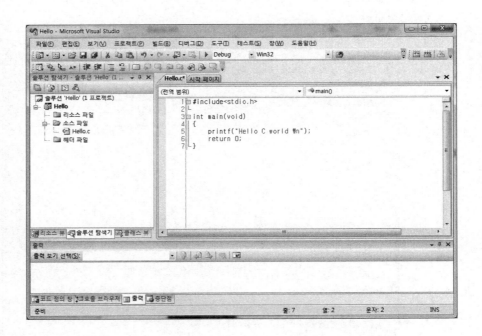

《 Step 2 》

2) 컴파일 단계를 실행하여 오브젝트 파일인 "Hello.obj"를 생성한다.

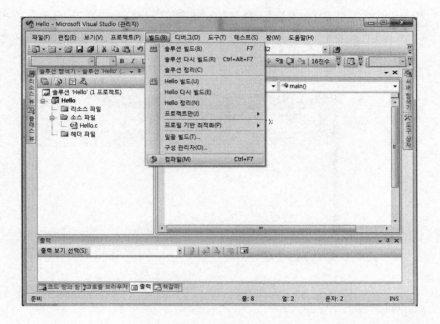

윈도 탐색기에서 C:\VC_WORK\Hello\Hello\Debug 디렉터리에 오브젝트 파일 (기계어 코드)이 생성된 것을 확인할 수 있다.

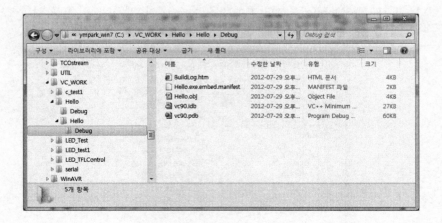

이 "Hello.obj" 기계어 파일을 메모장에서 강제적으로 열어보면 우리가 알아볼 수 없는 이상한 글씨로 나타나게 됨을 확인할 수 있다. 이 같은 기계어 파일들은 파일의 확장자가 .obj, .exe, .dll 등 여러 종류가 있다. 메모장 프로그램은 텍스트파일 내용을 보여주는 기능을 하므로 2진수로 구성된 기계어 코드들은 이상한 문자들로 보이게 되는 것이다. 그리고 이 파일 안에 삽입된 문자코드들은 그대로 문자로 보이게 된다.

《 Step 3 》

3) 링크 단계를 실행하여 실행파일인 "Hello.exe"를 생성한다.

빌드 메뉴 아래 "솔루션 빌드(B)"를 선택하여 실행파일을 생성하고 C:\VC_WORK \Hello\Hello\Debug 디렉터리에 "Hello.exe"가 생성된 것을 확인할 수 있다.

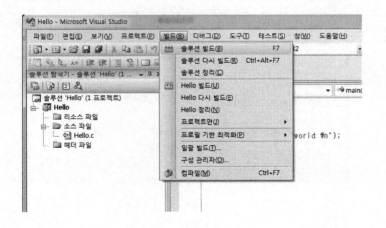

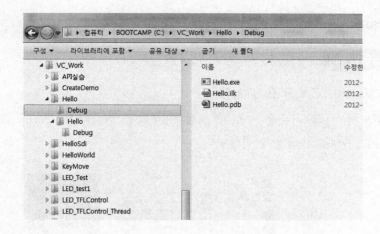

《 Step 4 》

4) 실행 단계를 실행하여 실행파일인 "Hello.exe"를 실행한다.

디버그 메뉴 아래의 "디버깅하지 않고 시작(H)"를 선택하여 실행 결과를 확인한다.
실행창의 왼쪽 상단에 마우스 우측버튼을 눌러 팝업메뉴가 나타나면 속성메뉴에
서 바탕색과 글자 크기 등을 변경할 수 있다.

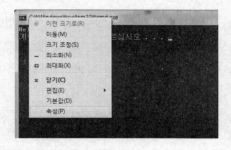

바탕색을 흰색으로, 글자색을 검정색으로 변경하여 다음과 같이 출력되게 한다.

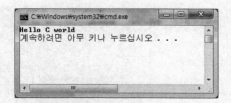

(2) Visual C++ 6.0 버전으로 프로그래밍

〈 Step 0 〉

0) Visual C++ 6.0 실행

윈도의 시작 버튼을 누르고 모든 프로그램 그룹 안에 있는 Microsoft Visual Studio 6.0을 선택하여 실행한다.

〈 Step 1 〉

1) 프로그램 작성 단계로 소스파일(Hello.c)을 작성한다.

Visual Studio가 실행되면 소스코드를 작성하기 위하여 먼저 프로젝트를 만들어야 한다. 요즈음의 프로그래밍 툴들은 거의가 프로젝트를 만들고 이때 생성된 디렉터리에 프로젝트별로 관련 파일들을 관리하게 된다. 프로젝트를 만들게 되면 프로그램의 관리가 쉽고 편리하게 된다.

다음의 그림과 같이 File/New.. 메뉴를 선택하여 프로젝트 마법사를 실행한다.

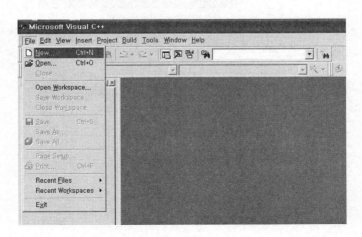

New 창이 나타나면서 Project 탭이 열려 있는 상태가 된다. Win32 Console Application을 선택하고 Location에 프로젝트가 저장될 폴더를 선택한다. 다음은 Project name으로 "Hello"를 입력하고 OK 버튼을 누른다.

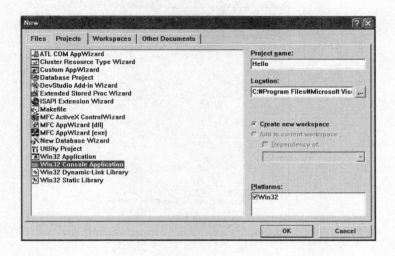

마법사가 소스코드를 미리 작성하지 않는 빈 프로그램으로 작성해야 하므로 "An empty project"를 선택하고 Finish 버튼을 누른다.

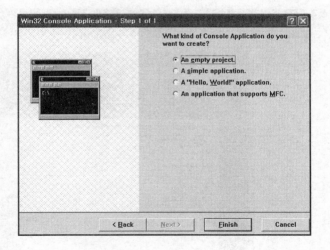

빈 프로젝트(An empty project)를 선택하지 않으면 마법사가 자동으로 코드를 삽입해 주는데 이는 처음에 공부할 때에는 사용하지 않는 것이 좋고 어느 정도 프로그래밍을 익힌 다음에 사용하는 것이 바람직하다.

프로젝트 경로를 보여주는 윈도가 나타나면 OK버튼을 눌러 프로젝트 생성을 완료한다.

마법사를 완료하면 프로젝트가 생성되고 다음과 같이 왼쪽의 Workspace에 Hell 프로젝트가 솔루션 탐색기에 나타나게 된다.

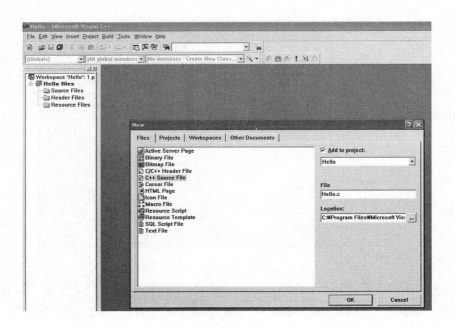

다시 File/New.. 메뉴를 선택하면 New 창의 Files 탭이 열리면서 소스코드의 종류를 선택하도록 한다.

"C++ Source File"을 선택하고 오른쪽의 File란에 Hello.c로 파일명의 확장자를 반드시 c로 하여 입력한다. 이때 "Add to project"가 체크되도록 하여 지금 생성할 Hello.c 소스파일을 Hell 프로젝트에 포함시켜서 관리되도록 해야 한다.

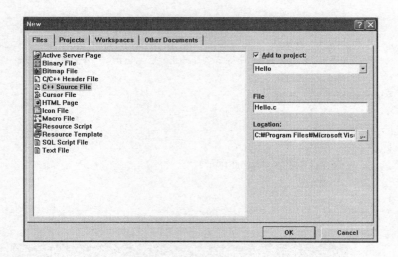

이제 소스코드를 작성하기 위해서 OK버튼을 누르면 다음 그림과 같이 소스파일 폴더가 보이면서 오른쪽에 소스코드를 작성할 빈 창이 보이게 된다.

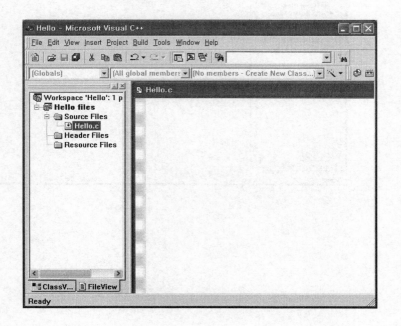

솔루션 탐색기의 소스파일 폴더 아래에 "Hello.c" 파일이 프로젝트에 등록된 것을 볼 수 있다. 소스코드의 작성 영역은 우측의 빈 공간인 Hello.c 탭에 해당되는 윈도 영역이다.

프로그램 작성 영역에 다음의 소스코드를 입력한다.

```
/*
    파일명: Hello.C
    프로그래머: 홍길동
    프로그램 내용 및 최종 수정일자: Hello C world 문자출력 테스트
*/
#include<stdio.h>

int main(void)
{
        printf("Hello C world \n");
        return 0;
}
```

〈 Step 2 〉

2) 컴파일 단계를 실행하여 오브젝트 파일인 "Hello.obj"를 생성한다.

Build 메뉴 아래의 "Compile Hello.c" 메뉴를 선택하여 컴파일한다.

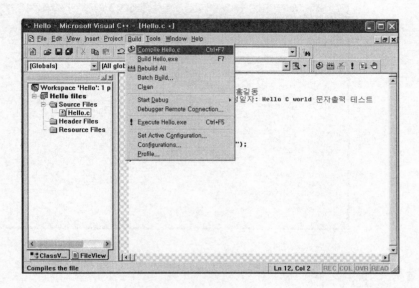

입력한 소스코드가 C언어 문법에 맞게 작성되면 아래의 메시지 창에 "Hello.obj
- 0 error(s), 0 warning(s)"가 나타나서 에러와 경고 없이 컴파일이 되어 Hello.obj
파일이 생성됨을 알 수 있다.

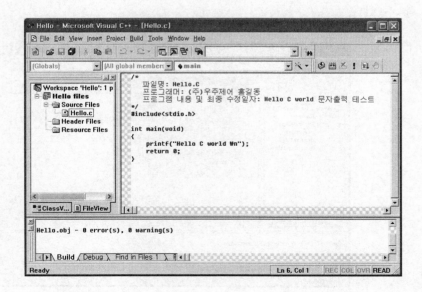

윈도 탐색기에서 C:\Program Files\Microsoft Visual Studio\MyProjects\Hello
\Debug 디렉터리에 오브젝트 파일(기계어 코드)인 Hello.obj 파일이 생성된 것을
확인할 수 있다.

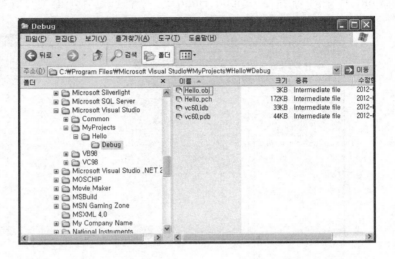

⟨ Step 3 ⟩

3) 링크 단계를 실행하여 실행파일인 "Hello.exe"를 생성한다.

Build 메뉴 아래의 "Build Hello.exe" 메뉴를 선택하여 실행파일을 생성하고
C:\VC_WORK\ Hello\Hello\Debug 디렉터리에 "Hello.exe"이 생성된 것을 확인
할 수 있다.

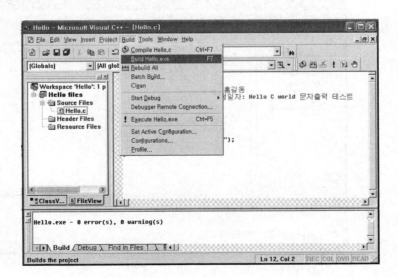

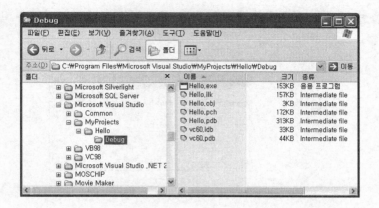

〈 Step 4 〉

4) 실행 단계를 실행하여 실행파일인 "Hello.exe"를 실행한다.

Build 메뉴 아래의 "Execute Hello.exe" 메뉴를 선택하여 실행파일을 실행한다.

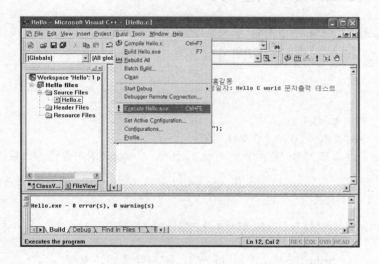

실행파일이 정상적으로 만들어져서 에러 없이 문법에 맞게 실행된 것을 다음 그림에서 확인할 수 있다.

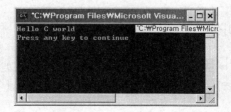

출력된 윈도는 앞에서 살펴본 바와 같이 글자색이나 배경색을 속성 메뉴에서 선택하여 변경할 수 있다.

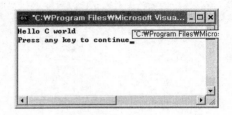

2.2 C프로그램 구조와 표준 입출력

2.2.1 C프로그램의 기본 구조

C프로그램의 일반적인 구성은 프로그램 타이틀, 전처리기와 헤더 파일, main 함수 등 가장 기본적으로 3가지 요소로 구성된다.

```
/*
   파일명: Hello.C
   프로그래머: (주)우주제어 홍길동
   프로그램 내용 및 최종 수정일자: Hello C world 문자출력 테스트
*/
#include<stdio.h>   //전처리 헤더 파일

int main(void)       //운영체제가 메인함수 호출
{
        printf("Hello C world \n"); //모니터에 기본 출력
        return 0;  //운영체제에게 값을 반환 후 메인함수 종료
}
```

(1) 프로그램 타이틀

프로그램 타이틀은 프로그램을 작성중이나 작성 후에 보다 효율적인 관리를 위하여 주석문을 사용하여 필요한 내용을 기록하게 된다.

주석(Comment)은 메모의 기능을 하는 것으로 컴파일러는 주석의 내용을 번역하지 않는다. 주석처리 방법은 여러 줄을 주석처리 하는 방법과 한 줄씩 주석 처리하는 방법이 있으며 주석끼리 중복 사용을 금하고 있다. 프로그램의 타이틀 부분 주석의 예는 다음과 같다.

① 여러 줄 주석 처리

```
/*
   파일명: Hello.C
   프로그래머: (주)우주제어 홍길동
   프로그램 내용 및 최종 수정일자: Hello C world 문자출력 테스트
*/
```

② 한 줄 주석 처리

```
//   파일명: Hello.C
//   프로그래머: (주)우주제어 홍길동
// 프로그램 내용 및 최종 수정일자: Hello C world 문자출력 테스트
```

(2) 전처리기와 헤더 파일

```
#include<stdio.h>
```

① # 기호는 전처리기(preprocessor) 의미로 컴파일을 수행하기 전에 먼저 처리하는 기호로 사용된다.

② include는 '포함하다'라는 뜻으로, 다음에 지시하는 "stdio.h" 헤더 파일을 컴파일하기 전에 먼저 처리하는 지시하는 것이다. 공통으로 자주 사용되는 사용된 함수나 변수 등은 헤더 파일에 기록하여 놓고 include하여 사용하면 프로그래밍을 효율적으로 할 수 있다. 이 같은 헤더 파일은 종류별로 여러 가지가 있으며 필요시마다 추가하여 사용할 수 있다.

③ <stdio.h>는 헤더 파일(Header File)로서 확장자 .h를 가지는 파일이다. stdio의 의미는 Standard Input Output으로, 즉 stdio.h는 표준 입력 출력 함수들을 가지고 있는 헤더 파일이라는 의미를 갖는다.

<stdio.h>의 < > 기호는 컴파일러가 제공하는 헤더 파일을 의미하고 "stdio.h"와 같이 " "로 둘러싸인 파일은 사용자가 만든 헤더 파일을 의미한다.

<stdio.h>는 컴파일러가 제공하는 헤더 파일로서 Visual Studio 프로그램 설치 시에 C 컴파일러가 컴퓨터에 설치되고 각종 헤더 파일도 다음 그림과 같이 이미 설치경로에 포함되어 있음을 알 수 있다.

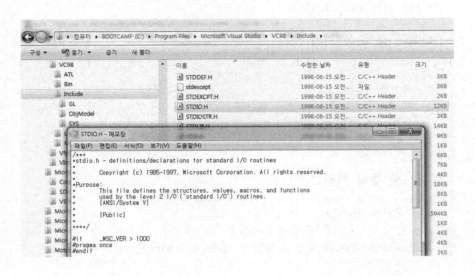

(3) main( ) 함수

함수는 반드시 ( ) 앞에 이름을 갖고 있으며 고유한 일을 수행하는 C 프로그램의 기본 단위로서 다음 그림과 같은 구조를 갖는다. 이 함수가 실행할 때 어떤 값을 입력받아서 실행할 때에는 입력형태에 정의된 것을 입력받아서 실행하고, 실행 후에 출력 시에는 출력형태에 맞는 값을 반환할 수 있다.

함수의 시작과 종료는 {와 }로 짝을 이루어야 하며 이 중괄호 안에 함수가 수행해야 하는 기능을 코딩하여 프로그래밍하게 된다.

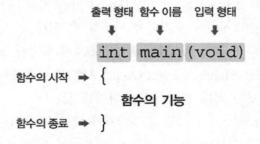

프로그램 소스 중에 printf( ) 함수는 컴파일러가 stdio.h 파일에서 제공하는 내장함수로서 마치 명령어처럼 사용하게 된다. 이는 print format의 의미로 ( ) 안에 지정된 포맷처럼 출력시키는 기능을 가지고 있으며 그 내용은 stdio.h 파일이 가지고 있고 이 소스코드에는 보이지 않지만 #include 하였으므로 컴파일하기 전에 필요한 내용이 포함되므로 이상 없이 컴파일되는 것이다. 이러한 내장함수를 표준라이브러리 함수라고도 한다.

이 같은 표준라이브러리 함수와 헤더파일은 프로그래밍을 편리하고 효율적이게 하므로 많이 사용하는 것이 바람직하다.

필요한 기능을 수행하기 위하여 중괄호 안에 C언어 문법에 맞게 코딩을 하는데 매번 명령 수행 후 세미콜론을 써야 한다. 이는 명령 1줄이 끝났음을 컴파일러에게 알리는 것이다. 이 세미콜론은 전처리기가 있는 문장과 함수 선언 문장의 뒤에는 사용하지 않음을 유의해야 한다.

```
#include <stdio.h>

int main(void)
{
    printf("Hello C world \n");
    return 0;
}                        ┌------> 세미콜론 <----┘
```

이 main 함수는 C프로그램 소스 중에 반드시 1개만 존재해야 하며 프로그램의 실행은 운영체제가 담당하므로 운영체제의 지시를 받아서 실행하게 되는데 main 함수의 첫줄부터 마지막 줄까지만 순차적으로 실행하게 된다.

함수의 종료 시점에 다음 수행을 위하여 운영체제에게 종료를 알리는 의미로 return 문장이 사용되는데 "return 0"처럼 숫자 0을 전달하면 운영체제가 정상적으로 메모리를 정리하면서 종료하게 되고 그냥 "return" 하면 그냥 종료하게 된다. 가능한 운영체제가 프로그램의 종료 후에 메모리를 정리할 수 있도록 하는 것이 바람직하다.

2.2.2 **기본 출력 printf( ) 함수**

printf( ) 함수는 Print에 Formatted에서 f를 추가하여 만든 함수로 서식화된 의미를 가지며 모니터에 출력하는 기본 출력 함수이다. 괄호 안에 지정된 서식을 적용하면 우리가 원하는 대로 출력할 수 있다.

$$\text{printf(" \%d ", 2+3);}$$

2+3의 결과를 출력 서식 문자 %d로 모니터에 출력

```c
#include <stdio.h>
int main(void)
{
    printf("Hello C world \n");
    return 0;
}
```

(1) 특수문자

다음의 표와 같은 특수문자를 이중 인용부호 안에 삽입하면 줄 바꿈이나 특수문자를 출력할 수 있다.

특수 문자	설 명
\a	경고음 소리 발생
\b	백스페이스(Backspace)
\f	폼 피드(Form Feed)
\n	개행(New Line)
\r	캐리지 리턴(Carriage Return)
\t	수평 탭
\v	수직 탭
\\	역슬래시(\)
\'	작은따옴표
\"	큰따옴표

(2) 출력 서식 문자

다음 표의 서식문자가 printf( )함수 중 ( ) 안의 " " 이중 인용 부호 안에 기술한 서식문자와, 다음에 기술한 출력할 값이나 변수 등이 각각 개수에 따라 짝이 맞아야 하며 순서대로 매칭되어 출력된다.

서식문자	출력 형태
%d, %i	10진수 정수(양수와 음수 모두 표현 가능)
%x, %o	16진수 정수, 8진수 정수(양수만 표현 가능)
%f, %lf	10진수 실수(양수와 음수 모두 표현 가능)
%c	한 개의 문자
%s	문자열
%u	10진수 정수(양수만 표현 가능)
%e	e 표기법에 의한 실수
%E	E 표기법에 의한 실수
%g	소수점 이하 자리 수에 따라 %f, %e 둘 중 하나를 선택
%G	소수점 이하 자리 수에 따라 %f, %E 둘 중 하나를 선택
%%	% 기호 출력

< 숫자 출력하기 P2_1 >

```
#include <stdio.h>
int main( )
{
  printf("%d 더하기 %d 는 %d 입니다 \n", 3, 5, 3+5);
  printf("%i 더하기 %i 는 %i 입니다 \n", 3, 5, 3+5);
  printf("%d - %d = %d 입니다 \n", 3, 5, 3-5);
  printf("%i - %i = %i 입니다 \n", 3, 5, 3-5);
  return 0;
}
```

Print Formatted 함수에서 %d와 그에 대응하는 데이터(또는 변수)의 개수가 맞아야 하며 출력은 순서대로 %d 서식문자 자리에 출력하게 된다.

위의 프로그램에서 첫 문장의 경우에 3은 첫 번째 %d, 5는 두 번째 %d, 3+5는 연산을 먼저 하여 그 결과 값인 8이 세 번째 %d 자리에 출력한다. 그리고 printf( ) 함수의 괄호 안에서 %d와 같은 서식문자는 반드시 이중 인용부호(" ")로 감싸주어야 하며, 콤마(,)로 서식 지정문과 데이터들을 구별한다. 이때 데이터가 여러 개이면 반드시 콤마로 각각을 구분해야 한다.

또한 \n은 New Line의 의미로 다음 출력할 문장이 줄을 바꿔서 다음 줄에 출력하라는 의미이다. 이 문장도 이중 인용부호 안에서 사용해야 한다.

< P2_1 실행결과 >

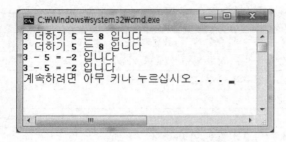

< 숫자 출력하기 P2_2 >

```
#include <stdio.h>
int main( )
{
    printf("10진수: %d는 16진수: %x, 8진수: %o 입니다. \n", 50, 50, 50);
    printf("10진수: %d는 16진수: %x, 8진수: %o 입니다. \n", -50, -50, -50);
    // 16진수와 8진수는 음수 표현 불가
    return 0;
}
```

다음 표와 같이 십진수 50에 대한 10진수, 16진수, 8진수로 표현해보자. 먼저 50을 2진수로 표현하면 "00110010"가 된다. 16진수는 16개의 정보를 표현할 수 있으므로 2진수 4개, 즉 4비트씩 끊어서 표현한다. 반면에 8진수는 8개의 정보를 표현할 수 있으며 2진수 3개, 즉 3비트씩 끊어서 표현한다.

구 분	10진수 표현	16진수 표현	8진수 표현
$50_{(10)}$에 대한 2진수	00110010	32	62
10진수	50	50	50

만약에 3가지 진법으로 표현한 수 50을 출력하는 경우에는 다음과 같은 문장이어야 한다. printf("10진수: %d는 16진수: %x, 8진수: %o 입니다. \n", 50, 0x50, 050);

이 문장의 출력은 "10진수: 50는 16진수: 50, 8진수: 50입니다."와 같이 출력될 것이다.

숫자 50에 대한 10진수, 16진수, 8진수 들을 2진수와 우리가 익숙한 10진수로 표현하여 그 크기를 비교해보면 다음 표와 같다.

10진수는 그냥 숫자를 사용하면 된다. 16진수는 숫자 0과 영문자 x를 붙여서 숫자 앞에 "0x50"으로 표현한다. 8진수는 숫자 0을 붙여서 숫자 앞에 "050"으로 표현한다.

구 분	50(10)	50(16)	50(8)
2진수	00110010	01010000	101000
10진수	50	80	40

두 번째 문장의 경우 16진수와 8진수는 음수 표현 불가능하다. 다음의 출력 결과를 보면 임의의 숫자가 출력되는 것을 볼 수 있다.

< P2_2 실행결과 >

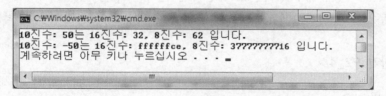

< 숫자 출력하기 P2_3 >

```c
#include <stdio.h>
int main(void)
{
    printf("10진수 정수: %d  \n", 0.5);
    printf("10진수 실수: %f  \n", 0.5);
    printf("10진수 실수: %lf \n", 0.5);
    printf("소수점 이하 6자리 이상: %f  \n", 0.5655678);
    printf("소수점 이하 6자리 이상: %lf \n",  0.5667784);
    return 0;
}
```

%d 서식문자에 실수(소수점이 있는 숫자)가 대입되면 소수점 이하의 값을 잃어버려서 정수로 출력된다. %f와 %lf 서식문자는 10진수 실수를 표현할 때 사용하며, 양수와 음수 모두 표현 가능하다. 소수점 이하 6자리까지 출력한다.

< P2_3 실행결과 >

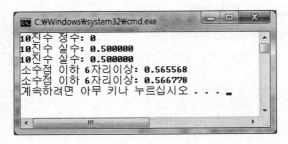

(3) 문자와 문자열 출력

문자(Charcter)와 문자열(String)은 동일한 한 개의 문자를 사용하는 경우에도 표현하는 방법에 따라 다르게 된다. 단일인용부호를 사용하여 표현하면 'A'와 같이 문자로 사용되며 이중인용부호 "A"로 표현하면 문자열로 인식한다. 서식문자 %c 는 한 개의 문자를 출력하고 %s는 여러 개의 문자들이 모인 문자열을 출력한다.

< 문자 출력하기 P2_4 >

```c
#include <stdio.h>
int main(void)
{
    printf("a를 대문자로 표현하면 %c 입니다. \n", 'A');
    printf("%s %c 입니다. \n", "a를 대문자로 표현하면", 'A');
    printf("%s %d  %s \n", "2곱하기3은", 2*3, "입니다.");
    return 0;
}
```

< P2_4 실행결과 >

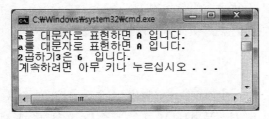

(4) 필드 폭 지정

문자를 출력할 때에 자릿수를 맞추어 출력하면 보기가 좋고 그 출력내용을 이해
하기가 편리한 장점이 있다. 이러한 경우에 세로방향으로 자릿수를 출력하고자 할
때에 필드 폭을 지정한다. 아래는 출력서식 문자(%d) 안에 숫자와 +, - 기호를
같이 사용하여 표기하는 예를 보여주고 있다.

%05d : 필드 폭을 5칸 확보하고 오른쪽 정렬하며 앞에 남은 자리는 0으로 채운다.
%-5d : 필드 폭을 5칸 확보하고 왼쪽 정렬한다.
%+5d : 필드 폭을 5칸 확보하고 오른쪽 정렬하며 양수는 +, 음수는 - 출력한다.

< 필드폭 지정 P2_5 >

```
#include <stdio.h>
int main(void)
{
    printf("%05d, %04d, %03d \n", 1, 20, 300);
    printf("%-5d, %-4d, %-3d \n", 1, 20, 300);
    printf("%+5d, %+4d, %+3d \n", 1, 20, 300);
    printf("%+5d, %+4d, %+3d \n", 1, 20, -300);
    return 0;
}
```

< P2_5 실행결과 >

```
C:\Windows\system32\cmd.exe

00001, 0020, 300
1    ,   20, 300
   +1,  +20, +300
   +1,  +20, -300
계속하려면 아무 키나 누르십시오 . . .
```

2.2.3 기본 입력 scanf( ) 함수

프로그램으로 어떤 일을 처리하기 위해서는 데이터가 반드시 필요하다. 컴퓨터가 프로그램으로 데이터를 연산과정을 거쳐서 새로운 정보를 생산하는 것이 정보처리의 과정이고 컴퓨터를 사용하는 이유이다. 데이터를 컴퓨터에게 제공해야 하는데 키보드로부터 데이터를 입력하거나, 데이터베이스나 파일 형태로 입력하는 방법, 프로그램 소스코드에 삽입하는 방법 등이 있다. 지금은 키보드로부터 입력하는 방법을 살펴본다.

컴퓨터의 기본 입력장치인 키보드로부터 데이터를 입력받은 후에 데이터로 저장한 다음에 사용하고자 할 때에 scanf( )함수를 사용한다. scanf( )함수 이름은 Scan에 Formatted에서 f를 추가하여 만든 함수명으로서 프로그램에서 사용 시에는 stdio.h 헤더 파일이 필요하다.

다음 그림의 경우처럼 키보드로부터 데이터를 입력받을 때에 10진수 데이터로 입력받기 위해서 10진수를 지정하는 %d라는 입력 서식을 사용한다. 입력받은 데이터를 변수에 저장해야 하는데 저장할 변수 이름 앞에 &를 붙여서 사용한다. &는 변수의 주소를 나타내는 의미로 사용된다.

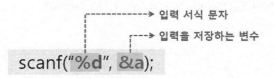

위의 그림과 같이 형식의 명령은 키보드로부터 데이터를 입력 서식 문자 %d 형식으로 입력받은 데이터를 변수 a에 저장한다는 의미이다.

(1) 입력 서식 문자

키보드로부터 입력받을 때 입력서식에 따라서 입력되는 데이터의 타입이 결정된다. 예를 들면 %d로 하여 50을 입력하면 10진수로 50이 된다. 그러나 %x로 하여 50을 입력하면 16진수로 50이 되어 같은 10진수로 환산하면 81이 된다. 이와 같이 서식에 따라서 데이터가 결정되므로 주의 깊게 사용해야 한다.

서식문자	입력 형태
%d	10진수 정수입력
%x	16진수 정수입력
%o	8진수 정수 입력
%f	float형 실수 입력
%lf	double형 실수 입력
%c	한 개의 문자 입력
%s	문자열 입력
%u	10진수 정수(양수만 표현 가능) 입력
%e	float형 e 표기법에 의한 실수 입력
%le	double형 e표기법에 의한 실수 입력

< scanf( )함수 P2_6 >

```c
#include <stdio.h>
int main(void)
{
        int     a, b;
        float   f1;
        double f2;
        //입력하기 전에 모니터에 출력되므로 읽어보고 입력하도록 먼저 출력시키는 문장
        printf("10진수 정수1개 입력: ");

        scanf("%d", &a);  //10진수로 입력하여 10진수, 16진수, 8진수로 출력한다.
        printf("10진수: %d, 16진수: %x, 8진수: %o \n", a, a, a);

        printf("16진수 정수1개 입력: ");
        scanf("%x", &b);  //16진수로 입력하여 10진수, 16진수, 8진수로 출력한다.
        printf("10진수: %d, 16진수: %x, 8진수: %o \n", b, b, b);

        printf("float형 실수 입력: ");
        scanf("%f", &f1);  //실수형으로 입력하여 실수형, 더블형으로 출력한다.
        printf("float형 실수 출력: f1=%f, e표기=%e \n", f1, f1);

        printf("double형 실수 입력: ");
        scanf("%lf", &f2);  //더블형으로 입력하여 더블형, 지수형으로 출력한다.
        printf("double형 실수 출력: f1=%lf, e표기=%le \n", f2, f2);

        return 0;
}
```

실수형과 더블형으로 출력할 때에는 소수점 이하 6자리까지 출력된다. "%le"표기는 double형 e표기법으로 10의 지수형태로 다음의 그림과 같이 출력된다. 이 e 표기법은 아주 큰 수나 아주 작은 수를 출력할 때 유용하게 사용된다.

< P2_6 실행결과 >

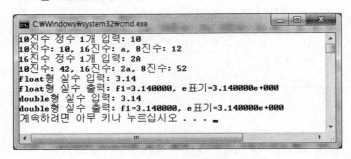

2.3 변수와 상수

2.3.1 변수

변수는 프로그램이 연산중 사용하기 위하여 데이터를 임시로 저장하는 공간으로 컴퓨터의 주기억장치에 이름을 정하여 저장공간을 지정한 것을 말한다. 또한 변수에 저장되는 값을 데이터라고 한다.

변수는 프로그램을 작성하기 위해서 반드시 사용해야 하는 정도로 아주 중요한 역할을 수행한다. 연산과정에서 데이터를 임시적으로 저장하거나, 연산과정에서 연산의 중간 값을 저장하여 다음 연산에 사용한다.

변수를 사용하기 위해서는 메인함수 또는 각종 함수의 시작을 알리는 중괄호("{") 바로 다음에 변수를 선언해야 한다. 변수를 선언한 이후에 변수를 사용할 수 있다. 이 규칙을 어기면 컴파일 시에 문법에러가 발생하게 된다.

프로그램으로 처리해야 할 문제를 보고 어떤 종류의 어떤 값이 들어가서 기억되고 처리되어야 할 변수 몇 개가 필요한지를 파악할 수 있어야 한다. 다음 예를 보고 변수에 대하여 생각해 보자.

① 국어, 수학, 영어 3과목의 성적을 입력하여 총점과 평균을 계산하고 총점과 평균점수를 출력하고자 한다.
- 처리대상 : 3개의 과목 점수
- 처리연산 : 3개의 점수를 순차적으로 더하여 총점, 총점을 3으로 나누어 평균 계산
- 처리결과 : 총점, 평균을 출력
- 필요한 변수의 총 개수 : 5개

② 밑변의 길이와 높이를 입력하여 삼각형의 넓이를 계산하고 출력하고자 한다.
- 처리대상 : 밑변과 높이
- 처리연산 : 밑변과 높이를 곱한 다음 나누기 2를 하여 면적을 계산
- 처리결과 : 삼각형 면적을 출력
- 필요한 변수의 총 개수 : 3개

③ 3개의 숫자를 키보드로부터 입력받아서 가장 큰 수를 출력한다.
- 처리대상 : 3개의 숫자
- 처리연산 : 처음에 입력한 숫자를 가장 큰 수로 보고 "MAX"에 저장한 다음 2번째로 입력된 숫자와 비교하여 큰 수를 "MAX"에 저장한다. 마지막 3번째 숫자도 "MAX"와 비교하여 크다면 "MAX"에 저장하고 작다면 저장하지 않는다.
- 처리결과 : 가장 큰 수를 출력
- 필요한 변수의 총 개수 : 4개

위에서 살펴본 예에서 한 프로그램 내에 여러 개의 변수가 사용되는 것을 알 수 있다. 따라서 각 변수를 구별할 수 있도록 변수에 각기 다른 이름을 부여해야 한다.

(1) 변수 생성하기

다음 그림과 같이 변수를 생성할 때에는 먼저 자료형을 적고 한 칸 이상 간격을 띄우고 변수이름을 적은 다음에 세미콜론을 적어 한 행을 마무리한다. 이때 다양한 자료형이 있으나 자세한 내용은 다음 "변수의 종류"에서 살펴본다. 변수이름도 일련의 규칙을 갖고 이름을 결정해야 한다. 변수이름에 대한 사항은 "변수 선언시 주의사항" 단원에서 살펴본다.

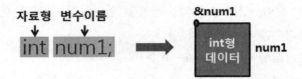

다음의 프로그램을 보면 함수가 시작하자마자 변수를 선언해야 한다. 이때 선언과 동시에 초깃값을 할당할 수도 있고 별도의 라인에 변수에 초깃값을 대입할 수도 있다. 다음의 예제는 변수 선언을 먼저하고 별도의 라인에 초깃값 대입을 별도로 한 경우이다.

```c
#include<stdio.h>
int main(void)
{
    int a;          // 변수 a (메모리 공간 이름 a) 선언
    int b = 20;     // 변수 b (메모리 공간 이름 b) 선언과 동시에 초깃값 20을 대입
    a = 10;         // 변수 a에 초깃값 10을 저장(대입)한다.
    printf("두 수의 합은: %d \n", a+b); //a+b 연산을 먼저하고 그 결과를 출력한다.
    return 0;
}
```

변수는 운영체제가 주기억장치의 임의 번지에 변수를 생성하고 데이터 값을 기억시킨다. 변수에 저장된 데이터는 변경될 수 있다. 몇 번이고 변수에 값을 재기록할 수 있으며 나중에 저장한 값이 앞에서 저장한 값 위에 덮어써지게 된다. 이때 변수의 실제 주기억장치 주소를 알려면 아래의 프로그램과 같이 변수 이름 앞에 &를 붙여서 출력하면 된다.

< 정수형 변수 P2_7 >

```c
#include<stdio.h>
int main(void)
{
    int a;
    int b;

    a=5;
    b=a+3;
```

```
    printf("a의 값: %d \n", a);
    printf("b의 값: %d \n", b);
    printf("변수a의 주소: %x \n", &a);
    printf("변수b의 주소: %x \n", &b);
    return 0;
}
```

변수 이름 앞에 &를 붙여서 출력하면 변수의 물리적인 주소, 즉 컴퓨터 메인 메모리에 할당된 변수의 주소를 출력할 수 있다. 프로그램의 실행결과를 보면 a변수의 주소가 16진수로 2ffd78이며 b변수는 2ffd6c이다. 두 변수의 변수 생성 주소의 차이는 정수형 변수이므로 4바이트이다. 4바이트 간격을 두고 운영체제가 변수를 메모리에 생성했음을 알 수 있다.

< P2_7 실행결과 >

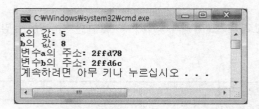

(2) 변수의 종류

변수의 종류는 다음 그림과 같이 저장할 데이터의 종류에 따라서 그 크기를 달리한다. 정수형 변수는 정수를 표현하는 데이터 타입으로 char형, short형, int형, long형 등이 있으며, 실수형 변수는 소수점이 포함된 값을 표현하는 데이터 타입으로 float형, double형, long double형이 있다.

정수형				실수형		
char	short	int	long	float	double	long double
1바이트	2바이트	4바이트	4바이트	4바이트	8바이트	8바이트

또한 sizeof 연산자를 사용하면 다음과 같이 자료형의 종류와 변수에 할당되는 메모리의 크기를 구할 수 있다.

```
int num = 10;
printf(" int형의 크기는 %d바이트, %d바이트입니다. \n", sizeof(int), sizeof(num) );
```

1) 정수형 변수

정수형은 기본적으로 int형을 많이 사용하며 이는 컴퓨터의 word size와 관계가 있다. word size는 컴퓨터가 메모리에 접근하여 한 클럭당 읽고 저장하는 처리 단위를 말한다. 현재의 컴퓨터들은 32비트 운영체제, 또는 64비트 운영체제를 사용한다.

32비트 운영체제를 사용하는 컴퓨터의 경우에 정수형은 char(1byte), short(2byte), int(4byte), long(4byte) 등 4가지가 있다. 이들의 차이는 변수로 생성할 때 차지하는 메모리의 크기가 다르다.

CPU가 연산하는 기본 단위가 32비트이므로 int형을 가장 빠르게 처리할 수 있어서 기본적인 데이터형이 int이다.

각 데이터형의 종류에 따라 메모리의 크기와 데이터를 표현할 수 있는 범위는 다음의 표와 같다.

정수형	메모리 크기	데이터 표현 범위
char	1바이트(8비트)	−128 ~ +127
short	2바이트(16비트)	−32768 ~ +32767
int	4바이트(32비트)	−2147483648 ~ +2147483647
long	4바이트(32비트)	−2147483648 ~ +2147483647

정수형 변수는 양수만 표현하면서 범위를 두 배로 늘리는 unsigned가 있다.

정수형	메모리 크기	데이터 표현 범위
char(signed char)	1바이트(8비트)	−128 ~ +127
unsigned char	1바이트(8비트)	0 ~ (127+**128**)
short(signed short)	2바이트(16비트)	**−32768** ~ +32767
unsigned short	2바이트(16비트)	0 ~ (32767+**32768**)
int(signed int)	4바이트(32비트)	**−2147483648** ~ +2147483647
unsigned int	4바이트(32비트)	0 ~ (2147483647+**2147483648**)
long(signed long)	4바이트(32비트)	**−2147483648** ~ +2147483647
unsigned long	4바이트(32비트)	0 ~ (2147483647+**2147483648**)

다음의 예제처럼 숫자의 표현 범위를 넘어서면 오버플로(overflow)나 언더플로 (underflow)가 발생할 수 있다.

< 오버플로 P2_8 >

```
#include <stdio.h>
int main(void)
{
    signed char num1   = 130;     // −128 ~ 127의 데이터 표현 범위
    unsigned char num2 = 130;     // 0 ~ 256의 데이터 표현 범위

    printf("%d \n", num1);        // −126 출력
    printf("%u \n", num2);        // 130 출력
    return 0;
}
```

num1 변수에 130을 대입하면 signed char로 선언되어 있어서 −128~127의 데이터만 저장할 수 있다. 저장되어 컴퓨터가 해석하는 과정을 살펴보면 다음과 같다.

저장된 130은 2진수로 10000010이다. 부호가 있는 문자형 변수이므로 최상위 비트가 1이므로 −값을 갖게 된다. 보통 컴퓨터는 음수를 표현하는 데 있어서 2의 보수를 사용하여 음수를 표현하므로 이는 −126이 된다.

$(10000010)_2$가 −126인지 확인하는 방법은 보통 2진수를 2의 보수로 표현하는 방법의 역순으로 검증하면 된다.

① 10000010에서 −1을 하면 10000001이 된다.
② 이 결과 값 10000001을 1의 보수를 취한다.
③ 01111110이 된다. 이는 +126이다. 즉 +126을 2의 보수하면 10000010이 되는 것이므로 −126인 것이다.

따라서 실행의 결과와 같이 오버플로나 언더플로가 발생하면 에러가 발생하지 않고 연산의 결과가 전혀 다르게 출력되게 되므로 데이터 타입의 선택이 중요하다.

8비트 크기의 변수로 130을 표현하고자 한다면 unsigned char 변수타입을 사용해야 한다. 이는 부호가 없는 변수이므로 8비트 전체를 양의 수 표현에 모두 사용하므로 0~256의 데이터 표현 범위가 된다.

┌─ **오버플로와 언더플로** ─────────────────────────────

- 오버플로

변수에 대입된 수가 너무 커서 변수에 정확히 저장할 수 없는 상황일 때 오버플로라고 한다. 이때 저장할 자릿수보다 넘치는 값은 잃어버리므로 계산결과는 오류가 발생한다.

- 언더플로

오버플로와 반대의 상황으로 저장할 수가 너무 작아서 표현하기가 힘든 상황에서 발생하는데 예를 들면 부동(浮動)소수점 연산에서 허용된 범위에 들어가지 않는 마이너스 지수가 생긴 경우(예를 들면 10^{-99} 이하)에 언더플로가 생긴다.

──

< P2_8 실행결과 >

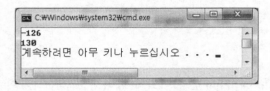

2) 실수형 변수

실수형 데이터를 저장하는 변수로 소수점을 가진 실수의 값을 표현할 수 있는 자료형이다. 실수형은 데이터의 정밀도를 높이기 위해 사용된다.

실수형	메모리 크기	데이터 표현 범위	표현 가능한 소수점 자리
float	4바이트(32비트)	$1.17*10^{-} \sim 3.40 \times 10$	소수점 이하 6자리
double	8바이트(64비트)	$2.22*10^{-9} \sim 1.79 \times 10^{9}$	소수점 이하 15자리
long double	8바이트(64비트)	$2.22*10^{-9} \sim 1.79 \times 10^{9}$	소수점 이하 15자리 또는 그 이상

정수형 연산에서는 int형을 사용하면 연산속도를 높일 수가 있어서 기본적으로 사용한다. 실수형에서는 기본적으로 double형을 사용한다. 특히 공학계산이나 정밀한 소수점 계산이 필요한 경우에는 float형보다는 소수점 이하 15자리까지 표현이 가능한 double형을 사용하는 것이 오차를 줄일 수 있다. float형은 소수점 이하 6자리까지 정밀도를 표현하지만 double형은 소수점 이하 15자리까지 표현할 수 있기 때문이다. 출력서식은 %lf를 사용한다.

< 실수형 변수 P2_9 >

```c
#include<stdio.h>
int main(void)
{
    float   num1=0.123456789012345;
    double num2=0.123456789012345;

    printf("float형 :    %f \n", num1);      // 0 .123457 출력
    printf("double형 : %lf \n", num2);       // 0 .123457 출력

    printf("float형 :    %.15f \n", num1);   // 0.123456791043282 비정상 출력
    printf("double형 : %.15lf \n", num2);    // 0.123456789012345 정상 출력

    return 0;
}
```

프로그램의 결과를 보면 다음과 같은 특별한 결과를 출력합니다.

printf("float형 : %f \n", num1); 문장에서 num1이 %f 서식으로 출력한다.
float형 데이터는 소수점 이하 6자리 이상은 표현할 수 없기 때문에 반올림하여 6
자리까지 출력한다.

printf("double형 : %lf \n", num2); 문장에서 num2는 double형 데이터로 %lf
서식으로 15자리까지 출력할 수 있다. 그러나 "%.15lf"처럼 자릿수 크기를 지정하
지 않으면 반올림하여 6자리까지 출력한다.

printf("float형 : %.15f \n", num1); 문장에서 비정상적인 출력 결과를 보인다.
%.15f에서 .15는 소수점 이하 15자리까지 출력하라는 의미이다. 그러나 데이터는
float형이므로 소수점 6자리까지만 의미 있는 데이터이므로 이후 자릿수부터의 데
이터는 오차가 발생함을 알 수 있다.

< P2_9 실행결과 >

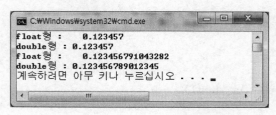

3) 문자형 변수

컴퓨터는 0과 1의 이진수로 모든 데이터를 표현하고 연산처리를 한다. 그러므로 우리가 사용하는 문자를 인식하지 못한다. 따라서 이 같은 이진수를 문자와 연결하는 사전에 약속된 코드를 사용하여 컴퓨터에서 문자를 처리하게 된다.

컴퓨터는 ASCII(American Standards Committee for Information Interchange) 코드를 참조해서 문자를 인식하게 된다. 숫자에 대응하는 문자코드를 사용하여 문자를 표현한다.

문자형은 데이터 타입 중에 char형을 선호하며 다음의 사용 예와 같이 단일 인용부호 안에 문자 하나를 입력하여 사용한다.

사용 예)   char muja = 'A'

잘못 사용한 문자형의 사례는 다음과 같이 한글을 사용하거나, 단일 인용부호를 누락, 이중 인용부호를 사용하는 경우 등에 잘못 사용하기가 쉽다.

사용 예 1)   char muja = '가';   // 한글은 2바이트
사용 예 2)   char muja = A;   // 단일 인용부호가 없다.
사용 예 3)   char muja = "3";   // 이중 인용부호를 사용

다음 예제는 문자를 입력하면 그에 대응하는 ASCII 코드 값을 10진수로 출력하고, ASCII 코드 값을 입력하면 문자를 출력하는 예제이다.

< 문자형 변수 P2_10 >

```c
#include <stdio.h>

int main(void)
{
    char text1;
    int text2;

    printf("문자 입력 : ");
    scanf("%c", &text1);
    printf("ASCII 코드 값 %d입니다. \n", text1);
```

```
    printf("ASCII 코드 값 입력 : ");
    scanf("%d", &text2);
    printf("문자로 %c입니다. \n", text2);

    return 0;
}
```

위의 프로그램은 문자와 숫자가 컴퓨터 내부에서는 같은 것으로 취급됨을 알 수 있다. 즉 문자 A는 10진수로 65라는 숫자 값을 갖는다. 이 약속은 ASCII 코드표에 정해져 있다. 이 정해진 약속을 사용하는 것이다. 출력할 때에 출력서식을 %d로 하면 숫자로 출력하고, %c로 하면 문자로 출력한다.

컴퓨터에서 사용되는 모든 데이터, 즉 문자, 숫자, 동영상, 소리, 그림파일 같은 이미지 등 모든 데이터의 근본은 이진수이다. 이와 같은 데이터는 사전에 약속된 형식에 따라 컴퓨터에서 다양한 코드에 의해서 사용된다.

< P2_10 실행결과 >

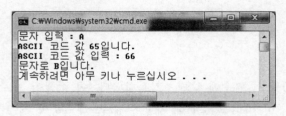

앞에서 다양한 데이터의 타입에 대하여 살펴보았다. 이러한 데이터 타입 간에 형 변환을 할 수 있다. 다른 자료형 간에 산술연산을 하는 경우 C컴파일러가 자동으로 형변환이 일어난다. 자동형변환은 정밀도가 작은 자료형이 큰 자료형으로 변환된다. 그러나 프로그래머가 괄호연산자를 사용하여 다음과 같이 강제적으로 다른 자료형으로 형변환을 시킬 수 있다.

```
int number1=3, number2=10;
double average;
average = (double)number1/number2; //나눗셈 연산 후에 형변환을 한다.
```

이제는 선언된 변수에 초깃값을 대입하는 방법을 살펴보자.

변수는 다음의 예제와 같이 선언함과 동시에 초기 값을 대입하거나 별도의 라인에 값을 대입할 수 있다. 변수의 특성은 상수와는 달리 변수에 저장된 값은 수시로 변경될 수 있다.

< 변수 초기화 P2_11 >

```c
#include<stdio.h>
int main(void)
{
    int a=0;
    int b=1;
    printf("a의 값은 %d 입니다. \n", a);
    printf("b의 값은 %d 입니다. \n", b);


    a = a+10;
    b = b+10;
    printf("변경된 a의 값은 %d 입니다. \n", a);
    printf("변경된 b의 값은 %d 입니다. \n", b);
    return 0;
}
```

이 프로그램에서 a 변수에 0을, b 변수에 1을 초기화하였다. 이 값들이 프로그램이 끝날 때까지 변화지 않는 것이 아니라 중간에 새로운 값을 대입하면 새로운 값이 덮어써지므로 이전에 기억하던 값들은 지워지고 맨 마지막의 새로운 값을 기억하게 된다.

처음에 a는 0이었으나 10을 대입하자 10으로, b는 1이었으나 11로 값을 기억함을 알 수 있다.

< P2_11 실행결과 >

(3) 변수 선언시 주의사항

변수 이름을 결정하는 데 일련의 규칙이 있다. 변수 이름 규칙은 다음과 같다.

① 변수 선언은 함수가 시작하는 맨 위쪽에서 선언한다. 다음의 예제처럼 함수 내의 코드 중간에 변수를 선언하면 에러가 발생하므로 주의해야 한다.

```
#include<stdio.h>
int main(void)
{
        int a;    // 정상
        int b;    // 정상
        a=1;
        b=2;
        int c;    // 에러 발생
        ...
}
```

② 변수 이름은 길이가 길어지더라도 의미 있는 이름으로 짓는다. 그래야 프로그램의 가독성, 즉 이해력이 커지게 된다. 프로그램은 작성자 이외의 다른 사람이 이해하기 쉬운 코드가 좋은, 잘 작성한 프로그램이다.

< 변수이름 P2_12 >

```
#include<stdio.h>
int main(void)
{
        int coffeeBox = 20;
        int colaBox = 30;
        int total
        total = coffeeBox + colaBox;
        printf("총 %d 박스가 있습니다 \n", total);
        return 0;
}
```

< P2_12 실행결과 >

③ 공백문자, 맨 첫 글자가 숫자, 특수기호 등을 사용하면 안 된다.

변수 이름이 올바른 경우	변수 이름이 잘못된 경우	잘못된 이유
int Apple;	int ?apple;	특수 문자? 사용
int total;	int to tal;	to 와 tal 사이에 공백문자 사용
int result2;	int 2result;	맨 처음에 숫자 사용

④ C 언어에서 사용되는 예약어(키워드)를 사용하면 안 된다.

변수 이름이 잘못된 경우	잘못된 이유
int int;	키워드int 사용
int long;	키워드long 사용
int short;	키워드short 사용

⑤ C언어에서 변수는 <u>대소문자를 구분한다.</u>

대문자 변수 이름	소문자 변수 이름	설 명
int Apple;	int apple;	같은 변수가 아니다.
int TOTAL;	int total;	같은 변수가 아니다.
int resulT;	int result;	같은 변수가 아니다.

(4) 변수의 물리적인 주소

변수가 생성된 메모리의 물리적인 주소는 운영체제가 결정한다. 그 변수의 물리적인 주소를 알고 싶으면 변수 앞에 &를 붙여 변수의 시작 주소를 알 수 있다.

< 변수의 물리적 주소 P2_13 >

```
#include <stdio.h>
int main(void)
```

```
{
    int variable1=3;
    int variable2=4;
    printf("variable1의 값: %d \n",  variable1);
    printf("variable2의 값: %d \n",  variable2);
    printf("변수 variable1의 시작 주소: %x \n", &variable1);
    printf("변수 variable2의 시작 주소: %x \n", &variable2);
    return 0;
}
```

정수형의 variable1과 variable2는 각각의 변수 시작주소가 12fa28, 12fa1c로 16
진수로 컴퓨터 메모리의 주소를 표현하고 있다.

정수형 데이터의 크기는 4바이트이다. 맨 끝부분의 주소만 보면 8번지⇒9번지
⇒a번지⇒b번지⇒다음이 c번지이므로 4바이트 차이가 남을 알 수 있다.

< P2_13 실행결과 >

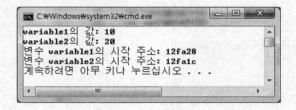

2.3.2 상수

프로그램에서 데이터는 변수 또는 상수의 형태로 사용한다. 상수는 한번 값을 상
수로 정의하면 프로그램이 종료될 때까지 값이 변경되지 않는 특징을 가지고 있다.
상수의 종류는 리터럴 상수와 심볼릭 상수로 나눌 수 있다.

(1) 리터럴 상수

데이터 그대로 별도의 이름이 없는 상수로 정수형 상수, 실수형 상수, 문자 상수,
문자열 상수 등이 있다.

< 리터럴 상수 P2_14 >

```
#include<stdio.h>
int main(void)
{
    printf("10진수 정수형 상수 %d + %d = %d 입니다. \n", 10, 20, 10+20);
    printf("16진수 정수형 상수 %x + %x = %x 입니다. \n", 0x10, 0x20, 0x10+0x20);
    printf(" 8진수 정수형 상수 %o + %o = %o 입니다. \n", 010, 020, 010+020);
    printf("실수형 상수 %lf + %lf = %lf 입니다. \n", 3.1, 4.1, 3.1+4.1);
    printf("문자 상수 %c %c %c 는 \n", 'a', 'A', '0');
    printf("ASCII 코드10진수로 %d %d %d \n", 'a', 'A', '0');
    printf("ASCII 코드16진수로 %x %x %x \n", 'a', 'A', '0');
    printf(" \n---------------------- \n");
    printf("문자열 상수는 %s 입니다. \n", "A");
    printf("문자열 상수는 %s 입니다. \n", "10+10");
    printf("문자열 상수는 %s 입니다. \n", "Visual Studio 입니다.");
    return 0;
}
```

< P2_14 실행결과 >

```
C:\Windows\system32\cmd.exe

10진수 정수형 상수 10 + 20 = 30 입니다.
16진수 정수형 상수 10 + 20 = 30 입니다.
 8진수 정수형 상수 10 + 20 = 30 입니다.
실수형 상수 3.100000 + 4.100000 = 7.200000 입니다.
문자 상수 a A 0 는
ASCII 코드10진수로 97 65 48
ASCII 코드16진수로 61 41 30

----------------------
문자열 상수는 A 입니다.
문자열 상수는 10+10 입니다.
문자열 상수는 Visual Studio 입니다.
계속하려면 아무 키나 누르십시오 . . .
```

　컴퓨터에서는 숫자데이터를 다룰 때 여러 가지 진법의 숫자를 사용할 수 있다. 프로그램에서 데이터로 숫자를 표현할 때 각 진법으로 표현한 숫자 값들간의 값을 자유롭게 변환할 줄 알아야 하며 C언어 프로그램에서 숫자 데이터 표현에 10진수 이외의 방법으로 많이 표현된다. 특히 자동제어 분야에서 마이크로프로세서제어, PLC제어, PC제어를 할 때에는 비트별 연산이 많이 사용되는데 데이터의 표현을 할 때 2진수나 16진수가 많이 사용된다. 이는 10진수보다 2진수나 16진수를 사용하는 것이 이해하기 편하기 때문이다.

예를 들면 다음 그림과 같이 마이크로프로세서를 이용하여 LED 8개를 0.5초 간격으로 번갈아 가면서 출력하는 경우에 프로그램 소스코드를 살펴보자.

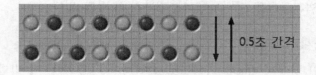

0.5초 간격

```
PORTA = 0xAA;
delay_ms(500);
PORTA = 0x55;
delay_ms(500);
```

PORTA에 어떤 값을 대입하면 그 값에 맞는 LED가 점등하도록 회로가 구성되어 있다. 이때 PORTA에 16진수로 0xAA를 대입하고 있다. "0x"는 16진수라는 의미이고 그 다음에 있는 AA가 실제적으로 회로를 동작시키는 데이터이다. 16진수 AA는 2진수로 "10101010"임을 곧바로 알 수 있다. A는 10이므로 10을 2진수로 변환하면 "1010"이기 때문이다. 이렇게 8비트 데이터 중에 각 비트별로 1이면 LED가 ON이고 0이면 OFF가 되도록 회로가 구성되어 있다.

만약 10진수로 데이터를 표현하면 PORTA = 161; 와 같다. 이렇게 해도 회로는 정상적으로 동작한다. 그러나 각 비트들의 동작 값들을 곧바로 이해하기가 10진수를 사용하면 어렵기 때문에 2진수나 16진수를 많이 사용하는 것이다.

다음 표는 10진 숫자를 16진수와 8진수로 표현한 것이다.

10진수	16진수	8진수
0	0x0	00
1	0x1	01
2	0x2	02
3	0x3	03
4	0x4	04
5	0x5	05
6	0x6	06
7	0x7	07
8	0x8	010
9	0x9	011
10	0xa	012
11	0xb	013
12	0xc	014
13	0xd	015
14	0xe	016
15	0xf	017
16	0x10	020
17	0x11	021

(2) 심볼릭 상수

심볼릭 상수는 변수처럼 대문자로 이름을 붙여 기호화하여 사용하는 것으로 const 키워드 사용하는 방법과 #define문 사용하는 2가지 방법이 있다.

1) const 키워드 사용하기

함수에서 변수 선언 하듯이 const 키워드로 선언하여 사용한다. 이 방법은 한 번 선언된 상수는 중간에 값을 변경할 수 없다.

```
#include<stdio.h>
int main(void)
{
    const  int  NUM = 100;
    const  double  PI  =  3.14;
    // NUM = 200;  //변경 불가능
    // PI = 3.14;      //변경 불가능
    return 0;
}
```

2) #define문 사용하기

#define문은 마치 전역변수처럼 헤더 파일 선언 후 바로 define문으로 선언하여 사용한다. 이 방법은 많이 사용방법으로 헤더부분에서 한번 상수 값을 정의해 놓고 정의한 상수 이름으로 몇 번이고 여러 부분에서 반복 사용이 가능하다. 또한 상수 이므로 프로그램이 실행하는 중간에 절대로 값이 변화하지 않는다.

이 방법의 가장 큰 장점은 만약에 프로그램을 수정하거나 재사용 시에 상수 값 이 변경되어야 할 경우에 #define문 한곳에서만 값을 변경하면 되기 때문이다. 만약 상수를 정의하여 사용하지 않고 일일이 데이터를 대입하여 사용하였다면 프로그램 수정 시에 대입한 곳을 모두 다 변경해야만 할 것이다.

< 심볼릭 상수 P2_15 >

```
#include <stdio.h>

#define   PI    3.14
#define   NUM   100
#define   BUFFER_SIZE   200
```

```
int main()
{
    printf("%lf  \n", PI);
    printf("%d  \n", NUM);
    printf("%d  \n", BUFFER_SIZE);
    return 0;
}
```

< P2_15 실행결과 >

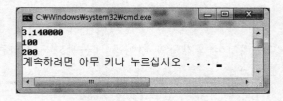

· 연습문제 ·

[**문제 1**]   printf문을 사용하여 다음과 같은 출력 결과를 보이도록 프로그램을 작
성하시오.

저의 이름은 홍길동입니다.
핸드폰번호는 010-1234-1234입니다.

[**문제 2**]   다음과 같은 출력 결과를 보이도록 프로그램을 작성하시오.

```
    *
   ***
  *****
   ***
    *
```

[문제 3]   printf문의 %d 서식을 사용하여 다음과 같은 출력 결과를 보이도록 프로그램을 작성하시오.

$$2 \times 1 = 2$$
$$2 \times 2 = 4$$
$$2 \times 3 = 6$$

[문제 4]   본인의 성명, 전화번호, 주소를 변수에 저장하고 출력하는 프로그램을 작성하시오.

[문제 5]   밑변의 길이와 높이를 입력하여 삼각형의 넓이를 계산하고 출력하는 프로그램이다. 빈칸을 채우시오.

```
#include <stdio.h>
int main()
{
    int x, y;
    float z;
    printf("밑변 입력 : ");
    ┌─────────────────────┐
    └─────────────────────┘
    printf("높이 입력 : ");
    ┌─────────────────────┐
    └─────────────────────┘
    z = (x * y) / 2;
    printf("삼각형의 면적은 %f 입니다. \n", ┌──────────┐);
                                           └──────────┘
    return 0;
}
```

2.4 연산자

프로그램의 구성은 연산자(Operator)와 피연산자(Operand)들의 조합으로 작성
된다. 연산자는 데이터에 해당하는 피연산자를 연산에 사용하게 되며 피연산자는
연산자에 의해 연산을 당하게 되어 새로운 값들을 계산하게 된다.

다음 그림에서 2와 3, A는 피연산자이며 +연산자에 의해 두 값이 더해져서 대
입연산자(=)에 의해 A 변수에 결과 값을 저장한다.

(1) 연산자의 종류

연산자의 종류는 다양하며 데이터의 종류에 따라서 사용법이 다르게 된다. 프로
그램이란 컴퓨터가 연산을 하게 하는 명령들의 집합이므로 데이터 못지 않게 중요
한 역할을 한다. 즉 연산의 종류와 사용법을 잘 알아야 효율적인 프로그래밍을 할
수 있다.

분 류	연 산 자
① 대입 연산자	=
② 산술 연산자	+, −, *, /, %
③ 복합 대입 연산자	+=, −=, *=, /=, %=
④ 증감연산자	++, −−
⑤ 관계 연산자	>, <, ==, !=, >=, <=
⑥ 논리 연산자	&&, ‖, !
⑦ 조건 연산자	? :
⑧ 비트 논리 연산자	&, ┃ ,^, ~
⑨ 비트 이동 연산자	>>, <<

1) 대입 연산자(＝)

오른쪽에 있는 값을 왼쪽에 있는 변수에 저장하라는 의미를 갖는 데이터 저장 연산자이다.

2) 산술 연산자

덧셈(+), 뺄셈(−), 곱셈(*), 나눗셈(/), 나머지(%)

산술 연산자	예	설　　　명
+(덧셈 연산자)	5+3	피연산자 5와 피연산자 3의 덧셈 연산
−(뺄셈 연산자)	5−3	피연산자 5와 피연산자 3의 뺄셈 연산
* (곱하기 연산자)	5 * 3	피연산자 5와 피연산자 3의 곱셈 연산
/ (나누기 연산자)	5 / 3	피연산자 5와 피연산자 3의 나눗셈 연산
%(나머지 연산자)	5%3	피연산자 5를 피연산자 3으로 나눈 나머지 연산

< 산술연산 P2_16 >

```c
#include<stdio.h>
int main(void)
{
    int a, b;
    a = 5;
    b = 3;
    printf("덧셈 연산 결과: %d \n", a + b);
    printf("뺄셈 연산 결과: %d \n", a − b);
    printf("곱셈 연산 결과: %d \n", a * b);
    printf("나누기 연산 결과: %d \n", a / b);
    printf("나머지 연산 결과: %d \n", a % b);

    return 0;
}
```

< P2_16 실행결과 >

```
C:\Windows\system32\cmd.exe
덧셈 연산 결과: 8
뺄셈 연산 결과: 2
곱셈 연산 결과: 15
나누기 연산 결과: 1
나머지 연산 결과: 2
계속하려면 아무 키나 누르십시오 . . .
```

3) 복합 대입 연산자

산술연산자와 대입 연산자를 바로 붙여서 나타내는 연산자로 먼저 산술연산을 하고 나중에 대입 연산을 한다.

복합 대입 연산자	같은 표현	설　　　명
a = a + b	a += b	a + b를 먼저 수행한 후에 a에 값을 저장
a = a − b	a −= b	a − b를 먼저 수행한 후에 a에 값을 저장
a = a * b	a *= b	a * b를 먼저 수행한 후에 a에 값을 저장
a = a / b	a /= b	a / b를 먼저 수행한 후에 a에 값을 저장
a = a % b	a %= b	a % b를 먼저 수행한 후에 a에 값을 저장

< 복합 대입 연산자 P2_17 >

```c
#include<stdio.h>
int main(void)
{
    int su1=10, su2=10, su3=10, su4=10, su5=10;

    su1 += 2;      //su1 = su1 + 2;와 같습니다.
    printf("su1 = %d \n", su1);

    su2 −= 2;      //su2 = su2 − 2;와 같습니다.
    printf("su2 = %d \n", su2);

    su3 *= 2;      //su3 = su3 * 2;와 같습니다.
    printf("su3 = %d \n", su3);

    su4 /= 2;      //su4 = su4 / 2;와 같습니다.
    printf("su4 = %d \n", su4);

    su5 %= 2;      //su5 = su5 % 2;와 같습니다.
    printf("su5 = %d \n", su5);

    return 0;
}
```

< P2_17 실행결과 >

```
su1 = 12
su2 = 8
su3 = 20
su4 = 5
su5 = 0
계속하려면 아무 키나 누르십시오 . . .
```

4) 증감 연산자

++, -- 기호를 사용하는 연산자로 1씩 증가하거나 1씩 감소하는 연산자이다.
연산자 기호가 앞에 있으면 전치 연산자로서 먼저 1 증가/감소 연산을 하고 그
후에 다른 연산을 한다. 반대로 연산자 기호가 뒤에 있으면 후치 연산자로써 다른
연산을 먼저하고 1 증가/감소 연산을 나중에 하게 된다.

증감 연산자	설 명	비 고
++a	선 증가, 후 연산 (먼저 증가하고 그 다음 연산)	전치 연산자
a++	선 연산, 후 증가 (먼저 연산하고 그 다음 증가)	후치 연산자
--a	선 감소, 후 연산 (먼저 감소하고 그 다음 연산)	전치 연산자
a--	선 연산, 후 감소 (먼저 연산하고 그 다음 감소)	후치 연산자

< 증감 연산자 P2_18 >

```c
#include<stdio.h>
int main(void)
{
    int su1=10;
    printf("%d \n", su1);

    su1++;      //su1 = su1 + 1;
    printf("%d \n", su1);

    ++su1;      //su1 = su1 + 1;
    printf("%d \n", su1);

    --su1;      //su1 = su1 - 1;
    printf("%d \n", su1);
```

```
    su1--;  //su1 = su1 - 1;
    printf("%d \n", su1);
    return 0;
}
```

< P2_18 실행결과 >

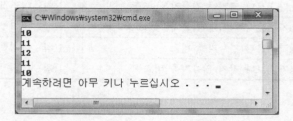

　위의 프로그램에서는 먼저 증가든 나중에 증가하든 그 행이 끝나면 값이 증가한 후에 다음 행을 실행한다. 그러나 다음 예를 살펴보자. 주석 처리한 문장에 동작하는 설명을 적어 놓았다.

```
int su1=10, data=0;

    data = su1++;      //먼저 10을 data에 대입하고 나중에 1을 증가한다.
    printf("%d \n", data); //10을 출력
    printf("%d \n", su1);  //11을 출력

    su1=10;
    data = ++su1;      //먼저 1을 증가하여 11이 되고 data에 나중에 대입한다.
    printf("%d \n", data); //11을 출력
    printf("%d \n", su1);  //11을 출력
```

　이와 같이 증감연산자를 앞에 쓰는 경우와 뒤에 쓰는 경우에 따라 증감하는 시점이 다르게 된다.

5) 관계 연산자

　조건식이나 값의 관계를 비교하여 참(True)과 거짓(False)의 결과를 갖는 연산자이다. 이 관계연산의 결과를 십진 숫자로 출력하면 0과 1로 출력된다. 엄밀히 이야기하면 참이면 숫자 0이 아닌 모든 수가 해당되나 대표 값으로 1이 사용된다. 거

짓일 때에 해당하는 숫자는 0 한 개만이 사용된다.

다음의 표는 관계 연산자와 그에 대한 예를 들어 설명을 보여주고 있다.

관계 연산자	예	설 명	결 과
>	a>b	a가 b보다 클지를 비교	1(참), 0(거짓)
<	a<b	a가 b보다 작을지를 비교	1(참), 0(거짓)
>=	a>=b	a가 b보다 크거나 같을지를 비교	1(참), 0(거짓)
<=	a<=b	a가 b보다 작거나 같을지를 비교	1(참), 0(거짓)
==	a==b	a가 b보다 같을지를 비교	1(참), 0(거짓)
!=	a!=b	a가 b보다 같지 않을지를 비교	1(참), 0(거짓)

< 관계 연산자 P2_19 >

```
#include<stdio.h>
int main(void)
{
    int number1=5, number2=10;
    int result1, result2, result3, result4;

    result1 = (number1 > number2);
    result2 = (number1 <= number2);
    result3 = (number1 == number2);
    result4 = (number1 != number2);

    printf("result1에 저장된 값 %d \n", result1);    // 0(거짓)
    printf("result2에 저장된 값 %d \n", result2);    // 1(참)
    printf("result3에 저장된 값 %d \n", result3);    // 0(거짓)
    printf("result4에 저장된 값 %d \n", result4);    // 1(참)


    return 0;
}
```

위의 코드 중에 result1 = (number1 > number2); 문장에서 ( )는 생략이 가능하다. 만약 다른 연산과 같이 수식이 이루어질 경우에 연산의 우선순위가 ( )가 높기 때문에 먼저 연산하라는 의미로 사용된다. 이 문장에서는 관계연산자 1개만 사용되므로 생략이 가능한 것이다.

위 프로그램에서 관계연산의 결과를 십진 숫자로 출력하면 0과 1로 출력되는 것을 볼 수 있다.

< P2_19 실행결과 >

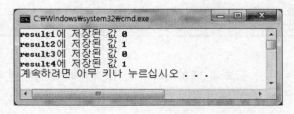

```
C:₩Windows₩system32₩cmd.exe
result1에 저장된 값 0
result2에 저장된 값 1
result3에 저장된 값 0
result4에 저장된 값 1
계속하려면 아무 키나 누르십시오 . . .
```

6) 논리 연산자

논리연산자는 NOT, AND, OR 연산의 3가지가 있으며 연산의 결과 값은 참
(True) 또는 거짓(False)의 논리 결과 값을 갖는다. NOT 연산자만이 피연산자가
1개이다.

또한 모든 숫자는 논리 값을 갖는데 숫자 0은 FALSE 값을, 0을 제외한 모든 숫자
(−1000...+1000)는 TRUE 값을 갖는다. TRUE의 대표적인 값으로 1이 사용된다.

> && : 논리AND 연산자(논리곱)
> || : 논리OR 연산자(논리합)
> ! : 논리NOT 연산자(논리 부정)

&& 연산자는 피연산자를 앞과 뒤에 배치하여 표현하고 연산의 결과는 피연산자
가 모두 참일 때만 참이 된다. 이때 피연산자에는 숫자, 변수, 관계연산, 수식 등이
올 수 있다.

논리 연산자 예	설 명	결 과
(거짓) && (거짓)	&& 연산자의 앞과 뒤의 피연산자가 모두 거짓	0(거짓)
(거짓) && (참)	&& 연산자의 뒤쪽 피연산자만 참	0(거짓)
(참) && (거짓)	&& 연산자의 앞쪽 피연산자만 참	0(거짓)
(참) && (참)	&& 연산자의 앞과 뒤의 피연산자가 모두 참	1(참)

|| 연산자는 피연산자를 앞과 뒤에 배치하여 표현하고 연산의 결과는 피연산자가
모두 참일 때만 참이 된다.

논리 연산자 예	설 명	결 과
(거짓) || (거짓)	|| 연산자의 앞과 뒤의 피연산자가 모두 거짓	0(거짓)
(거짓) || (참)	|| 연산자의 뒤쪽 피연산자만 참	1(참)
(참) || (거짓)	|| 연산자의 앞쪽 피연산자만 참	1(참)
(참) || (참)	|| 연산자의 앞과 뒤의 피연산자가 모두 참	1(참)

! 연산자는 피연산자가 1개이면서 뒤쪽에 배치한다. NOT 연산자는 참이면 거짓으로, 거짓이면 참으로 반대로 바꾸어 출력한다.

논리 연산자 예	설 명	결 과
!(거짓)	거짓이므로 참으로 바꾸어 출력한다.	1(참)
!(참)	참이므로 거짓으로 바꾸어 출력한다.	0(거짓)

< 논리 연산자 P2_20 >

```c
#include<stdio.h>
int main(void)
{
    int number1 = 5, number2 = 10, number3 = 15;
    int result1, result2, result3;

    result1 = (number1 > 0) && (number2 < 100);
    result2 = (number2 <= 5) || (number3 > 20);
    result3 = !number3;

    printf("result1에 저장된 값 %d \n", result1);  // 1(참)
    printf("result2에 저장된 값 %d \n", result2);  // 0(거짓)
    printf("result3에 저장된 값 %d \n", result3);  // 0(거짓)

    return 0;
}
```

< P2_20 실행결과 >

```
C:\Windows\system32\cmd.exe
result1에 저장된 값 1
result2에 저장된 값 0
result3에 저장된 값 0
계속하려면 아무 키나 누르십시오 . . .
```

7) 조건 연산자

조건연산자는 연산자 2~3개와 피연산자 3~4개로 이루어지는 연산자이다.

?와 :으로 이루어진 연산자로 조건식 판단의 결과 TRUE일 때 명령을 수행하거나 FALSE일 때 명령을 수행하는 효율적인 연산자이다. 복잡한 구조의 if문보다 간결하게 코딩할 수 있는 장점이 있어서 효율적으로 프로그래밍하는 데 사용할 수 있다.

< 사용법 >

①

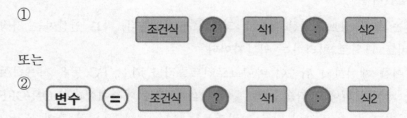

또는

②

①번 사용법 : 조건식의 결과가 TRUE이면 식1을 수행하고 FALSE이면 식2를 수행한다.

②번 사용법 : 조건식의 결과가 TRUE이면 식1의 결과 값이 앞쪽의 변수에 대입되고 FALSE이면 식2의 결과 값이 변수에 대입된다.

< 조건 연산자 P2_21 >

```c
#include<stdio.h>
int main(void)
{
    int su1=2, su2=3;
    int result1;
    result1 = (su1 > su2) ? su1 : su2;
    printf("result1에 저장된 값 %d \n",result1);

    (su1 > su2) ? printf("su1이 크다 \n") : printf("su2가 크다 \n");
    return 0;
}
```

< P2_21 실행결과 >

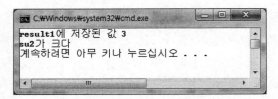

8) 비트 연산자

컴퓨터는 모든 정보를 2진 값으로 저장하고 처리한다. 비트 연산자는 저장된 데이터를 비트 단위로 처리하는 연산자이다.

하드웨어를 제어하기 위하여 마이크로컨트롤러나 PLC, PC 등을 사용하여 자동화기계를 제어할 때에 각각의 비트 출력 정보가 각종 액추에이터의 ON/OFF 동작을 실행시키고, 또한 각각의 비트 입력정보는 각종 센서, 스위치 등의 동작 상태로 입력되므로 비트정보의 처리는 매우 중요하게 많이 사용된다. 하드웨어를 위한 데이터의 가공과 처리는 거의 비트연산자에 의해서 처리를 하게 되므로 제어를 전공하는 입장에서는 가장 중요한 단원일 것이다.

비트 연산자	연산식	설 명
&	a & b	비트 단위 AND 연산
|	a | b	비트 단위 OR 연산
^	a ^ b	비트 단위 XOR 연산
~	~a	비트 단위 NOT 연산
<<	a << 3	왼쪽으로 세 칸 이동
>>	a >> 1	오른쪽으로 한 칸 이동

< 비트 연산자 P2_22 >

```
#include<stdio.h>
int main(void)
{
    int number1=0x22, number2=0x20;
    int result1;
```

```
    result1 = number1 & number2;
    printf("비트단위 &(AND) 연산의 결과 %x \n", result1);

    result1 = number1 | number2;
    printf("비트단위 |(OR) 연산의 결과 %x \n",result1);

    result1 = number1 ^ number2;
    printf("비트단위 ^(XOR) 연산의 결과 %x \n",result1);

    result1 = ~number1;
    printf("비트단위 ~(NOT) 연산의 결과 %x \n",result1);

    return 0;
}
```

< P2_22 실행결과 >

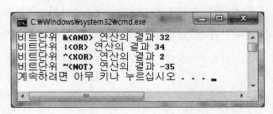

number1과 number2는 정수형이므로 4바이트이나 상위 3바이트는 2진수 표현에서 모두가 0이므로 하위 1바이트를 2진수로 표현하여 비트 연산과정을 살펴보자.

① number1 & number2 연산의 경우 : 0x22 & 0x20

    0010 0010

    0010 0000
    ——————
    0010 0000   각 비트열끼리 AND 연산을 하여 10진수로 출력하면 32가 된다.

② number1 | number2 연산의 경우 : 0x22 | 0x20

    0010 0010

  | 0010 0000
   ——————
    0010 0010   각 비트열끼리 OR 연산을 하여 10진수로 출력하면 34가 된다.

③ number1 ∧ number2 연산의 경우 : 0x22 ∧ 0x20

```
   0010 0010
∧  0010 0000
   ─────────
   0010 0000
```
각 비트열끼리 XOR 연산을 하여 10진수로 출력하면 2가 된다.

XOR 연산은 입력되는 두 비트가 서로 다르면 1을 출력하는 연산이다. XOR 논리게이트를 불일치회로라고도 한다.

④ ~number1 연산의 경우 : ~0x22

```
   0010 0010
   ─────────
   1101 1101
```
각 비트를 1의 보수를 취한다. 즉 1을 0으로, 0을 1로 변경하여 10진수로 출력하면 −35가 출력된다.

보통 거의 모든 컴퓨터에서는 음수의 표현을 "2의 보수"를 사용하여 음수를 표현한다. 이는 "부호와 절대치", "1의 보수" 표현 방법보다 숫자의 표현이 1개 더 많고 산술연산에서 연산속도가 빠르기 때문이다. 이제 11011101이 −35인지 확인해 보자.

먼저 +35를 2의 보수를 취해서 11011101와 같으면 −35가 맞는 것이다.

00100011을 1의 보수를 취하면 11011100이 된다.
⇒ 이 결과에 1을 더하여 2의 보수를 완성한다. 11011100+1=11011101
결과 값이 맞으므로 −35인 것이다.

< 음수의 2진수 표현 방법 >

참고로 음수를 2진수로 표현하는 방법을 살펴보자. 숫자를 8비트로 하여 표현하면 자릿수가 커서 표현하는 양이 많아지므로 4비트로 표현하여 설명한다. 그래도 표현하는 방법은 똑같다.

다음의 표와 같이 부호와 절대치, 1의 보수, 2의 보수 등 3가지 표현방법이 있다.

어느 방법이나 양수를 표현하는 방법은 같아서 4비트이면 +0~+7까지 표현한다. 그러나 음수일 때에는 표현 방법이 달라진다.

10진수 값	부호와 절대치	1의 보수	2의 보수
+7	0111	0111	0111
+6	0110	0110	0110
+5	0101	0101	0101
+4	0100	0100	0100
+3	0011	0011	0011
+2	0010	0010	0010
+1	0001	0001	0001
+0	0000	0000	0000
+0	1000	1111	–
−1	1001	1110	1111
−2	1010	1101	1110
−3	1011	1100	1101
−4	1100	1011	1100
−5	1101	1010	1011
−6	1110	1001	1010
−7	1111	1000	1001
−8	–	–	1000

첫번째 "부호와 절대치" 표현 방법은 가장 왼쪽의 최상위비트(MSB : most significant bit)가 0이면 양수, 1이면 음수로 약속되어 있는 방법이다. 그래서 가장 왼쪽의 최상위 비트는 부호비트라고 한다. 부호만 나타낼 뿐 값의 크기에는 영향을 미치지 않는다. 나머지 오른쪽 비트들은 최하위비트(LSB : least significant bit)까지 숫자 값을 나타낸다. 결국 "부호와 절대치" 방법으로 4비트로 표현하면 +7~−7까지 표현 할 수 있다. 그러나 −0이 존재한다.

두번째 "1의 보수" 표현방법은 양수 값들을 1의 보수화하여 음수로 표현한다. 즉 +3은 2진수로 "0011"이다. 이를 1의 보수를 취하면 0을 1로 1은 0으로 반전시키면 된다. 따라서 "1100"이 된다. 이와 같이 양수의 값들을 1의 보수를 취하여 음수로 사용하는 방법이다. 결국 "1의 보수" 방법으로 4비트로 표현하여도 +7~−7까지 표현할 수 있다. 그러나 이 방법도 −0이 존재하는 단점을 가지고 있다.

세번째 "2의 보수" 표현방법은 먼저 양수 값들을 1의 보수화한 다음에 1을 더하여 2의 보수를 만든 다음에 음수로 표현한다. 즉 +3은 2진수로 "0011"이다. 이를 1의 보수를 취하면 0을 1로 1은 0으로 반전시키면 된다. 따라서 "1100"이 된다. 그리고 여기에 1을 더하면 "1101"이 된다. 이와 같이 양수의 값들을 2의 보수를 취하여 음수로 사용하는 방법이다. 결국 "2의 보수" 방법으로 4비트로 표현하여도 +7~−8까지 표현할 수 있다.

다른 방법들보다 −0이 없으므로 −8이라는 값 1개를 더 표현할 수 있고, 산술연산 시에 속도가 빠른 장점이 있어서 거의 대부분의 프로세서에서 "2의 보수" 표현방법을 사용한다.

9) 비트 이동 연산자

시프트연산자는 비트 등의 정보를 1비트씩 이동시키는 것으로 산술연산이나 논리연산에 이용된다.

산술연산의 경우에 왼쪽으로 1비트 시프트 할 때마다 ×2 연산이 되며, 오른쪽으로 1비트 시프트 할 때마다 ÷2 연산이 된다.

만약 LED에 출력을 하여 점등시키는 경우 논리시프트 연산을 하여 시프트하면 LED 점등위치가 1비트씩 이동하여 순차적으로 점등을 시킬 수 있다.

    <<연산자 (왼쪽 시프트 연산자) : 비트를 왼쪽으로 이동시키는 연산자

    >>연산자 (오른쪽 시프트 연산자) : 비트를 오른쪽으로 이동시키는 연산자

< 비트 이동 연산자 P2_23 >

```c
#include<stdio.h>
int main(void)
{
    int number1=10;
    int number2=-10;
    int result1, result2;
    result1 = number1 << 1;
    printf("비트단위 << 연산의 결과 %d \n", result1);

    result1 = number1 >> 1;
    result2 = number2 >> 1;
    printf("비트단위 >> 연산의 결과 %d \n", result1);
    printf("비트단위 >> 연산의 결과 %d \n", result2);
    return 0;
}
```

< P2_23 실행결과 >

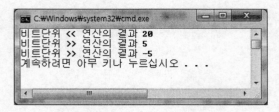

number1 << 1 연산의 경우에 왼쪽으로 1비트 쉬프트하면 연산의 결과는 곱하기 2가 된다.

☞ 00001010 ⇒ 1비트 left shift 하면 00010100이 되어 20이 된다.

number1 << 2 연산의 경우에 왼쪽으로 2비트 쉬프트하면 연산의 결과는 곱하기 2를 2회 하게 되므로 결국 곱하기 4가 된다.

☞ 00001010 ⇒ 2비트 left shift 하면 00101000이 되어 40이 된다.

number1 >> 1 연산의 경우에 오른쪽으로 1비트 쉬프트하면 연산의 결과는 나누기 2가 된다.

☞ 00001010 ⇒ 1비트 right shift 하면 00001010이 되어 10이 된다.

number1 >> 2 연산의 경우에 오른쪽으로 2비트 쉬프트하면 연산의 결과는 나누기 2를 2회 하게 되므로 결국 나누기 4가 된다.

☞ 00001010 ⇒ 2비트 right shift 하면 00000010이 되어 2가 된다.

연산의 결과 2.5가 되어야 산술적으로 맞지만 오른쪽으로 버리는 비트가 1이면 데이터의 정확도는 떨어지게 된다.

☞ 11110110 ⇒ 1비트 right shift 하면 11111011이 된다.

-10을 2의 보수로 표현하면 음수이므로 "11110110"이다. 이때 최상위 비트가 1인 음수의 경우 쉬프트 시에 1이 채워진다. "11111011"이 음수로 얼마인지 확인

하는 방법은 2의 보수 만드는 방법의 역순으로 검산하면 알 수 있다.

11111011 ⇒ −1 ⇒ 11111010 ⇒ 1의 보수 ⇒ 00000101 즉 5를 2의 보수로 표현한 것이므로 −5인 것이다.

(2) 연산자의 우선순위

일반적인 수학 수식에서와 같이 여러 연산자가 사용된 경우에는 각 연산자의 우선순위에 의해서 연산이 차례대로 수행된다.

우선순위가 같은 연산자가 동시에 사용될 때에는 항상 왼쪽부터 오른쪽으로 연산을 수행한다. 다음 표에서 보는 바와 같이 ( )가 우선순위가 높고 = 대입연산자 순위가 낮은 것을 알 수 있다.

우선순위	연산자	연산 방향
1	( ) [ ] −> .	왼쪽에서 오른쪽
2	! ~ ++ −−	오른쪽에서 왼쪽
3	* / %	왼쪽에서 오른쪽
4	+ −	왼쪽에서 오른쪽
5	<< >>	왼쪽에서 오른쪽
6	< <= >>=	왼쪽에서 오른쪽
7	== !=	왼쪽에서 오른쪽
8	&	왼쪽에서 오른쪽
9	^	왼쪽에서 오른쪽
10	|	왼쪽에서 오른쪽
11	&&	왼쪽에서 오른쪽
12	||	왼쪽에서 오른쪽
13	?:	오른쪽에서 왼쪽
14	= += −= *= /= %= &= ^= != <<= >>=	오른쪽에서 왼쪽
15	,	왼쪽에서 오른쪽

· 연습문제 ·

[문제 1] 다음 시나리오의 의미에 맞게 프로그램의 빈칸을 코딩하시오.

한 학생은 "원두커피"를 커피 잔에 가득 채워서 담고, 다른 학생은 오렌지 주스를 음료수 잔에 가득 채워서 담고 있었다. 가득 찬 두 개의 음료수를 서로 맞바꾸면, 즉 커피를 음료수 잔에 오렌지 주스를 커피 잔에 옮겨 담으면 주인이 음료수 값을 받지 않는다고 내기를 걸었다. 이 학생들은 어떻게 했을까요?
미소를 지으며 음료수 잔 한 개를 더 달라고 했습니다. 그리고 거기에 커피를 옮기고 커피 잔에 오렌지 주스를 옮겼다. 마지막으로 추가로 받은 음료수 잔에 있던 커피를 오렌지 주스 잔에 옮겼다. 이렇게 문제를 해결하였다.

```c
#include<stdio.h>
void int main(void)
{
    int coffee_cup = 10, orange_cup = 20;
    int spare_cup;        //추가로 받은 음료수 잔
    printf("컵을 바꾸기 전 \n");
    printf("coffee_cup = %d, orange_cup = %d \n", coffee_cup, orange_cup);
    //추가로 받은 음료수 잔에 커피를 옮긴다.
    [                                    ]

    //커피 잔에 오렌지 주스를 옮긴다.
    [                                    ]

    //추가로 받은 음료수 잔에 있던 커피를 오렌지 주스 잔에 옮긴다.
    [                                    ]

    printf("컵을 바꾼 후 \n");
    printf("coffee_cup = %d, orange_cup = %d \n", coffee_cup, orange_cup);
    return 0;
}
```

[문제 2] 키보드로부터 음의 정수 값을 입력받아서 양의 정수로 출력하는 프로그램을 작성하시오.(2의 보수 계산)

[문제 3] 키보드로부터 X, Y, Z의 세 가지 정수 값을 입력받아서 (X * Y) / (Y % Z)를 계산하여 아래와 같이 출력하는 프로그램을 작성하시오.

> X값: 4
> Y값: 5
> Z값: 3
> (X * Y) / (Y % Z) = 10

[문제 4] 현재 시각을 입력받아서 00시 00분 00초를 기준으로 몇 초가 흘렀는지 계산하는 프로그램을 작성하시오.

2.5 제어문

대부분의 프로그램은 순차적으로만 프로그램이 실행하기보다는 어떠한 특정한 경우를 만났을 때 그 경우에 맞는 일을 수행하는 경우가 많을 것이다. 이와 같이 어떠한 조건을 만났을 경우 순차적인 흐름을 멈추고 각 조건에 맞는 일을 수행하게 하는 것이 제어문이다. 제어문은 조건문과 반복문으로 구분할 수 있다.

2.5.1 조건문

조건문은 프로그램의 흐름을 여러 경우 중에 어느 한 경우로 흐를 수 있도록 조건을 비교하고 그 조건에 맞는 문장을 실행하게 된다. 즉 조건문은 여러 가지 경우 중에 한 가지를 선택할 수 있다. 이 같은 조건문은 if문, if~else문, 중첩 if~else문과 if~else if~else문 등이 있다.

(1) if문

조건이 만족하면 수행할 문장을 작성하는 것으로, 수행할 내용이 한 문장이면 if문의 중괄호를 생략이 가능하고 여러 문장이면 반드시 중괄호로 묶어야 된다.

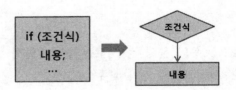

해석: 조건식이 참이면 내용을 수행해라!

< if문 P2_24 >

```c
#include <stdio.h>
int main(void)
{
    int number;
    printf("숫자를 입력하세요 : ");
    scanf("%d", &number);
```

```
   if(number >= 0) printf("입력한 숫자가 양수입니다. \n");
   if(number < 0)   printf("입력한 숫자가 음수입니다. \n");
   return 0;
}
```

scanf("%d", &number); 문장에서 입력한 number 값이 5이다. if(number >= 0) 문에서 0보다 크기 때문에 참의 결과가 발생하여 if문 바로 다음 한 문장을 실행한다. 참일 때 여러 문장을 실행하도록 할 때에는 중괄호({ })로 묶어서 사용한다.

< P2_24 실행결과 >

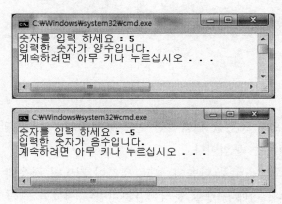

< if문 P2_25 >

```
#include <stdio.h>
int main(void)
{
   int number;
   printf("7의 배수 : ");
   for(number=1; number<=100; number++)
   {
      if(number%7 == 0)            //7로 나눈 나머지가 0이면 출력(7의 배수이면)
         printf("%2d,  ", number); //7의 배수만 2자리 10진수로 출력
   }
   printf("\n");

   return 0;
}
```

위의 프로그램은 number가 1부터 100까지 1씩 증가하면서 7의 배수만 출력하는 프로그램이다.

if(number%7==0) 문장은 number를 7로 나눈 나머지 연산을 먼저 하여 0과 같으면 그때의 number는 7의 배수가 된다. if문의 결과는 참이 되어 printf ("%2d, ", number); 문장을 실행하여 7의 배수만 2자리 포맷으로 출력하게 된다.

< P2_25 실행결과 >

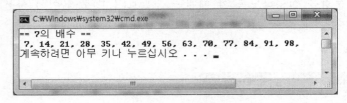

```
C:\Windows\system32\cmd.exe
== 7의 배수 ==
 7, 14, 21, 28, 35, 42, 49, 56, 63, 70, 77, 84, 91, 98,
계속하려면 아무 키나 누르십시오 . . .
```

(2) if~else문

"이거 아니면 저거" 하는 식으로 조건을 만족하면 실행할 문장과 조건을 만족하지 않으면 실행할 문장을 작성하는 문법이다.

조건이 참인 경우에 수행할 문장은 if문 다음에 적고, 조건이 거짓인 경우에 수행할 문장은 else문 다음에 적는다. 이때 수행할 문장이 1줄이면 중괄호를 생략이 가능하여 if문 다음에 바로 수행할 문장을 작성할 수 있다.

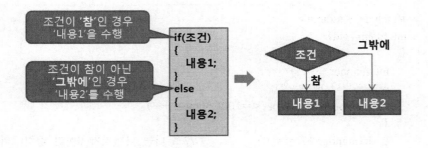

다음 예제는 나이를 10진수로 키보드로부터 입력받아서 19세~100세이면 회원으로 가입이 가능함을 출력하고, 그 이외의 나이이면 미성년으로 보아 회원으로 가입이 불가함을 출력하는 예제이다.

< if ~ else문 P2_26 >

```
#include <stdio.h>
int main(void)
{
    int age;
    printf("나이 입력 : ");
    scanf("%d", &age);
    if(age >= 19 && age <= 100) printf("회원 가입이 가능합니다. \n");
    else  printf("성인이 아니므로 회원 가입이 불가능합니다. \n");
    return 0;
}
```

< P2_26 실행결과 >

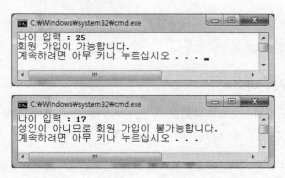

(3) 중첩 if~else문과 else if문

선택 조건이 3가지 이상일 경우에는 if~else문으로는 분류하기 어렵다. 이런 경우에 중첩 if~else문을 사용하거나 else if문을 사용한다.

< 중첩 if ~ else문 P2_27 >

```
#include <stdio.h>
int main(void)
{
    int sw;
    printf("스위치1, 스위치2, 스위치3 중에 숫자 입력하여 선택하시오! : ");
    scanf("%d", &sw);

    if(sw == 1)
        printf("스위치1을 선택하셨습니다.\n");
```

```
    else if(sw == 2)
        printf("스위치2를 선택하셨습니다.\n");
    else if(sw == 3)
        printf("스위치3을 선택하셨습니다.\n");
    else
        printf("스위치1~3 이외를 선택하셨습니다.\n");

    return 0;
}
```

< P2_27 실행결과 >

```
C:\Windows\system32\cmd.exe
스위치1, 스위치2, 스위치3  중에 숫자 입력하여 선택하시오! : 2
스위치2를 선택하셨습니다.
계속하려면 아무 키나 누르십시오 . . .
```

< 중첩 if ~ else문과 else if문의 비교 >

　다음 그림과 같이 학점을 부여하는 프로그램으로 두 가지를 비교하면 else if문이 프로그램 가독성이 우수함을 알 수 있다.

```
if(num>=95)
        printf("A+입니다. \n");
    else
    {
        if(num>=90)
            printf("A입니다. \n");
        else
        {
            if(num>=85)
                printf("B+입니다. \n");
            else
            {
                if (num>=80)
                    printf("B입니다. \n");
                else
                    printf("F입니다. \n");
            }
        }
    }
```

```
if(num>=95)
        printf("A+입니다. \n");

else if(num>=90)
        printf("A입니다. \n");

else if(num>=85)
        printf("B+입니다. \n");

else if (num>=80)
        printf("B입니다. \n");

else
        printf("F입니다. \n");
```

(4) switch~case문

중첩if문을 대신하여 간결하게 표현이 가능한 문법이 switch~case문이다.

switch~case문은 조건문 중의 한 가지로 if~else문보다 간결하게 표현이 가능하나 if~else문에 비해 조건 값의 범위를 융통성 있게 주지 못하는 단점이 있다. 조건 값의 범위는 반드시 정수를 사용해야 하기 때문이다.

switch문 다음의 변수 값과 case문 콜론(:) 다음에 지정한 값이 같은 경우의 case문만을 수행하고 break문을 만나면 switch 문을 종료한다.

default문은 어느 case에도 해당하지 않을 때 수행한다. 이때 case문 콜론(:) 다음에 지정한 값은 반드시 정수만 사용이 가능하며 실수형 데이터를 사용할 수 없다.

> • default문 : switch문에서 정의한 case에 해당되는 조건이 없는 경우 수행한다.
> • break문 : switch문을 종료하는 역할을 하며 break를 만나면 그 이후 내용은 무시되고 switch문을 종료한다.

< switch ~ case문 P2_28 >

```c
#include <stdio.h>
int main(void)
{
    int number;
    printf("몇 번 스위치를 누르시겠습니까? ");
    scanf("%d", &number);

    switch(number)
    {
        case 1:
            printf("1번 전등이 켜졌습니다. \n");
            break;
        case 2:
            printf("2번 전등이 켜졌습니다. \n");
            break;
```

```
        case 3:
            printf("3번 전등이 켜졌습니다.  \n");
            break;
        default:
            printf("스위치 선택 오류 : 스위치는 1번~3번까지만 있습니다. \n");
    }

    return 0;
}
```

< P2_28 실행결과 >

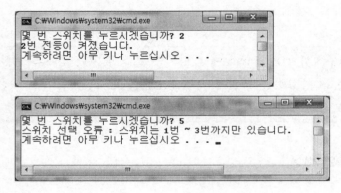

if문을 사용하면 조건 값의 범위를 다양하게 줄 수 있다. switch~case문이 조건 값의 범위를 융통성 있게 주지 못하는 단점을 약간 보완할 수 있는 방법이 있다. 비교할 값이 여러 개이면 case문을 여러 개를 중첩해서 사용하면 각각의 경우에 선택되어 실행할 수 있다.

< 비교할 case 값이 다양한 경우 P2_29 >

```
#include <stdio.h>
int main(void)
{
    char day;
    printf("(S)unday, (M)onday, (T)uesday\n");
    printf("문자 입력(S, M, T) : ");
```

```
    scanf("%c", &day);
    switch(day)
    {
        case 'S':
        case 's':
            printf("Sunday \n");
            break;
        case 'M':
        case 'm':
            printf("Monday \n");
            break;
        case 'T':
        case 't':
            printf("Tuesday \n");
            break;
        default:
            printf("\n잘못 입력되었습니다. \n");
    }
    return 0;
}
```

위의 프로그램은 비교할 값이 여러 개인 경우에 case문 여러 개를 중첩해서 사용한 방법이다. 이러한 방법은 switch~case문의 단점을 보완하고 프로그래머는 힘들지 모르지만 프로그램 사용자를 배려하여 대문자와 소문자를 구별 없이 입력하여도 실행하게 하는 아주 좋은 프로그램이다.

< P2_29 실행결과 >

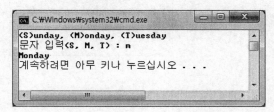

switch~case문과 if~else문을 비교하면 다음 그림과 같이 어떤 문법구조를 사용해도 같은 결과를 만들 수 있으므로 상호간에 전환이 가능하다.

```
switch(num)
{
    case 1:
        내용 1;
        break;
    case 2:
        내용 2;
        break;
    case 3:
        내용 3;
        break;
    default:
        내용 4;

}
```

```
{
.......
    if(num == 1):
        내용 1;
    else if(num == 2):
        내용 2;
    else if(num == 3):
        내용 3;
    else
        내용 4;

}
```

그러나 switch~case문은 조건 값 비교하는 case문에 관계 연산자를 사용할 수 없어서 다양한 범위를 지정하지 못하는 한계를 가지고 있다. 따라서 다음 그림과 같이 조건 값의 범위를 보고 두 문법 중에 선택하여 사용하는 것이 바람직하다.

```
switch(num)
{
    case ? :
        내용 1;
        break;
    case ? :
        내용 2;
        break;
    default:
        내용 3;

}
```

```
{
........
    if(num > 0):
        내용 1;
    else if(num < 0):
        내용 2;
    else
        내용 3;

}
```

(5) break문과 continue문

break문과 continue문은 반복문에서 유용하게 사용된다. break문의 기능은 조건문이나 반복문을 종료할 때 사용되며, continue문은 반복문을 생략하고자 할 때 while문, for문, do~while문과 같은 반복문에서 사용이 가능하나 switch문에는 사용할 수 없다.

반복문에서 break를 만나면 무조건
반복문을 종료하고 다음 문장을 수행

반복문에서 continue를 만나면
무조건 조건식을 수행

다음 예제는 break문에 의해서 무한 루프 반복문 안에서 루프를 빠져나오게 하는 경우이다.

< break문 P2_30 >

```c
#include <stdio.h>
int main(void)
{
    char munja = 'a';
    printf("문자를 입력하세요! q가 되면 종료합니다.\n");
    for (  ;  ;  )          //초깃값, 비교값, 증감값을 입력하지 않으면 무한루프와 같다.
    {
        printf("%c  ", munja);
        munja = munja + 1;
        if(munja == 'q')
        break;              //break문에 의해 무한루프를 빠져나온다.
    }
    printf("반복문을 종료합니다. \n");

    return 0;
}
```

for (; ;)문처럼 초깃값, 비교값, 증감값을 입력하지 않으면 무한루프와 같다.
반복문에 의해서 a 문자에 해당하는 ASCII 코드 값이 1씩 증가하면서 문자로 출력되며 q까지 증가하면 종료한다.

< P2_30 실행결과 >

다음 예제는 continue문에 의해 반복문 안에서 이하 문장을 실행하지 않고 다음 반복을 수행하는 경우이다.

< continue문 P2_31 >

```c
#include <stdio.h>
int main(void)
{
    int number;

    for(number=0; number<101; number++)
    {
        //홀수이면 출력하지 않고 for문을 계속 실행시킨다.
        if (number%2 == 1)  continue;

        //짝수이면 출력한다.
        printf("%d,  ", number);
    }
    printf("\n“);

    return 0;
}
```

위의 프로그램은 number가 0부터 100까지 1씩 증가하면서 2로 나눈 나머지가 1이면(참) 홀수이다. 홀수이면 continue문에 의해서 출력하지 않고 그냥 반복하게 되고, 2로 나눈 나머지가 1이 아니면 0이다(거짓). 즉 짝수가 된다. if문에서 거짓이므로 continue문을 실행하지 않고 다음 문장인 printf("%d, ", number);을 실행하여 짝수만 출력하게 된다.

< P2_31 실행결과 >

```
C:\Windows\system32\cmd.exe
0,  2,  4,  6,  8,  10,  12,  14,  16,  18,  20,  22,  24,  26,  28,  30,  32,
34,  36,  38,  40,  42,  44,  46,  48,  50,  52,  54,  56,  58,  60,  62,  64,
66,  68,  70,  72,  74,  76,  78,  80,  82,  84,  86,  88,  90,  92,  94,  96,
98,  100,
계속하려면 아무 키나 누르십시오 . . .
```

2.5.2 반복문

반복문은 목적에 맞는 결과를 내기 위하여 특정한 문장들을 반복적으로 수행하는 문장이다. 종류는 while, for, do~while문 등이 있다.

(1) while문

조건식의 값이 참인 경우에 반복하는 구조를 갖는다. 조건식의 결과가 거짓이 될 때까지 계속적으로 반복하는 구조이며 조건에 따라 반복할 내용을 한 번도 수행하지 않을 수 있다.

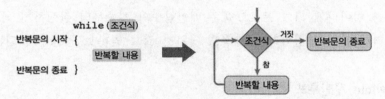

< while문 P2_32 >

```c
#include <stdio.h>
int main(void)
{
    int number=0;
    while(number < 5)
    {
        printf("반복 내용 : %d \n", number);
        number++;
    }
    printf("반복문을 종료한 후 : %d \n", number);
    return 0;
}
```

< P2_32 실행결과 >

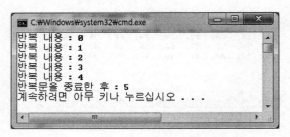

무한루프 구조는 마이크로프로세서에 프로그램할 때 메인 함수 안에서 반드시 사용된다. 프로그램의 실행은 main( ) 함수에서 실행하고 종료하게 된다.

전원이 공급되면 PC와 같은 부팅과정이 필요 없이 바로 실행을 하고 전원이 차단되면 동작을 멈추게 된다. 다시 전원이 들어오면 처음부터 자동으로 실행을 꾸준히 반복하게 된다.

자동판매기의 동작을 예로 들면 정전된 후에 전기가 들어온 경우에 별도의 조작 없이 바로 자판기의 동작을 수행하도록 프로그래밍한다. 마이크로프로세서 프로그램에서는 메인함수 안에 이렇게 무한히 반복시키는 구조의 문법, 즉 while( )이 반드시 사용된다. 이렇게 프로그래밍해야 정전된 후에 전기가 들어오면 자동으로 리셋이 일어나게 되고 프로그램은 메인함수의 첫줄부터 실행하게 되므로 사람이 컴퓨터와 같이 부팅이라는 과정을 거치지 않고 곧바로 동작하게 되는 것이다.

< while 무한루프 P2_33 >

```c
#include <stdio.h>
int main(void)
{
    int i=0;
    while(1)  // 무조건 참
    {
      printf("반복 횟수 : %d \n", i);
      i++;
    }
    return 0;
}
```

< P2_33 실행결과 >

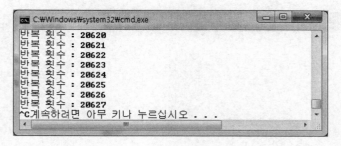

위의 프로그램은 빠른 속도로 무한반복된다. while문의 조건문을 나타내는 괄호 안에 상수 값인 숫자 1을 사용하였으므로 무조건 참을 나타내어 반복문을 실행한다. 이때 숫자 1은 상수이므로 프로그램 실행 중에는 절대로 값을 변경할 수 없으므로 무한루프로 프로그램이 실행되는 것이다. 이 프로그램을 중지할 때에는 "Ctrl +C" 키를 눌러서 종료시킨다.

(2) 중첩 while문

while문 안에 또 다른 while문이 있는 구조를 말한다.

< 중첩 while루프 P2_34 >

```c
#include<stdio.h>
int main(void)
{
    int i=0, j=0;
    while(i < 2)
    {
        printf("외부 루프문 %d \n", i);
        while(j < 5)
        {
            printf("내부 루프문 %d \n", j);
            j++;
        }
        i++;
        j=0;
    }
    return 0;
}
```

< P2_34 실행결과 >

```
C:₩Windows₩system32₩cmd.exe
외부 루프문 0
    내부 루프문 0
    내부 루프문 1
    내부 루프문 2
    내부 루프문 3
    내부 루프문 4
외부 루프문 1
    내부 루프문 0
    내부 루프문 1
    내부 루프문 2
    내부 루프문 3
    내부 루프문 4
계속하려면 아무 키나 누르십시오 . . .
```

< 중첩 while문을 이용한 구구단 P2_35 >

```c
#include <stdio.h>
int main(void)
{
    int i=2;        // 2단부터
    int j=1;        // 2*1에서 1의 의미로 초기화
    int result=0;   // 구구단의 결과 저장 변수

    while(i<=9)      // 9단까지
    {
        while(j<10)
        {
            result = I * j;
            printf("%d * %d = %2d \n", i, j, result);  //자릿수 맞추어 출력
            j++;
        }
        i++;        // 단을 증가
        j=1;        // 단의 시작
        printf("--------------- \n");
    }
    return 0;
}
```

< P2_35 실행결과 >

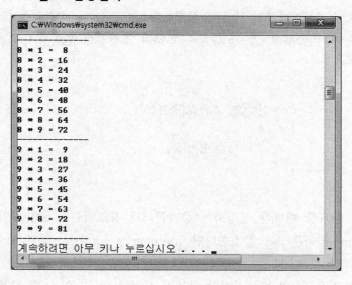

```
C:\Windows\system32\cmd.exe

------------------
8 * 1 =  8
8 * 2 = 16
8 * 3 = 24
8 * 4 = 32
8 * 5 = 40
8 * 6 = 48
8 * 7 = 56
8 * 8 = 64
8 * 9 = 72
------------------
9 * 1 =  9
9 * 2 = 18
9 * 3 = 27
9 * 4 = 36
9 * 5 = 45
9 * 6 = 54
9 * 7 = 63
9 * 8 = 72
9 * 9 = 81
------------------
계속하려면 아무 키나 누르십시오 . . . .
```

(3) for문

조건식이 '참'인 동안에 반복할 내용을 반복하는 다음 그림과 같은 구조를 갖는다.

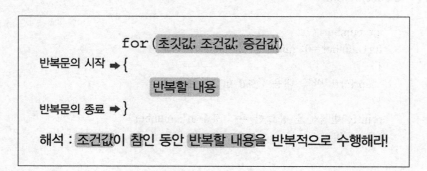

for문의 실행 순서는 ① 초깃값은 무조건 한번만 수행하고, 다음은 ② 조건값을 비교한다. 조건이 맞으면 ③ 반복할 내용을 실행한다. 그 다음 ④ 증감값을 증감한다. 이렇게 1회전한 후 계속하여 ②~④까지 반복하여 조건값이 만족하지 않을 때까지 반복한다.

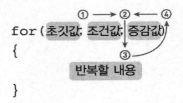

증감값은 루프가 반복할 때마다 일정하게 증가하거나 감소하는데 5씩 증가한다면 "number = number+5", 5씩 감소한다면 "number = number−5"와 같이 표현한다.

for문은 반복할 문장을 몇 번 반복시켜야 하는지 사전에 알 수 있을 때 사용하는 반복문이다.

< for문 P2_36 >

```c
#include <stdio.h>
int main(void)
{
    int number;
    for(number=0; number<5; number++)
    {
        printf("반복 내용 : %d \n", number);
    }
    printf("반복문을 종료한 후 : %d \n", number);
    return 0;
}
```

number가 0부터 시작하여 1씩 증가하면서 5보다 적을 때까지 반복한다. 따라서 다음 그림의 실행결과와 같이 number 변수값이 0~4까지 5회 반복하게 된다.

< P2_36 실행결과 >

```
C:\Windows\system32\cmd.exe

반복 내용 : 0
반복 내용 : 1
반복 내용 : 2
반복 내용 : 3
반복 내용 : 4
반복문을 종료한 후 : 5
계속하려면 아무 키나 누르십시오 . . .
```

< for문 P2_37 >

```c
#include <stdio.h>
int main(void)
{
    int i, sum=0;
    for(i=0; i<=10; i++)
    {
        sum = sum + i;
        printf("i = %2d, sum = %2d\n", i, sum);
    }
    printf("------반복문 종료------- \n");
    return 0;
}
```

< P2_37 실행결과 >

```
C:\Windows\system32\cmd.exe

i =  0, sum =  0
i =  1, sum =  1
i =  2, sum =  3
i =  3, sum =  6
i =  4, sum = 10
i =  5, sum = 15
i =  6, sum = 21
i =  7, sum = 28
i =  8, sum = 36
i =  9, sum = 45
i = 10, sum = 55
------반복문 종료------
계속하려면 아무 키나 누르십시오 . . .
```

(4) 중첩 for문

for문 안에 또 다른 for문이 있는 구조를 말한다.

다음의 예제는 while문으로 구구단 출력한 것과 같은 출력을 중첩 for문으로 작성한 예제이다.

< 중첩 for문 P2_38 >

```c
#include <stdio.h>
int main(void)
{
    int i, j;
    int result=0;   // 구구단의 결과 저장 변수
    printf("== 중첩 for문을 사용한 구구단 ==\n");
    for(i=2; i<10; i++)
    {
        for(j=1; j<10; j++)
        {
            result=i*j;
            printf("%d * %d = %2d\n", i, j, result);
        }
        printf("-------- \n");
    }
    return 0;
}
```

< P2_38 실행결과 >

```
== 중첩 for문을 사용한 구구단 ==
2 * 1 =  2
2 * 2 =  4
2 * 3 =  6
2 * 4 =  8
2 * 5 = 10
2 * 6 = 12
2 * 7 = 14
2 * 8 = 16
2 * 9 = 18
--------
3 * 1 =  3
3 * 2 =  6
3 * 3 =  9
3 * 4 = 12
```

(5) do ~ while문

do~while문은 while 문이나 for문에 비해 사용 빈도가 비교적 적은편이다. 또한 while 문은 조건이 만족하지 않으면 반복할 내용을 실행하지 않으므로 1회도 반복하지 않을 수 있으나, do~while 문은 최소한 한번은 반복할 내용을 실행하는 특징을 갖고 있다. do~while 문은 일단 먼저 반복하고 while(조건식)이 아래에 있어서 나중에 더 반복할지 비교하기 때문이다.

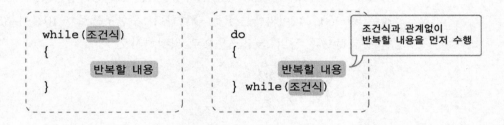

< do ~ while문 P2_39 >

```c
#include <stdio.h>
int main( )
{
    int number=10;
    do
    {
        printf("%d", number);
        number++;
    }while(number < 10); //false 결과로 1회만 실행한다.

    printf(" \n ** while문 종료 ** \n");
    return 0;
}
```

< P2_39 실행결과 >

```
C:\Windows\system32\cmd.exe
10

 ** while문 종료 **
계속하려면 아무 키나 누르십시오 . . . .
```

· 연습문제 ·

[문제 1] 세 개의 정수를 입력받아서 각각 변수에 저장한 후 가장 큰 값을 출력 하는 프로그램을 작성하시오.

[문제 2] 점수를 입력하면 학점을 출력하는 프로그램을 작성하시오. 입력점수는 0~100이며 A학점은 100~90, B학점은 89~80, C학점은 79~70, D학 점은 69~60, 그 이외에는 F를 출력한다. 무한루프로 −10점이 입력되 면 종료하도록 하며 switch문으로 작성하시오.

> 점수입력 : 82
> 학점 : B

[문제 3] 다음 출력과 같이 각 숫자의 출력시에 자릿수를 맞추어 출력되도록 구 구단을 For문을 사용하여 출력하시오.

> == 구구단 ==
> 2 × 1 =   2
> 2 × 2 =   4
> ....생략.......
> 2 × 7 = 14
> 2 × 9 = 18

[문제 4] 1부터 99까지 사이에 있는 정수 중에서 7의 배수를 출력하시오.

[문제 5] 4자리의 정수를 입력받아서 각 자리의 숫자들이 각각 짝수인지 홀수인 지를 출력하는 프로그램을 작성하시오.(예 : 1234를 입력하면 "1 : 홀수 2 : 짝수 3 : 홀수 4 : 짝수"가 출력)

> 4자리 숫자 입력 : 1234
> 1 : 홀수 2 : 짝수 3 : 홀수 4 : 짝수

2.6 함수

함수란 특정한 일을 하는 코드들의 집합이며 프로그램은 특정한 일들의 연속인 것이다. C언어는 함수들로 구성된 프로그램이다. 함수들 중 main함수는 반드시 있어야 하며 프로그램의 실행은 main함수의 코드 순서대로 순차적으로 실행하고 main함수의 종료와 함께 프로그램이 끝나게 된다.

이러한 함수는 표준 라이브러리 함수(내장함수)와 프로그래머가 정의한 사용자 정의 함수로 구분할 수 있다. 내장함수는 C컴파일러 설치 시부터 제공되는 함수로서 자주 사용되는 함수들은 미리 제공되고 마치 명령어처럼 사용된다. 프로그램의 작성 시 다양한 내장함수들의 기능과 사용법을 알고 있으면 보다 쉽게 프로그램을 효율적으로 작성할 수 있다.

일반적으로 프로그램을 작성하는 것은 프로그램의 목적에 맞게 내장함수가 제공하지 않는 무수한 일들을 실행해야 할 것이고 이러한 일들을 실행하는 사용자 정의 함수를 만드는 일이다.

함수는 프로그램을 구조화, 모듈화시키는 좋은 방법이다. 프로그램의 가독성이 뛰어나게 되고, 따라서 에러 수정이 용이하여 유지보수가 쉽고 프로그램의 재사용성이 향상되게 된다.

2.6.1 함수의 기본 요소

함수를 정의하려면 다음 그림과 같은 구성요소를 갖추어야 한다.

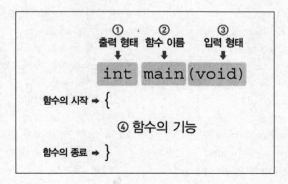

① **출력형태** : 함수가 실행한 결과 값을 함수 호출자에게 전달할 때 데이터의 타입을 지정한다. 만약 함수 호출자에게 전달할 값이 없으면 void를 적고 정수형 데이터를 전달하면 char형, short형, int형, long형 등을 실수형 데이터를 전달하면 float형, double형, long double형 등 해당하는 데이터 타입을 적는다.

② **함수이름** : 일반적인 변수 이름 정의 규칙과 동일하며 ( ) 앞에 표현한다.

③ **입력형태** : 호출된 함수가 실행할 때 데이터를 입력받아서 실행해야 할 때에는 값을 전달하는 경로로 사용된다. 만약 함수 호출자에게 전달할 값이 없으면 void를 적고 전달할 값이 있으면 데이터 타입과 변수 이름을 적는다. 예를 들면 1개의 정수 값을 전달받으면 (int su1)과 같이 괄호 안에 먼저 데이터 타입인 int를 적고 변수명 규칙에 위배되지 않는 변수명을 적는다. 1개의 정수와 1개의 실수를 전달받는 경우에는 (int su1, double su2)와 같이 순서대로 적는다. 여러 개의 값을 전달하는 경우에는 이와 같이 데이터 타입과 변수명을 순서대로 적어주면 되는데, 반드시 함수를 호출하는 곳의 값의 개수와 순서 호출 받는 곳의 값의 개수와 순서대로 전달된다.

④ **함수의 기능** : 함수가 수행할 코드들이 순차적으로 정의된다. 실제적으로 함수가 해야 할 일들을 순차적으로 기록한다.

2.6.2 다양한 형태의 함수

다음은 main함수와 sum함수 2개로 구성된 프로그램이다.

1 #include <stdio.h>	1 stdio.h 파일을 전처리한다.
2 int sum(int x, int y)	2 sum 함수로부터 10과 20을 받아서 10은 X로, 20은 Y로 전달
3 {	
4 int result = 0;	4 지역변수 result 선언과 0으로 초기화
5 result = x + y;	5 result=10+20 연산
6 return result;	6 정수형 result 값(30)을 호출한 곳으로 반환되어 answer에 30이 대입된다.
7 }	
8	9 main 함수가 입력 값 없이 실행하고 정수형으로 리턴함을 정의
9 int main(void)	
10 {	11 지역변수 answer 선언과 0으로 초기화
11 int answer = 0;	
12 answer = sum(10, 20);	12 sum 함수에 10과 20을 전달하면서 sum 함수를 호출하여 실행, 함수 실행 후 정수형 30을 리턴 받는다.
13 printf("%d\n", answer);	
14 return 0;	13 answer 값 출력
15 }	14 운영체제에게 0을 반환하여 종료를 알림

"answer = sum(1, 2);" 문장에서 sum(1, 2)는 정수형 숫자 1과 2를 전달하면서 sum함수를 호출하고 있다. sum함수는 사용자 정의 함수로 매개변수 int x와 int y로 전달받는다. 각각 정수형 수인 x에는 1, y에는 2를 전달받아 합을 구하여 main함수에서 sum함수를 호출한 곳으로 "return result;" 문장에 의해서 정수인 3을 반환한다. 프로그램의 라인별 설명을 오른쪽에 기록하였다.

다음은 함수의 실행시 입력형태와 출력형태 유무에 따른 4가지의 형태를 살펴본다. 함수의 기본요소에서 본 바와 같이 출력형태가 있으면 "출력", 없으면 "무출력", 입력형태가 있으면 "입력", 없으면 "무입력"으로 정의하는 4가지 형태가 있다.

(1) 출력/입력 형태

```c
int sum(int x, int y)
{
        int result = 0;
        result = x + y;
        return result;
}
```

x, y를 순서대로 입력받아서 sum함수의 기능을 처리하고 int형으로 값을 호출한 곳으로 반환한다. 출력형태가 있으므로 반드시 return문을 사용한다.

(2) 출력/무입력 형태

```c
int input(void)
{
        int num = 0;
        scanf("%d", num);
        return num;
}
```

void는 입력 매개변수가 없음을 의미한다. input함수는 호출되었을 때 전달 값이 없이 함수의 기능을 처리하고 int형으로 값을 호출한 곳으로 반환한다. 출력형태가 있으므로 반드시 return문을 사용한다.

(3) 무출력/입력 형태

```
void print(int x)
{
        int a = x;
        printf("%d", a);
        return;

}
```

print함수는 호출되었을 때 int형 값 1개를 전달받아서 함수의 기능을 처리하고 void로 값을 반환하지 않는다. 출력형태가 void이므로 return문이 없어도 된다.

(4) 무출력/무입력 형태

```
void output(void)
{
        printf("Hello");
        printf("Well come");
        return;

}
```

output함수의 입력은 void로 입력 매개변수가 없음을 의미한다. 호출되었을 때 전달 값이 없이 함수의 기능을 처리하고, 출력은 void로 값을 반환하지 않는다. 출력형태가 void이므로 return문이 없어도 된다.

2.6.3 함수의 적용

함수를 적용하는 방법은 2가지로 나눌 수 있다.
① 먼저 프로그램의 시작 부분에 사용자 정의함수를 정의(작성)하고 사용자 정의 함수를 호출하는 main함수를 다음에 작성하는 순서를 갖는 방법
② 먼저 프로그램의 시작 부분에 사용자 정의함수의 선언부만 작성하고 그 다음, 사용자 정의 함수를 호출하는 main함수를 그 다음에 작성하고, 그 다음에 사용자 정의함수를 정의(작성)하는 순서를 갖는 방법

  다음은 2개의 숫자를 키보드로 입력하여 큰 수와 작은 수를 출력하는 프로그램이다. 이 프로그램을 위에서 설명한 함수를 적용하는 2가지 방법을 예제를 통하여 살펴본다.

< 함수 P2_40 >

```c
#include <stdio.h>
int maximum(int a, int b)          // 함수의 정의(출력/입력 형태)
{
        if(a > b) return a;
        else      return b;
}
int minimum(int a, int b)          // 함수의 정의(출력/입력 형태)
{
        if(a < b) return a;
        else      return b;
}

int main(void)
{
        int i, j;
        int k;
        printf("숫자 두 개를 입력 하세요: ");
        scanf("%d %d", &i, &j);

        k = maximum(i, j);              //maximum함수의 호출
        printf("%d와 %d 중 큰 수는 %d입니다. \n", i, j, k);
        k = minimum(i, j);              //minimum함수의 호출
        printf("%d와 %d 중 작은 수는 %d입니다. \n", i, j, k);
        return 0;
}
```

< P2_40 실행결과 >

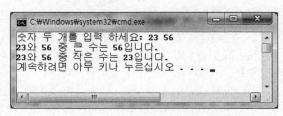

위의 프로그램의 경우에 사용자정의함수를 먼저 정의(작성)하고 사용자정의함수를 호출하는 main함수를 다음에 작성하는 순서를 갖는 방법으로 작성되어 있다.

소스 코드를 컴파일하는 방향은 위에서 아래쪽으로 컴파일하게 된다. main함수 위에 maximum함수와 minimum함수가 정의되어 있으므로 main함수의 maximum함수와 minimum함수의 호출 부분에서 제대로 컴파일을 할 수 있다. 만약 main함수 위에 maximum함수와 minimum함수가 정의되어 있지 않았다면 main함수의 maximum함수와 minimum함수의 호출 부분에서 알지 못하는 함수라고 컴파일 에러가 나왔을 것이다.

다음은 앞의 예제와 같은 일을 하는 프로그램으로 main함수 다음에 사용자 함수를 정의하는 방법인데 다음의 예제와 같이 먼저 main함수에 호출되는 함수들을 main함수 위에 선언부가 반드시 있어야 컴파일 에러가 발생하지 않는다.

컴파일러는 main함수까지만 컴파일을 한다. 만약 다음의 프로그램처럼 main함수 아래에 있는 함수들은 컴파일되지 않으므로 미리 컴파일러에게 main함수 아래에도 함수가 있음을 알려서 사용자정의함수까지 컴파일되도록 한다.

< 함수 P2_41 >

```c
#include <stdio.h>
int maximum(int a, int b);  //max 함수 선언
int minimum(int a, int b);  //min 함수 선언

int main(void)
{
        int i, j;
        int k;

        printf("숫자 두 개를 입력 하세요: ");
        scanf("%d %d", &i, &j);

        k = maximum(i, j);       //maximum함수의 호출
        printf("%d와 %d 중 큰 수는 %d입니다. \n", i, j, k);
        k = minimum(i, j);       //minimum함수의 호출
        printf("%d와 %d 중 작은 수는 %d입니다. \n", i, j, k);

        return 0;
}
```

```
int maximum(int a, int b)        // 함수의 정의(출력/입력 형태)
{
        if(a > b) return a;
        else      return b;
}
int minimum(int a, int b)        // 함수의 정의(출력/입력 형태)
{
        if(a < b) return a;
        else      return b;
}
```

< P2_41 실행결과 >

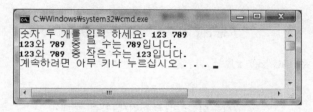

```
C:\Windows\system32\cmd.exe
숫자 두 개를 입력 하세요: 123 789
123와 789 중 큰 수는 789입니다.
123와 789 중 작은 수는 123입니다.
계속하려면 아무 키나 누르십시오 . . . .
```

　　다음은 다양한 사용자정의함수를 사용한 예제로서 각 함수들의 정의와 매개변수들이 사용되는 것을 중점으로 이해해야 한다.

< 함수 종합 예제 P2_42 >

```
#include <stdio.h>
double divide(double x, double y);   // 함수의 선언
double input(void);                  // 함수의 선언
void output(double x);               // 함수의 선언
void information(void);              // 함수의 선언

int main(void)
{
        double num1, num2, result;  //함수를 시작부분에 변수를 선언해야 한다.

        information( );                  //information 함수의 호출
        printf("첫 번째 실수 입력: ");
        num1=input( );                   //input 함수의 첫 번째 호출

        printf("두 번째 실수 입력: ");
        num2=input( );                   //input 함수의 두 번째 호출
```

```
        result=divide(num1, num2);   //divide 함수의 호출
        output(result);              //output 함수의 호출
        return 0;
}
double divide(double x, double y)    //divide 함수의 정의(출력/입력 형태)
{                                    //double형 x와 y 2개를 전달받아서 실행한다.
        double val;
        val=x/y;
        return val;                  //val 변수가 double형이므로 double형 반환
}
double input(void)                   //input 함수의 정의(출력/무입력 형태)
{
        double val;
        scanf("%lf", &val);
        return val;
}
void output(double x)                 //output 함수의 정의(무출력/입력 형태)
{
        printf("나눗셈 결과: %lf \n", x);
        return;
}
void information(void)               //함수의 정의(무출력/무입력 형태)
{                                    //출력만 하므로 반환 값이 없어서 void 정의(무
                                     //  출력/무입력 형태)
        printf("--- 프로그램 시작 --- \n");
        return;
}
```

< P2_42 실행결과 >

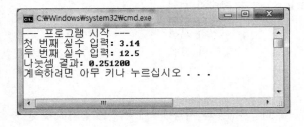

위의 프로그램에 대한 설명은 2개의 실수를 입력받아서 나눗셈을 하여 출력하는 프로그램이다. 세부적인 내용은 주석문에 기록되어 있다.

여러 개의 함수들로 구성된 프로그램의 실행 순서를 살펴보면 프로그램 실행 중에 main함수를 실행하다가 사용자정의함수를 호출하면 다시 사용자정의함수 부분

으로 실행 순서를 옮겨서 실행하고 리턴하면 다시 main함수를 실행하는 것으로 생각한다. 이렇게 프로그램의 실행 순서를 이해하는 편이 좋을 것이다. 그러나 실제로는 프로그램을 컴파일하면 사용자정의함수 부분들이 기계어코드로 번역되어서 main함수 안에 사용자정의함수를 호출하는 부분에 각각 삽입되어 실행파일이 만들어진다. 따라서 프로그램의 실행은 main함수만을 실행한다. main의 첫줄부터 실행하여 main의 마지막 줄에서 종료하게 된다.

2.6.4 변수의 종류와 유효 범위

변수는 변수를 선언하는 위치와 방법에 따라서 지역 변수(Local Variable), 전역 변수(Global Variable), 정적 변수(Static Variable) 등의 종류가 있다.

(1) 지역변수

함수 내부에서 선언한 변수로 함수 내부에서만 사용할 수 있다. 또한 조건문 또는 반복문의 중괄호({ }) 내부, 함수의 매개 변수(Parameter), 즉 함수의 입력 변수로도 사용한다.

```
1    #include <stdio.h>
2    int sum(int x, int y)
3    {
4         int result = 0;
5         result = x + y
6       return result;
7    }
8
9    int main(void)
10   {
11        int result = 0;
12        result = sum(10, 20);
13        printf("%d \n", result);
14
15        return 0;
16   }
```

result는 같은 이름의 변수라도 서로 다른 함수에서 선언한 지역변수이므로 서로 다르다.

　　지역 변수의 특징은 초기화를 하지 않으면 쓰레기 값이 저장된다. 또한 지역 변수의 메모리에 생성 시점은 중괄호 내에서 초기화할 때이며 지역 변수의 메모리 소멸 시점은 중괄호를 벗어날 때이다.

(2) 전역변수

　　전역변수는 함수의 외부, 즉 헤더 파일 선언 이후에 바로 선언하고 변수의 유효 범위는 프로그램 전체에 어떤 함수에서든지 전부 사용할 수 있는 변수이다.

　　전역 변수의 특징은 초기화를 하지 않아도 자동으로 0 설정되며, 전역 변수의 메모리 생성 시점은 프로그램이 시작될 때, 전역 변수의 메모리 소멸 시점은 프로그램이 종료될 때이다.

< 전역 변수 P2_43 >

```c
#include <stdio.h>
int number;                    // 전역변수 선언
void grow(void);               // 함수 선언

int main(void)
{
        printf("함수 호출 전 number : %d \n", number);
        grow( );                   // 함수 호출
        printf("함수 호출 후 number : %d \n", number);
        return 0;
}

void grow(void)
{
        number=10;                 // 전역변수 number 값 변경
}
```

< P2_43 실행결과 >

```
C:\Windows\system32\cmd.exe

함수 호출 전 number : 0
함수 호출 후 number : 10
계속하려면 아무 키나 누르십시오 . . .
```

위의 프로그램처럼 전역변수는 어느 곳에서도 접근이 가능하므로 값을 변경하거나 출력할 수 있다. 또한 전역변수는 별도로 0으로 초기화하지 않아도 자동으로 0으로 초기화됨을 알 수 있다.

(3) 정적변수

정적변수는 자료형 앞에 static 키워드를 붙여서 선언하며 프로그램이 종료되지 않는 한 메모리가 소멸되지 않는다. 또한 초깃값을 지정하지 않아도 자동으로 0을 가지며 프로그램이 시작되면 초기화는 딱 한 번만 수행한다.

$$\boxed{\textbf{static} \; \text{int num;}}$$

정적변수는 지역변수 선언 위치에서 선언하면서 전역변수처럼 사용하고자 할 때 사용된다. 정적변수가 메모리에서 생성되는 시점은 변수에 값이 초기화될 때이며 변수가 메모리에서 소멸시점은 프로그램이 종료될 때이다.

< 정적변수 P2_44 >

```
#include <stdio.h>
void count(void);
int main(void)
{
        count( );
        count( );               // 정적변수는 매번 초기화되지 않는다.
        count( );
        return 0;
}
void count(void)
{
        static int x=0;      // 정적변수 x, 초기화를 한 번만 수행한다.
        int y=0;             // 지역변수 y, 초기화를 매번 수행한다.

        x=x+1;
        y=y+1;

        printf("x 값: %d, y 값: %d \n", x, y);
}
```

< P2_44 실행결과 >

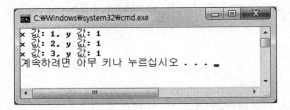

```
C:\Windows\system32\cmd.exe
x 값: 1, y 값: 1
x 값: 2, y 값: 1
x 값: 3, y 값: 1
계속하려면 아무 키나 누르십시오 . . . _
```

정적변수 x는 함수를 호출할 때마다 값이 기억되어 있어서 계속 누적되지만, 지역변수인 y는 함수를 호출할 때마다 생성되어 0으로 초기화되어 사용되고 함수를 벗어나면(사용하고 난 후) 지역변수는 소멸된다.

• 응용과제 •

[응용과제 1: Lotto번호 발생]

난수 발생함수를 사용하여 로또번호를 출력하는 프로그램을 작성한다.

rand( ) 함수를 사용하기 위해서는 stdlib.h 헤더 파일을 선언해야 하며, time( ) 함수를 사용하기 위해 time.h 헤더 파일을 먼저 선언해야 한다.

```c
#include <stdio.h>
#include <time.h>
#include <stdlib.h>

void main()
{
        int lotto, i;
        srand((unsigned)time(NULL));    //난수 시작점을 매번 다르게 시작하게 한다.
        for(i=0; i<6; i++)
        {
                lotto = rand() % 45 +1; //출력 숫자가 1~45가 되도록
                printf("%d ",lotto);
        }
        printf("\n");
}
```

< Lotto번호 발생 실행결과 >

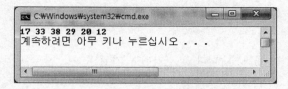

   rand 함수는 32비트 운영체제를 사용하는 컴퓨터에서 1부터 32767까지 사이의 임의의 값을 출력하는 함수이다. 함수 내부에서 이미 정해진 패턴대로 출력할 값들이 각 seed에 정해져 있다. 마치 배열에 이미 정해진 값들이 있고 항상 실행 시마다 첫 행부터 값을 순서대로 읽어오기 때문에 매번 rand 함수를 실행하면 같은 값을 출력한다. 따라서 rand 함수를 반복시켜도 매번 다른 값을 출력시키기 위해서는 srand 함수를 사용한다.

   "srand((unsigned)time(NULL));" 문장에서 srand 함수는 매번 컴퓨터의 시간은 증가하므로 같은 값이 나올 수 없는 시간(초 단위)을 사용하여 seed를 지정하는 값으로 사용한다.

   "lotto = rand() % 45 + 1;" 문장은 난수발생 숫자를 45로 나눈 나머지 숫자는 0부터 최대 44가 된다. 로또는 1부터 45까지 숫자이어야 하므로 더하기 1을 해준 것이다.

[응용과제 2: 가위, 바위, 보 게임]

• 가위, 바위, 보 게임 : Rock Paper Scissors Game

```
#include <stdio.h>
#include <stdlib.h>
#include <time.h>

void main()
{
  int user, com;
  while(1)
  {
    printf("무엇을 내시겠습니까?(1:가위, 2:바위, 3:보) : ");
```

```
    scanf("%d", &user);
    com = rand() % 3 + 1;

    if(user==1 && com==1)
       printf("손님: %s, 컴퓨터: %s\n비겼습니다.\n", "가위", "가위");
    if(user==2 && com==2)
       printf("손님: %s, 컴퓨터: %s\n비겼습니다.\n", "바위", "바위");
    if(user==3 && com==3)
       printf("손님: %s, 컴퓨터: %s\n비겼습니다.\n", "보", "보");
    if(user==1 && com==2)
       printf("손님: %s, 컴퓨터: %s\n졌습니다.\n", "가위", "바위");
    if(user==2 && com==3)
       printf("손님: %s, 컴퓨터: %s\n졌습니다.\n", "바위", "보");
    if(user==3 && com==1)
       printf("손님: %s, 컴퓨터: %s\n졌습니다.\n", "보", "가위");
    if(user==1 && com==3)
       printf("손님: %s, 컴퓨터: %s\n이겼습니다.\n", "가위", "보");
    if(user==2 && com==1)
       printf("손님: %s, 컴퓨터: %s\n이겼습니다.\n", "바위", "가위");
    if(user==3 && com==2)
       printf("손님: %s, 컴퓨터: %s\n이겼습니다.\n", "보", "바위");
    if(user!=1 && user!=2 && user!=3)
       printf("잘못 내셨습니다. \n");
    }
}
```

< 가위, 바위, 보 게임 실행결과 >

이 프로그램에서는 "scanf("%d", &user);" 문장에서 사용자가 입력하는 값이 user에 입력되고 "com = rand() % 3 + 1;" 문장에서 난수가 발생하는 숫자를 1부터 3까지 출력하도록 하여 com에 대입한다. 이렇게 입력된 숫자들은 가위, 바위 보로 사용되며 게임의 룰에 맞추어 누가 이겼는지 비교하게 된다.

"if(user==1 && com==1)" 문장과 같이 논리 AND 연산자인 &&를 사용하여 user==1 조건과 com==1 조건 모두 두 개의 조건이 만족하면 "printf("손님: %s, 컴퓨터: %s\n비겼습니다.\n", "가위", "가위");" 문장을 수행한다. 만일 두 개의 조건 중 한 개라도 만족하지 않으면 다음의 비교문을 수행한다.

여러 개의 조건문 중에 한 가지의 조건문에 만족하여 게임의 결과를 출력한다. 모두 while(1)문 안에 무한루프로 계속 반복하도록 되어 있으므로 프로그램을 종료하려면 Ctrl+C 버튼을 눌러서 강제적으로 종료해야 한다.

· 연습문제 ·

[문제 1] 섭씨온도(℃)를 입력하면 화씨온도(°F)로 변환하고 그 반대로 화씨온도를 입력하면 섭씨온도로 변환하는 프로그램을 작성하시오.
단, 온도변환공식은 °F = (9/5×℃)+32, ℃ = 5/9×(°F−32)이다.
사용자정의 함수는 섭씨온도를 화씨온도로 변환하는 함수명을 Fahrenheit로, 화씨온도를 섭씨온도로 변환하는 함수명을 Celsius로 하며 main 함수를 적절히 구현하여 프로그래밍하시오.

[문제 2] 다음 프로그램의 실행 결과를 보고 절대 값을 구하는 내장함수를 사용하여 프로그램을 작성하시오.

> 정수를 입력하시오. : −25
> 절대 값은 : 25입니다.

2.7 배열

　배열이란 같은 자료형을 가진 연속된 메모리 공간으로 이루어진 자료구조로서 같은 자료형을 가진 변수들이 여러 개 필요할 때 사용한다. 배열은 많은 양의 같은 자료형을 가진 자료를 처리할 때 유용하게 사용되며 프로그램이 효율적으로 제작될 수 있다.

　센서로부터 데이터를 장시간 동안에 저장하여 추후에 분석할 때나 카메라의 영상을 컴퓨터에 저장할 때 배열을 이용하여 저장하고 처리하게 된다.

2.7.1 1차원 배열

(1) 1차원 배열의 선언

```
int    array[10];
       ↑      ↑    ↑
     자료형  배열명 배열길이
```

　① 저장될 데이터는 int형
　② 배열의 이름(변수명 규칙과 동일)
　③ 배열의 길이는 첫째 0번 방부터 마지막 9번 방까지 10개의 저장공간이 int형 식의 크기(4byte)로 1차원(행만 존재하는 형태)으로 메모리에 저장공간이 생성된다. 배열의 길이는 저장공간의 크기이면서 저장할 데이터의 개수를 알 수 있다.

　배열을 선언하고 초기화하지 않으면 쓰레기 데이터가 배열에 들어갈 수 있음에 주의해야 하며 배열 사용 시 항상 초기화하고 사용하는 습관을 가져야 한다.

　배열을 선언 시 데이터의 타입에 따라서 배열에 데이터가 들어갈 공간의 크기가 다르게 생성된다.

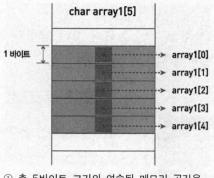
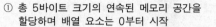
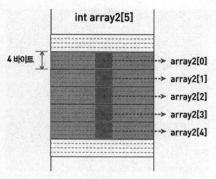

① 총 5바이트 크기의 연속된 메모리 공간을 할당하며 배열 요소는 0부터 시작

② 총 20바이트 크기의 연속된 메모리 공간을 할당하며 배열 요소는 0부터 시작

예를 들어 char 타입(각각 1바이트)과 int 타입(각각 4바이트)의 배열 생성시 메모리에 생성되는 배열은 그림과 같이 그 크기가 다르게 된다.

< 1차원 배열 P2_45 >

```c
#include <stdio.h>
int main(void)
{
  int points[5];      //1차원 배열로 저장 공간이 5개 생성
  points[0] = 90;     //배열에 데이터가 초기화되지 않으면 쓰레기 값이 저장된다.
  points[1] = 80;
  points[2] = 70;

  printf("첫 번째 점수 :    %d \n", points[0]);
  printf("두 번째 점수 :    %d \n", points[1]);
  printf("세 번째 점수 :    %d \n", points[2]);

  printf("네 번째 점수 :    %d \n", points[3]);
      //points[3]은 초기화를 하지 않았으므로 쓰레기 값 출력

  printf("다섯 번째 점수 : %d \n", points[4]);
      //points[4]는 초기화를 하지 않았으므로 쓰레기 값 출력
  return 0;
}
```

< P2_45 실행결과 >

배열을 선언하고 초기화(값을 대입)하지 않으면 그림과 같이 실행을 멈추고 네 번째 배열 처리 순서에서 에러 창이 뜨게 된다.

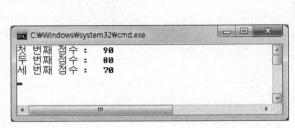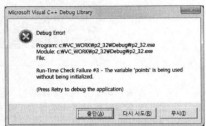

이때 무시 버튼을 누르면 다음 그림과 같이 points[3]과 points[4]는 초기화를 하지 않았으므로 쓰레기 값 출력을 출력한다. 이렇게 배열에 쓰레기 값이 생길 수 있는 것을 모른 채 사용하면 계산의 결과가 틀리게 되고 이 오류를 찾아내기가 쉽지 않는다.

이 프로그램은 최종적으로 다음의 그림과 같이 세 번째와 네 번째의 데이터에 쓰레기 데이터 값이 출력된 결과를 볼 수 있다. 배열은 반드시 초기화를 한 후에 사용하는 습관을 가져야 한다.

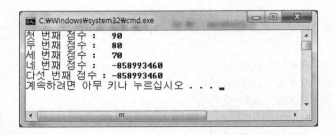

< 1차원 배열 P2_46 >

```c
#include <stdio.h>
int main(void)
{
    int a1[5] = {10,20,30,40,50};   // 배열 선언과 동시에 초기화
```

```
    int b2[ ] = {60,70,80,90,100};  // 배열크기를 지정하지 않고 초기화
    int c3[5] = {10,20,30};          // 초기화 않는 공간은 자동으로 0으로 초기화된다.
    printf("%3d %3d %3d %3d %3d \n", a1[0],a1[1],a1[2],a1[3],a1[4]);
    printf("%3d %3d %3d %3d %3d \n", b2[0],b2[1],b2[2],b2[3],b2[4]);
    printf("%3d %3d %3d %3d %3d \n", c3[0],c3[1],c3[2],c3[3],c3[4]);

    return 0;
}
```

< P2_46 실행결과 >

```
C:\Windows\system32\cmd.exe

10  20  30  40  50
60  70  80  90 100
10  20  30   0   0
계속하려면 아무 키나 누르십시오 . . .
```

< 1차원 배열 P2_47 >

```
#include<stdio.h>
int main(void)
{
    //배열이나 변수는 함수가 시작되는 부분에 바로 선언되어야 한다.
    int jumsu[5]= {60,70,80,90,100};
    int i, total=0;
    for(i=0; i<5; i++)
    {
        total = total + jumsu[i];
        printf("배열의 요소 jumsu[%d]의 값: %d \n", i, jumsu[i]);
    }

    printf("총점은 %d 이고 ", total);
    //(double): 강제적으로 double형으로 형 변환을 한다.
    printf("평균은 %.2lf 입니다\n", (double)total/5);

    return 0;
}
```

< P2_47 실행결과 >

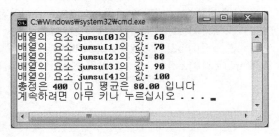

배열을 선언할 때 다음과 같이 3가지 사항을 주의해야 한다.

① 배열 방의 위치를 나타내는 첨자, 즉 색인 값은 0부터 시작한다.

② 배열 초기화를 함수 안에서 할 때 배열의 선언과 초기화가 별도로 이루어지면 에러가 발생한다.

```
#include <stdio.h>
int main(void)
{
  int array1[3] = {10, 20, 30 };  //정상적인 초기화 방법
  int array2[3];
  array2= {10, 20, 30 }; //초기화를 별도로 하면 에러가 발생
  return 0;
}
```

③ 배열의 길이(크기)를 지정할 때 변수를 사용하면 안 된다. 그러나 상수는 사용이 가능하다.

　(예) #define MAX　30

　　　　int points[MAX];

(2) 1차원 배열의 주소와 값의 참조

& 연산자는 주소연산자로서 메모리 공간의 주소를 표현할 때 사용하며, * 연산자는 메모리 공간에 저장된 값을 참조하는 연산자이다.

다음의 프로그램은 배열에 주소연산자와 값을 참조하는 연산자를 사용하여 배열의 실제 메모리 주소와 값을 참조한 예제이다.

```
#include<stdio.h>
int main(void)
{
    int array[3] = {1,2,3};
    printf("%x %x %x \n",  &array[0],  &array[1],  &array[2]);
    printf("%d %d %d \n", *&array[0], *&array[1], *&array[2]);
    printf("%d %d %d \n",  array[0],   array[1],   array[2]);
    return 0;
}
```

결국 *&array[0] == array[0]가 된다. "*&"와 같이 두 연산자 연속해 있으면 서로 상쇄되는 것이다.

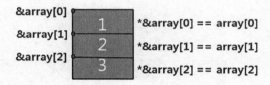

배열의 실제 메모리 주소와 값을 참조한 예제의 실행결과는 다음 그림과 같다. 배열 안에 있는 데이터가 int형이므로 서로 4바이트 간격으로 연속적인 곳에 데이터가 저장되어 있는 것을 알 수 있다. *&array[0]은 "*&" 두 연산자가 연속해 있어서 서로 상쇄되어 array[0]와 같이 배열에 있는 데이터를 가리킨다.

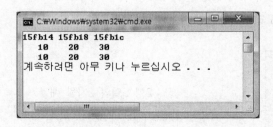

2.7.2 다차원 배열

다차원 배열이란 2차원 이상의 배열을 말하며 1차원 배열과 다차원 배열을 그림
으로 비교하면 다음과 같다.

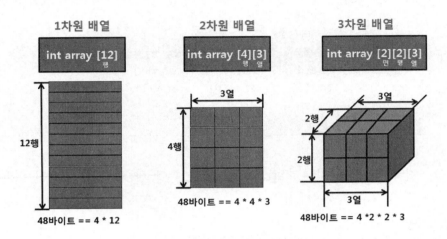

(1) 2차원 배열

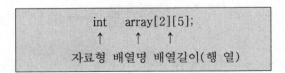

① 저장될 데이터는 int형
② 배열의 이름(변수명 규칙과 동일)
③ 배열의 길이는 2행 5열로 10개의 저장공간이 int형식의 크기로 2차원(행과 열
   이 존재하는 형태)으로 메모리에 저장공간이 생성된다.

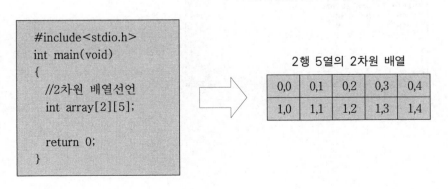

(2) 2차원 배열의 예

< 2차원 배열 P2_48 >

```c
#include<stdio.h>
int main(void)
{
    // 2차원 배열의 선언
    int array[2][5];  // 2행 5열의 배열 선언
    array[0][0]=1;  array[0][1]=2;  array[0][2]=3; array[0][3]=4;  array[0][4]=5;
    array[1][0]=6;  array[1][1]=7;  array[1][2]=8; array[1][3]=9;  array[1][4]=10;
    // 0행 출력
    printf("%d %d %d %d %d \n",array[0][0], array[0][1], array[0][2], array[0][3],
            array[0][4]);
    // 1행 출력
    printf("%d %d %d %d %d \n",array[1][0], array[1][1], array[1][2], array[1][3],
            array[1][4]);
    return 0;
}
```

< P2_48 실행결과 >

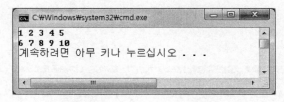

< 2차원 배열 P2_49 >

```c
#include<stdio.h>
int main(void)
{
    int array[2][2] = {10, 20, 30, 40};

    printf("%2d %2d \n", array[0][0],array[0][1]);
    printf("%2d %2d \n", array[1][0],array[1][1]);
    printf("================== \n");
```

```
    printf("%x %x \n", &array[0][0],&array[0][1]);
    printf("%x %x \n", &array[1][0],&array[1][1]);
    printf("-------------------- \n");
    return 0;
}
```

< P2_49 실행결과 >

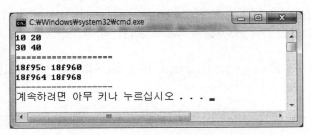

위의 프로그램은 배열에 저장된 데이터를 10진수로 출력하고 각각의 데이터의 물리적 주소를 16진수로 출력하였다. 정수형 데이터이므로 주소가 4바이트씩 차이가 남을 알 수 있다.

2.8 구조체와 공용체

2.8.1 구조체

구조체란 자료형이 같거나 서로 다른 하나 이상의 변수들을 묶어서 그룹화하는 것을 말한다.

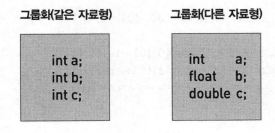

(1) 구조체 정의

구조체를 정의하기 위해서는 구조체 시작을 알리는 struct 키워드를 지정하고, 구조체 이름을 쓴 다음에, 중괄호 안에 구조체를 구성하는 구조체 맴버 변수들의 이름을 적는다.

```
① 구조체의 시작을 알리는 키워드
        ② 구조체 이름
struct   point
{
    int x;  ③ 멤버 변수
    int y;  ③ 멤버 변수
};
```

다음의 그림처럼 구조체 정의는 마치 전역변수처럼 main 함수 앞에서 하며 3개의 구조체 변수를 구조체 정의와 동시에 선언하고 있다.

구조체 변수 p1, p2, p3는 point 구조체가 가지고 있는 int x, int y 변수 2개를 서로 다른 위치에 모두 같이 가지고 있게 된다.

```
#include <stdio.h>
struct point
{
    int x;
    int y;
} p1, p2, p3;

int main(void)
{
    ...
    return 0;
}
```

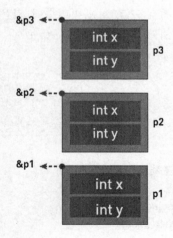

결과는 같지만 다음 그림은 구조체 정의와 구조체 변수 선언을 별도로 하고 있다.

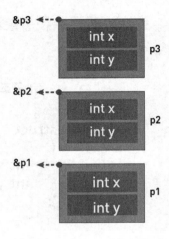

```
#include <stdio.h>
struct point
{
    int x;
    int y;
};

int main(void)
{
struct point p1, p2, p3;
...
    return 0;
}
```

(2) 구조체 사용법

구조체를 사용하기 위해서는 먼저 구조체를 정의하고 구조체 변수를 선언하여 실제 메모리에 변수가 생성되게 한 다음에 맴버변수에 접근하여 사용하게 된다.

실제로 구조체 맴버변수에 값을 대입하거나 값을 읽어 올 때에는 다음 그림처럼 접근연산자를 사용해야 한다.

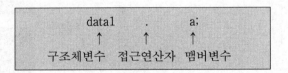

< 구조체 P2_50 >

```
#include <stdio.h>
struct group                    // group 구조체 정의
{
    int age;
    double weight;
};
int main(void)
```

```
{
    struct group data1;        // group 구조체 변수 data1 선언
                               // 이 시점에서 실제 메모리에 할당된다.
    data1.age=25;              // 구조체 변수로 멤버 변수 접근하여 사용
    data1.weight=65.1234;      // 구조체 변수로 멤버 변수 접근하여 사용

    printf("data1.age의 값: %d \n", data1.age);
    printf("data1.weight의 값: %lf \n", data1.weight);
    return 0;
}
```

< P2_50 실행결과 >

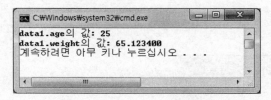

구조체 변수를 선언함과 동시에 초기화시킬 때에는 중괄호 안에 변수의 개수에 맞게 순서에 맞추어 대입해야 한다. 만약 구조체 변수의 선언과 구조체 변수의 초기화를 따로 하면 에러가 발생한다.

```
struct point p1;
p1= {10, 20};    //에러가 발생
```

< 구조체 초기화 P2_51 >

```
#include <stdio.h>
struct point
{
    int x;
    int y;
};
```

```
int main(void)
{
    struct point p1= {20, 20};      // 구조체 변수의 초기화
    struct point p2= {40, 40};      // 구조체 변수의 초기화
    struct point p3= {0, 0};        // 구조체 변수의 초기화

    p3.x = p2.x - p1.x;
    p3.y = p2.y - p1.y;

    printf("좌표값의 차이 : p3.x = %d, p3.y = %d \n", p3.x, p3.y);

    return 0;
}
```

< P2_51 실행결과 >

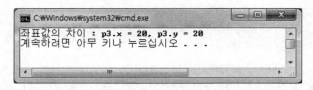

구조체 변수간에 값을 복사할 경우에는 구조체의 맴버들이 같은 구조하에서 대입연산자를 사용하면 위의 예제처럼 간단히 값을 전달할 수 있다.

(3) 구조체와 배열

구조체 안에 배열을 같이 사용할 수 있으며 다음의 예제와 같이 사용한다.
배열을 갖고 있는 구조체를 배열로 선언하여 학번, 성명, 수학, 영어점수 등 데이터를 초기화한 후 총점을 계산하여 배열에 기억시키면서 출력하는 프로그램이다.

< 구조체와 배열 P2_52 >

```
#include <stdio.h>
struct student
```

```
{
    char number[11];
    char name[20];
    int math;
    int english
    int total;
};

int main(void)
{
    int i=0;
    struct student stu[3]= {
        {"1211101234", "김다빈", 85, 76, 0 },
        {"1211101235", "홍수근", 92, 85, 0 },
        {"1211101236", "이경찬", 76, 90, 0 }
    };
    for(i=0; i<3; i++)
    {
        stu[i].total = stu[i].math + stu[i].english;
        printf(" 학번: %s, 이름: %s ", stu[i].number, stu[i].name);
        printf(" 수학: %d 영어: %d ", stu[i].math, stu[i].english);
        printf(" 총점: %d \n", stu[i].total);
        printf(" \n");
    }
    return 0;
}
```

< P2_52 실행결과 >

```
C:\Windows\system32\cmd.exe

학번: 1211101234, 이름: 김다빈   수학: 85 영어: 76   총점: 161

학번: 1211101235, 이름: 홍수근   수학: 92 영어: 85   총점: 177

학번: 1211101236, 이름: 이경찬   수학: 76 영어: 90   총점: 166

계속하려면 아무 키나 누르십시오 . . .
```

2.8.2 공용체

공용체는 멤버변수들 중 가장 큰 메모리 공간을 '공유'해서 사용하는 특징을 가지고 있다. 공용체를 선언할 때 'union' 키워드 사용하며 멤버변수의 선언과 멤버변수 접근 방법 등 사용법은 앞에서 언급한 구조체와 동일하다.

(1) 구조체와 공용체의 차이점

구조체는 다음의 그림과 같이 멤버변수마다 각기 다른 메모리 공간을 할당받아서 사용한다.

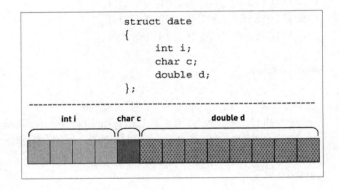

공용체는 멤버변수들 중에 가장 공간이 큰 것 1개만 메모리를 할당하고 그 메모리 공간에 멤버변수들을 공동으로 사용한다. 다음 그림에서 double형이 8바이트로 가장 크므로 8바이트 1개만 저장 공간으로 할당되어 다른 맴버변수들과 같이 사용한다. 이 같은 특징이 구조체와 가장 큰 차이점이다.

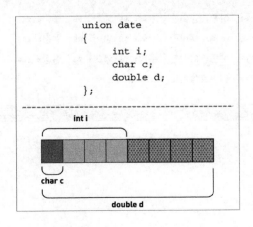

공용체에서는 같은 기억장소를 사용하므로 다음 예제와 같이 잘못 다룰 경우에는 데이터가 덮어써져서 값을 잃어버리는 경우가 발생할 수 있다.

(2) 구조체와 공용체 사용법

< 공용체 P2_53 >

```
#include<stdio.h>
union point      // 공용체 정의
{
    int x;
    int y;
};
int main(void)
{
    union point data1;
    data1.x = 10;
    data1.y = 20;

    printf("%d %d \n", data1.x, data1.y);
    printf("%d \n", sizeof(union point));
    return 0;
}
```

< P2_53 실행결과 >

위의 프로그램에서 공용체인 data1.x와 data1.y는 4바이트 멤버변수가 2개이지만 가장 큰 것 1개만 할당하므로 4바이트만을 할당하였다. 만약 구조체였으면 4바이트 멤버변수가 2개이므로 8바이트를 할당했을 것이다.

data1.x에 먼저 10을 대입하고 다시 같은 기억장소를 사용하고 있는 data1.y에 20을 대입하면 값이 덮어써지는 결과가 생기게 되어 출력의 결과를 보면 모두가 20을 출력한다. 공용체 사용 시 이러한 경우가 일어나지 않도록 유의해야 한다.

2.8.3 비트필드

8비트로 구성된 바이트는 메모리를 액세스하는 최소 단위이다. 따라서 아무리 작은 크기의 비트 수로 처리되는 데이터도 8비트의 메모리를 사용한다. 즉 1비트의 데이터도 8비트를 사용해야 한다. 따라서 C언어에 있는 비트필드라는 개념을 사용하면 n비트로 처리되는 데이터는 n비트를 할당하여 사용할 수 있다.

프로그램을 작성할 때 다음과 같이 0 또는 1, TRUE 또는 FALSE 등 1비트 정보만으로 표현이 가능한 플래그라 불리는 변수를 사용하는 경우가 많다.

```
unsigned char SW=1;
 if(SW) {
    ........
 }
 else {
    ........
 }
```

이 경우에 TRUE 또는 FALSE 정보를 위해서 1바이트의 SW변수를 사용하였다. 만약 int 타입의 변수를 사용하였다면 4바이트가 사용되었을 것이다. 이는 메모리 낭비의 원인이 된다.

1바이트면 8개의 플래그를 사용할 수 있다. 이와 같이 비트필드를 사용하면 메모리 공간의 낭비를 줄일 수 있다. 특히 자동화 분야에서 1비트 정보 가지고 솔레노이드 밸브나 모터 등 각종 액추에이터들을 ON/OFF 동작시키는 데 유용하게 사용할 수 있다.

(1) bit field 정의

마이크로컨트롤러나 PC로 제어할 때 1바이트 중에 각각 1비트들의 값을 효율적으로 사용할 수 있는 방법으로 많이 사용된다.

구조체로 선언 시에 unsigned char 타입의 비트들의 값을 초기화시키면서 정의하는 방법은 다음 그림과 같다.

```
unsigned char     d3:    1;
     ↓             ↓      ↓
 데이터 타입       이름   크기(bit)
```

1) bit field 정의 방법

"데이터 타입", "이름", ":", "비트 크기" 순서로 정의한다. 비트 크기는 일반적으로 1로 하는 경우가 대부분이지만 원하는 만큼 크게 사용해도 된다. 즉 4비트가 할당되면 0~15까지 값을 대입할 수 있다.

```
struct byte {   //구조체 대표이름
        unsigned char d0:1;
        unsigned char d1:1;
        unsigned char d2:1;
        ...............
        unsigned char d7:1;
};
```

2) bit field 선언 후 사용법

```
 struct byte a;  //bit field 구조의 자료선언
a.d0 = 1;          //멤버에 비트 값 할당
a.d1 = 0;
a.d2 = 1;
......
a.d7 = 1;
```

(2) bit field 사용법

< 비트필드 P2_54 >

```
#include<stdio.h>

struct byte {          //구조체 대표이름
        unsigned char d0:1;
        unsigned char d1:1;
        unsigned char d2:1;
        unsigned char d3:1;
        unsigned char d4:1;
        unsigned char d5:1;
        unsigned char d6:1;
        unsigned char d7:1;
};
```

```c
int main(void)
{
struct byte a;

        a.d0 = 1;          //멤버에 비트값 할당
        a.d1 = 0;
        a.d2 = 1;
        a.d3 = 0;
        a.d4 = 1;
        a.d5 = 0;
        a.d6 = 1;
        a.d7 = 1;

printf("d0 : %d \n", a.d0);
printf("d1 : %d \n", a.d1);
printf("d2 : %d \n", a.d2);
printf("d3 : %d \n", a.d3);
printf("d4 : %d \n", a.d4);
printf("d5 : %d \n", a.d5);
printf("d6 : %d \n", a.d6);
printf("d7 : %d \n", a.d7);

return 0;
}
```

< P2_54 실행결과 >

```
C:\Windows\system32\cmd.exe
d0 : 1
d1 : 0
d2 : 1
d3 : 0
d4 : 1
d5 : 0
d6 : 1
d7 : 1
계속하려면 아무 키나 누르십시오 . . .
```

< 비트필드 P2_55 >

```c
#include<stdio.h>

struct bitset
```

```
{
    unsigned int sol_valve1 : 1;
    unsigned int sol_valve2 : 1;
    unsigned int conveyor1 : 1;
    unsigned int conveyor2 : 1;
    unsigned int FND_data  : 4;
};

int main(void)
{
    struct bitset dataflg;

    dataflg.sol_valve1 = 1;
    dataflg.sol_valve2 = 0;
    dataflg.conveyor1 = 1;
    dataflg.conveyor2 = 0;
    dataflg.FND_data  = 9;

    printf("sol_valve1 : %d \n", dataflg.sol_valve1);
    printf("sol_valve2 : %d \n", dataflg.sol_valve2);
    printf("conveyor1 : %d \n", dataflg.conveyor1);
    printf("conveyor2 : %d \n", dataflg.conveyor2);
    printf("FND_data : %d \n", dataflg.FND_data);

    return 0;
}
```

< P2_55 실행결과 >

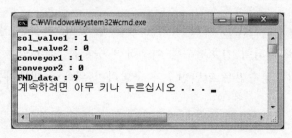

위의 프로그램에서 솔레노이드 밸브나 컨베이어를 ON, OFF시키는 목적으로 사용하는 1비트 정보는 비트 크기를 1로 하였고 FND는 0~9까지 숫자를 출력하므로 4비트 크기의 정보가 필요하여 4비트로 하였다. 4비트 크기이면 0~15까지 값을 대입하여 사용할 수 있다.

2.8.4 프리프로세서

C언어에는 컴파일하기 전(前)에 다양한 서비스 처리를 해주는 프리프로세서 기능이 있으며 기호정수의 정의나 매크로 정의 등의 기능을 전처리를 행하는 것이 프리프로세서이다.

(1) 파일의 삽입 #include문

#include문은 지정된 파일을 디스크 상에서 불러들여서 컴파일 시에 삽입한다.

```
#include <stdio.h>
#include "c:\PC_CONTOL\my.h"
```

사용자가 지정한 헤더 파일을 사용할 때에는 #include "c:\PC_CONTOL\my.h"와 같이 경로와 함께 지정하여 전처리하도록 한다. 단, 헤더 파일이 프로젝트 폴더 안에 있을 경우에는 파일명만 기록하고 이중인용부호로 감싸주어야 한다.

(2) 매크로 정의 #define문

#define문은 단순한 문자열 치환과 인수를 포함하는 문자열 치환이 있다.

1) 기호정수 정의

```
#define TRUE 1
#define FALSE 0
```

위와 같이 정의한 후 if(flsg == TRUE) … 와 같이 이용할 수 있다. 이것은 전처리 단계에서 if(flag == 1) … 로 치환되어 기호정수를 이용하면 숫자를 의미 있는 이름으로 사용할 수 있다. 이때 기호정수명은 일반변수와 구별하기 위해서 대문자를 사용한다.

2) 매크로 정의

```
#define fun(a,b) ((a) * (b))
#define putd(dt) printf("%d\n", dt)
```

매크로 정의는 함수처럼 인수 전달 형태로 문자열을 정의한다.

```
#define fun(a,b) ((a) * (b))
#define putd(dt) printf("%d\n", dt)
```

선언부에 위와 같이 정의되어 있는 경우에 이후 프로그램에서 다음과 같은 소스는

```
x=fun(100, n);
putd(123);
```

다음과 같이 치환된다.

```
x=((100) * (n));
printf("%d\n", 123);
```

(3) 표준 매크로

C언어에는 개발자들의 편의를 위해서 다음 표와 같은 4가지의 미리 정의되어 있
는 매크로가 있다.

표준 매크로	설 명
__LINE__	현재 위치의 소스코드의 행번호를 나타내며 %d를 사용한다.
__FILE__	현재 위치의 소스코드의 파일을 나타내며 %s를 사용한다.
__DATE__	현재 위치의 소스코드의 컴파일 날짜를 나타내며 %s를 사용한다.
__TIME__	현재 위치의 소스코드의 컴파일 시간을 나타내며 %s를 사용한다.

< 표준 매크로 P2_56 >

```
#include <stdio.h>
int main(void)
{
printf("행 번호: %d \n", __LINE__);
printf("파일 이름:_ %s \n", __FILE__);
printf("컴파일 날짜: %s \n", __DATE__);
printf("컴파일 시간: %s \n", __TIME__);
return 0;
}
```

< P2_56의 실행 결과 >

```
행 번호: 5
파일 이름:_ c:₩users₩ympark₩documents₩visual stu
st1.c
컴파일 날짜: Jun 26 2013
컴파일 시간: 09:25:36
계속하려면 아무 키나 누르십시오 . . .
```

(4) 조건부 컴파일

조건부 컴파일은 다음과 같이 if문과 비슷하게 사용하며 수치 정수식을 비교하여 조건에 맞게 컴파일할 수 있다. 이때 #elif, #else는 필요하지 않으면 생략이 가능하다.

```
#if (switch < 1)          ⇐ 조건식
  result = su1 + su2;     ⇐ if 조건이 맞으면 컴파일할 문장
#elif (switch == 1)       ⇐ 조건식
  result = su1 - su2;     ⇐ elif 조건이 맞으면 컴파일할 문장
#else
  result = su1 / su2;     ⇐ 위의 모든 조건이 맞지 않으면 컴파일할 문장
#endif
```

메모리 상황에 맞게 변수의 크기를 결정하도록 선언하는 예제를 살펴보자.

```c
// USART0 Receiver buffer
#define RX_BUFFER_SIZE0 12
char rx_buffer0[RX_BUFFER_SIZE0];

#if RX_BUFFER_SIZE0<256
  unsigned char rx_wr_index0, rx_rd_index0, rx_counter0;
#else
  unsigned int rx_wr_index0, rx_rd_index0, rx_counter0;
#endif
```

위의 예제의 경우는 변수를 선언할 경우에 메모리의 크기에 제약이 있는 경우에 상황에 따라서 메모리를 적게 사용해야 할 경우에는 unsigned char로 1바이트 크

기로 변수를 선언하고 메모리에 여유가 있으면 unsigned int로 4바이트 크기로 변
수를 선언하는 예이다.

< 조건부 컴파일 P2_57 >

```
#include <stdio.h>
#define SWITCH 1

int main(void)
{
        int su1=10, su2=5;
        double result=0.0;

        #if(SWITCH < 1)
                result = su1 + su2;
                printf("덧셈결과: %lf \n", result);
        #elif(SWITCH == 1)
                result = su1 - su2;
                printf("뺄셈결과: %lf \n", result);
        #elif(SWITCH == 2)
                result = su1 * su2;
                printf("곱셈결과: %lf \n", result);
        #else
                printf("모든 조건이 맞지 않습니다. \n");
        #endif
        return 0;
}
```

< P2_57의 실행 결과 >

조건부 컴파일에 의해서 해당하는 문장만이 컴파일되어 실행하므로 다음과 같은
결과를 볼 수 있다.

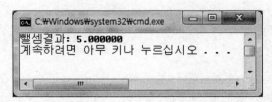

· 연습문제 ·

[문제 1] 10명 학생의 성적인 C언어, PC제어, PLC제어 등 3과목의 점수를 키보드로부터 입력받아서 아래와 같은 2차원 배열에 저장하고 총점과 평균을 구하는 프로그램을 작성하시오.
먼저 점수를 For문을 사용하여 10명의 점수를 키보드로부터 입력받으면서 총점과 평균을 계산하고 배열에 저장한다. 다시 For문을 사용하여 전체 10명에 대하여 학번부터 평균까지 출력한다.

<2차원 배열의 모양>

학번	C언어	PC제어	PLC제어	총점	평균
1					
2					
....					
10					

[문제 2] 센서로부터 입력되는 데이터들을 하나로 묶어서 정리하고자 한다. 다음의 정보를 하나의 구조체로 선언하시오.
장치번호(문자), 온도값(실수), 습도값(정수), 동작상태(True/False)

[문제 3] 다음 그래프와 관련된 프로그램을 보고 그 출력 결과를 그림으로 그리시오.

```c
#include <stdio.h>
    struct point
    {
            int x;
            int y;
    };
    int main(void)
    {
            struct point p;
            p.x = 2;
            p.y = 4;
            printf("%d %d \n", p.x, p.y);
            printf("%d %d \n", p.x+3, p.y+3);
            return 0;
    }
```

C언어와
마이크로프로세서

Chapter 3

통신 프로그래밍

3.1 제어 소프트웨어

3.2 시리얼 통신 개요

3.3 API RS-232C 통신 프로그래밍

통신 프로그래밍

3.1 제어 소프트웨어

(1) PC 기반 제어 소프트웨어

PC 기반의 제어 소프트웨어는 그림과 같이 PC 내부에 제어보드를 탑재한 경우와 PC와는 독립적으로 동작하는 제어기가 있고 PC와 제어기가 통신을 통하여 제어를 실현하는 두 방법으로 나눌 수 있다.

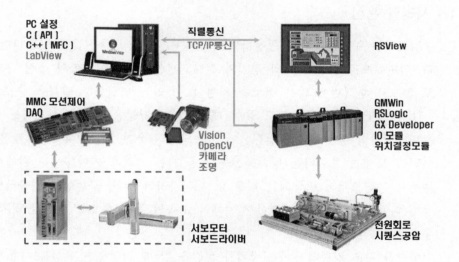

PC 내부에 제어보드를 탑재한 경우는 모션제어보드가 그 대표적인 예로 제어 소프트웨어 개발은 제어보드를 공급하는 업체에서 제공하는 라이브러리나 툴을 이용하게 된다.

독립적인 제어기를 통신으로 연결하는 경우는 EtherNet/IP 기능을 탑재한 분산 I/O 제어기나 PLC 등으로 이 역시 업체에서 제공하는 라이브러리나 툴을 이용하거나 PC에서 사용되는 범용 개발 툴을 이용하여 개발한다.

(2) 인터페이스

PC 제어 소프트웨어 개발을 위해서는 무엇보다 먼저 PC와 제어보드나 제어기 사이의 인터페이스 방법과 제어기, 제어보드가 제어대상물과 어떻게 연결되며 서로 어떤 의미의 신호를 주고받는지 그 인터페이스를 정확히 파악할 필요가 있다.

PC와 연결되는 인터페이스는 주로 내부버스를 이용하거나 RS-232C, EtherNet/IP 등의 표준 인터페이스가 사용되며 제어대상물과의 인터페이스는 제어기에 따라 다르다. 이들 중 가장 범용적이며 기본적인 인터페이스인 RS-232C 통신프로그래밍에 대하여 살펴본다.

3.2 시리얼 통신 개요

(1) 시리얼 통신

컴퓨터와 주변장치와의 통신방법은 병렬통신과 직렬통신 2가지로 나눌 수가 있다. 일반적으로 컴퓨터 내의 장치와 정보교환을 할 때는 고속의 통신 속도를 필요로 하므로 한꺼번에 많은 정보를 교환할 수 있는 병렬통신 방식을 주로 쓴다.

HDD, FDD, VIDEO 카드 등이 대표적인 병렬통신 방식을 사용하는 장치이다. 주변장치와의 통신에도 병렬통신이 사용되는 경우가 있는데 비교적 많은 양의 데이터를 보내는 프린터는 병렬통신을 사용한다. 그러나 병렬통신을 위해서는 여러 선을 사용함으로서 발생되는 비용 및 통신거리의 제한, 구현상의 기술적인 어려움 등이 따른다. 또한 어플리케이션 자체가 고속의 통신 속도를 필요로 하지 않을 경우도 많다.

이러한 경우 컴퓨터가 주변장치와 통신을 할 때 직렬통신 방식을 사용한다. 직렬통신이란, 한 순간에 하나의 비트만을 주변장치와 송수신하는 방식으로 구현하기가 쉽고, 비교적 먼 거리 간에도 통신이 가능하며, 기존의 통신선로(전화선)를 쉽게 활용할 수가 있어 비용의 절감이 크다는 장점이 있다.

직렬통신의 예로 MODEM, RS-232, RS-422, RS-485 및 X.25 등이 있다. 직렬통신을 위한 대표적인 인터페이스가 RS-232C 표준 인터페이스이다.

1) 비트 단위 데이터 전송

시리얼 통신에서 송신측은 시작비트를 먼저 송신하고 이어서 데이터 비트를 한

번에 1비트씩 송신하며, 모든 데이터 비트의 송신이 완료되면 스톱비트를 송신한다. 수신측에서는 시작비트가 감지된 이후에 수신된 데이터 비트들을 조립하여 바이트를 만들게 된다. 데이터 비트의 수신은 스톱 비트가 감지될 때까지 계속한다. 그러므로 송신측과 수신측은 데이터 비트의 수와 통신 속도, 스톱 비트를 동일하게 맞출 필요가 있다.

데이터 비트의 수의 설정 가능 값은 5, 6, 7, 8이나 대부분의 장비는 7 또는 8을 데이터 비트로 사용한다. 7 데이터 비트라고 설정되어 있는 경우에는 127보다 큰 ASCII 값을 보낼 수 없다.

스톱 비트의 값은 1 의 값, 또는 기호이다. 기호라면, 이전 데이터 비트의 값이 1 이라도, 확실하게 스톱 비트로서 잡는 것이 가능하다. 스톱비트의 데이터 길이는 1, 1.5, 2비트의 어느 쪽이나 될 수 있다.

2) 데이터 통신 속도

데이터 전송 속도는 BPS(BPS : Bit Per Second) 또는 Baud Rate로 나타낸다. BPS란 1초에 몇 개의 비트가 전해지는가를 말한다.

1200BPS는 1초에 1200개의 비트가 전달되는 것이며, 9600BPS는 1초에 9600개의 비트가 전달된다. 그러나 Baud Rate는 약간 다르다. 대부분의 신호 전달은 하나의 신호에 하나의 비트로 대응된다. 이 경우에는 BPS와 Baud Rate가 같다. 그러나 하나의 신호에 두 개 또는 세 개의 비트가 전달되는 경우도 있다.

두 개인 경우는 디비트(Di-Bit), 세 개인 경우는 트리비트(Tri-Bit)라고 하며, 네 개인 경우는 쿼드비트(Quad-Bit)라고 한다.

Baud Rate는 1초에 몇 개의 신호가 전달되는가를 나타내는 단위이다. 디비트를 이용하여 1200BPS로 통신을 하는 경우에 Baud Rate는 1200의 반인 600이 되며 트리비트인 경우에는 BPS의 ⅓인 400이 된다.

신호와 비트의 대응은 변복조에 관련된 것으로, 고속 통신을 하고자 하는 경우에는 효율과 정확성이 높은 방법을 택하여 통신을 하게 된다.

3) 동기식(Synchronous)과 비동기식(Asynchronous)

디지털 설계의 관점으로는 "동기 클록이 있느냐 없느냐"에 따라 혹은 "모든 하드웨어가 단일 클록에 맞추어 동작하는가?"에 따라 동기식과 비동기식으로 나눌 수 있다.

그러나 통신방식의 관점에서는 전송하고자 하는 데이터 이외의 데이터를 주고받으면서 "송수신이 제대로 이루어졌는지 확인하는 기능이 있느냐"에 따라 동기식과 비동기식을 나눈다.

송수신이 제대로 이루어졌는지 확인하는 기능이 있다면 동기식이며, 단순히 송신하는 쪽에서 데이터에 시작비트와 정지비트를 추가해서 보내고 수신하는 쪽에서 수신데이터만을 갖고 바이트로 복원하는 방식이 비동기 방식이다.

① 동기식 전송 방식(STM : synchronous transfer mode)

동기 신호로 송신하는 데이터 전송 방식. 전송이 시작될 경우에 미리 정하여진 동기 신호열이 전송되어 수신 측과 동기를 맞춘 뒤 데이터를 전송하는 방식이다.

동기식 전송은 한 문자 단위가 아니라 미리 정해진 수만큼의 문자열을 한 묶음으로 만들어서 일시에 전송하는 방법이다. 이 방법에서는 데이터와는 별도로 송신측과 수신측이 하나의 기준 클록으로 동기신호를 맞추어 동작한다. 수신측에서는 클록에 의해 비트를 구별하게 되므로, 동기식 전송을 위해서는 데이터와 클록을 위한 2회선이 필요하다. 송신측에서 2진 데이터들을 정상적인 속도로 내보내면, 수신측에서는 클록의 한 사이클 간격으로 데이터를 인식하는 것이다. 동기식 전송은 비동기식에 비해 전송효율이 높다는 것이 장점이지만 수신측에서 비트 계산을 해야하며, 문자를 조립하는 별도의 기억장치가 필요하므로 가격이 다소 높은 것이 단점이다.

② 비동기식 전송 방식(ATM : asynchronous transfer mode)

에디터 내에 동기신호를 포함시켜 데이터를 전송한다. 송신측의 송신 클록에 관계없이 수신신호 클록으로 타임 슬롯의 간격을 식별하여 한 번에 한 문자씩 송수신한다. 이때 문자는 7~8 비트로 구성되며, 문자의 앞에 시작비트(start bit)를, 끝에는 정지비트 (stop bit)를 첨가해서 보내는 방법이다. 비동기식 전송은 시작비트와 정지비트 사이의 간격이 가변적이므로 불규칙적인 전송에 적합하다. 또한 필요한 접속장치와 기기들이 간단하므로 동기식 전송 장비보다 값이 싸다는 장점이 있다.

4) 전송 모드

① 단방향 통신(Simplex)

언제나 수신만 할 뿐 송신은 할 수 없다. 반대로, 송신만 하고 수신은 할 수 없는 경우에도 단방향 통신이다. 쉬운 예로는 라디오, TV, Pager 또는 호출기 일명 삐삐가 단방향 통신의 대표적이다.

송신 전용

수신 전용

② 반 이중 통신(Half Duplex)

하나의 신호선(실제는 두 개의 신호선임 : 하나는 신호선 다른 하나는 기준선)을
가진 2선식 선로 구성일 때 이용되는 통신 모드이다. 한쪽에서 송신을 하고 있을
경우에는 다른 쪽에서는 송신을 할 수가 없다. 한쪽이 다 끝난 다음에야 비로소 송
신을 할 수가 있다. 송신도 수신도 가능하지만 어느 한 순간에는 둘 중 하나의 기
능만이 가능하다. 쉬운 예로는 워키토키와 같은 무전기가 있다.

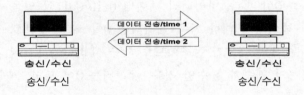

송신/수신

송신/수신

③ 전 이중 통신(Full Duplex)

상대편으로부터 데이터가 들어오고 있는 동안에도 상대편으로 데이터의 전송이
가능한 방식을 말한다. 이 방식은 데이터 송신 선과 수신 선이 구분되어 있는 4선
식에서 사용된다.

송신/수신

송신/수신

④ 에코(Echo)

산에서 "야호"라고 외치면 맞은편의 산에서 반사가 되어 되돌아오는데 우리는
이것을 메아리(Echo)라고 부른다. 메아리처럼 자신이 보낸 데이터가 도로 돌아오
는 현상을 통신에 있어서 에코라고 한다.

5) 패리티 비트(Parity Bit)

시리얼 통신에서는 스타트 비트와 스톱 비트에 의하여 데이터의 단락이 구분되지만, 각 단락 내부 데이터의 구조를 확인해야 하는 경우가 있다. 여기서 확인이란, "데이터의 송신 중에 데이터에 어떠한 누락이 생기고 있지 않을까"를 점검하는 것으로, 그것을 체크하는 것이 패리티 비트이다.

패리티에는 짝수 패리티(Even parity), 홀수 패리티(Odd parity), 마크 패리티(Mark parity), 스페이스 패리티(Space parity)의 4가지와, 혹은 패리티 없음(None at all)을 선택할 수 있다.

짝수 또는 홀수 패리티란, 각 데이터 바이트 중의 1의 개수를 헤아리고, 보내진 그 수가 짝수, 또는 홀수가 되도록 패리티 비트를 송신하는 방식을 말한다.

예를 들면, 짝수 패리티를 선택했다면, 데이터 중에 1의 개수가 짝수인 경우, 패리티 비트는 0이 된다. 바이너리 데이터 0110 0011이 있을 경우, 1의 개수가 짝수이므로 이 데이터에 대한 짝수 패리티는 0이 되고, 반대로 바이너리 데이터 1101 0110의 경우, 1의 개수가 홀수이므로 짝수 패리티는 1이 된다. 홀수 패리티는 데이터 중에 1의 개수가 홀수인 경우, 패리티는 0이 되고, 개수가 짝수인 경우 패리티는 1이 된다.

b7	b6	b5	b4	b3	b2	b1	b0		ASCII	문자
0	1	0	0	0	0	0	1	⊏	65	A
0	1	0	0	0	0	1	0	⊏	66	B
1	1	0	0	0	0	1	1	⊏	67	C
1	1	1	0	0	0	0	1	⊏	97	a
1	1	1	0	0	0	1	0	⊏	98	b
0	0	1	1	0	0	0	0	⊏	48	0
1	0	1	1	0	0	0	1	⊏	49	1

○ [짝수 패리티의 예]

위의 그림은 주로 통신에 많이 사용하는 ASCII Code로써 데이터는 7비트이고 여기에 1비트의 패리티비트를 추가하여 8비트로 통신을 한다. 이때 7번 비트는 짝수 패리티를 사용한다는 경우에 각 비트의 1의 개수가 짝수가 되도록 맞추기 위하여 1이나 0이 b7에 추가되어 있는 것을 볼 수 있다. 이렇게 송신할 때 패리티비트를 추가하여 송신하고, 수신하는 곳에서는 b7의 패리티비트와 1의 개수를 비교하여 통신시에 에러가 발생했는지를 판단한다.

패리티 비트에 의한 에러 체크는 가장 기본적인 방법이다. 하지만, 패리티 방식은, 에러가 발생했을 때, 에러의 존재를 알리는 것은 가능하지만, 에러가 데이터의 어느 부위에서 발생했는지를 알 수 없다. 또, 데이터 전송 시 데이터 내부에 짝수개의 에러가 발생했을 경우, 패리티 비트로 에러를 검출하는 것이 불가능하다.

(2) RS-232C

RS-232C는 시리얼 통신을 위한 데이터 단말장치(DTE)와 데이터 통신장치(DCE) 사이의 인터페이스에 대한 정의로 통신을 위한 신호선의 조건을 표준화시켜놓은 것이라고 할 수 있다.

RS-232C에서는 기본적으로 통신상의 인터페이스 장애에 대한 대책 등을 위해 여러 핸드셰이킹 핀들을 사용하고 있으나 현재는 주로 3선(GND, TXD, RXD)만으로 통신을 하고 있다. 특히 현재 가장 많이 사용되는 RS232C용 커넥터는 9핀으로, 다음 그림과 같다.

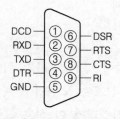

❂ [RS-232C 핀 정의]

1) GND

하드웨어의 디지털 논리에서 0V와 5V의 전압을 구분하는 기준전압이다. 결국이 핀의 전압을 기준으로 다른 신호선의 전압이 5V일 때를 '1', 0V일 때를 '0'으로 판단할 수 있다.

2) RXD/TXD

외부장치와 정보를 송·수신할 때, 데이터 신호를 입력받는 핀이 RXD(수신)이며 외부장치로 정보를 보낼 때, 데이터가 나오는 신호선이 TXD(송신) 라인이다.

3) RTS/CTS

RTS 신호는 컴퓨터와 같은 DTE 장치가 모뎀 또는 프린터와 같은 DCE 장치에게 데이터를 받을 준비가 됐음을 알리는 신호선이며 CTS 신호는 모뎀 또는 프린터와 같은 DCE 장치가 컴퓨터와 같은 DTE 장치에게 데이터를 받을 준비가 됐음을 알리는 신호선이다.

4) DTR/DSR

DTR 신호는 컴퓨터 또는 터미널이 모뎀에게 자신이 송수신 가능한 상태임을 알리는 신호선이며 일반적으로 컴퓨터 등이 전원 인가 후 통신포트를 초기화한 후이 신호를 출력시킨다. DSR 신호는 모뎀이 컴퓨터 또는 터미널에게 자신이 송수신 가능한 상태임을 알려주는 신호선이며 일반적으로 모뎀에 전원이 인가되면 모뎀이 자신의 상태를 파악한 후 이상이 없을 때 이 신호를 출력시킨다.

5) DCD

DCD 신호는 모뎀이 상대편 모뎀과 전화선 등을 통해서 접속이 완료되었을 때, 상대편 모뎀이 캐리어 신호를 보내오며 이 신호를 검출하였음을 컴퓨터 또는 터미널에 알려주는 신호선이다.

6) RI

RI 신호는 상대편 모뎀이 통신을 하기 위해서 먼저 전화를 걸어오면 전화벨이 울리게 되는데, 이때 이 신호를 모뎀이 인식하여 컴퓨터 또는 터미널에 알려주는 신호선이며 일반적으로 컴퓨터가 이 신호를 받게 되면 전화벨 신호에 응답하는 프로그램을 인터럽트 등을 통해서 호출하게 된다.

(3) RS-232C 케이블 제작

RS-232C 케이블 제작을 위한 준비물은 9핀 커넥터, 케이블, 인두, 스탠드, 납 등을 준비한다. 다음은 두 대의 컴퓨터가 RS232C 통신을 하기 위한 케이블 결선도로, 통신에 필요한 결선은 TXD, RXD, GND만 납땜하여 제작한다.

✪ [D-SUB 9Pin Female] ✪ [D-SUB 9Pin Male]

9핀 커넥터는 그림과 같이 암수 구별이 있으므로 커넥터가 꼽힐 포트를 확인한 후에 케이블을 제작해야 한다. RX핀은 상대편의 TX핀으로, TX핀은 상대편의 RX핀으로 연결하고 각각 5번 핀인 GND를 납땜하여 통신케이블을 제작한다. 이런 케이블을 RS232 크로스 케이블 또는 널모뎀 케이블이라고도 한다.

이 케이블은 소프트웨어적으로 통신의 흐름제어를 할 수 없다. 통신 프로그램을 제작할 때 프로그램의 흐름제어가 가능하도록 프로그래밍을 하려면 케이블도 별도로 각종 제어신호가 전달되도록 9Core 케이블로 제작해야 된다.

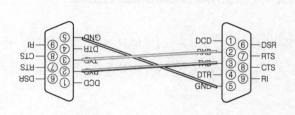

❍ [RS232C 크로스 케이블 결선도]

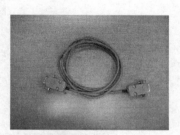

❍ [완성된 크로스 케이블]

통신 프로그래밍에 앞서, 제작된 RS-232C 통신 케이블과 윈도즈(OS)에서 제공하는 하이퍼터미널 프로그램을 이용하여 기초적인 통신실습을 진행해보자.

(4) 하이퍼터미널 설정 및 통신실험

하이퍼터미널은 PC가 모뎀과 직접 통신을 할 수 있도록 해주는 응용프로그램으로서, 기본적인 통신 요구를 만족시키기 위해 개발되어 크기가 작고 사용하기 쉬운 제품이다.

이 프로그램은 통신용 프로그램을 개발할 때 PC측의 통신프로그램을 대신하여 사용하거나 모뎀의 가용성을 시험하거나 문제점을 진단하는 데 유용하게 사용될 수 있다.

하이퍼터미널은 윈도 95/98/98SE/ME/NT 4 및 윈도 2000 등에서 운영체계의 보조프로그램 그룹에 포함되어 있다.

1) Windows XP에서 하이퍼터미널 설정하기

① 그림과 같이 "프로그램 → 보조프로그램 → 통신 → 하이퍼터미널"을 실행한다.

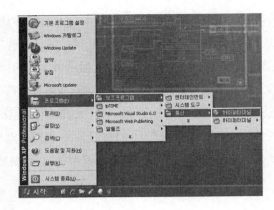

② 하이퍼터미널이 실행되면서 연결 설정을 저장하고 관리할 파일의 아이콘과 이름을 입력하는 창이 뜬다. 사용자가 원하는 아이콘 및 이름을 지정하고 확인 단추를 누른다.

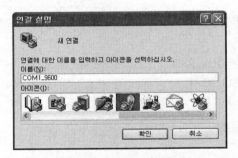

○ [하이퍼터미널 연결이름과 아이콘 지정]

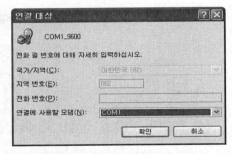

○ [통신연결을 사용할 포트선택 창]

연결대상 창에서는 RS-232C 케이블이 연결된 통신포트를 선택한다.(이는 제어판의 장치관리자에서 확인할 수 있다.)

③ 다음은 통신포트 설정창이 뜨는데, 비트/초는 1초당 몇 비트를 전송할 것인지 설정하는 것으로, 이 비트 속도에는 시작비트와 정지비트를 포함하고 있다. 그래서 통신 속도 9600bps, 시작비트 1, 정지비트 1, 패리티비트 0으로 설정하였을 경우에 이론적인 데이터 전송 속도는 다음과 같이 계산된다.

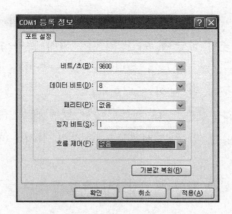

● [선택된 포트의 하드웨어 설정 창]

$$전송속도 = \frac{통신속도}{(시작비트수 + 데이터비트수 + 페리티비트 + 정지비트수)}$$

$$= \frac{9600}{(1+8+0+1)} = 960\text{Bytes}/\text{Sec}$$

흐름제어는 핸드셰이킹 기능의 RTS/CTS나 DTR/DSR 신호들을 사용하려면 해당되는 것을 선택하면 되며, 또한 흐름제어를 위한 XON/XOFF 프로토콜의 사용 여부를 선택하면 된다.

④ 확인 단추를 클릭하면 그림과 같이 하이퍼터미널의 메인창이 나타나며 앞에서 설정한 상태로 포트가 자동 연결된다.

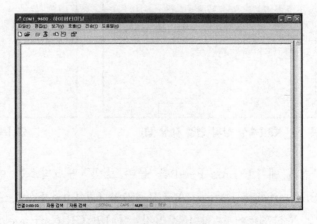

● [연결된 상태의 하이퍼터미널 메인 창]

이 상태에서 입력을 하면 워드나 에디터처럼 글자가 화면에 나타나지 않고 아무 반응이 없는데, 이는 입력이 되지 않아서가 아니라 키보드에서 입력된 값을 RS-232C 포트로 출력하고 있는 중이나, 다만 화면에 출력을 하지 않고 있기 때문에 안 보이는 것이다.

본인의 화면에는 상대 컴퓨터에서 보낸 데이터들만 표시된다. 이것을 내가 입력한 내용도 같이 표시하도록 하려면 설정하면 된다.

⑤ 먼저 그림과 같이 도구상자의 속성 단추를 클릭한다.

⑥ 등록정보에서 설정 탭을 클릭한다. 속성 탭 화면이 나타나면, "ASCII 설정" 단추를 클릭한다.

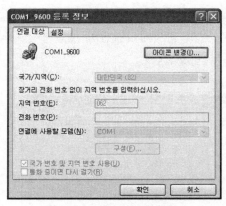

❂ [속성 창의 연결 대상 탭]   ❂ [속성 창의 설정 탭]

"줄 끝에 LF(Line Feed)를 붙여 보냄" 체크박스는 엔터키를 입력하였을 때, CR(Carriage return, ASCII 13)와 LF(Line Feed, ASCII 10)을 같이 화면 및 통신포트에 출력할 것인지, 아니면 CR(Carriage return, ASCII 13)만을 출력할 것인지를 결정한다. 여러 줄로 화면에 표시하고 싶으면, 이 체크박스를 클릭하면 된다.

⑦ "입력된 문자를 터미널 창에 표시" 체크박스는 키보드 입력을 통신포트로만
  출력하지 않고 화면으로도 같이 출력할 수 있도록 체크하는 부분으로, 이 체
  크박스를 클릭하고 확인단추를 누른다. 다음 그림처럼 자신의 하이퍼터미널
  에 입력을 하여 글자가 뜨는지 확인해본다.

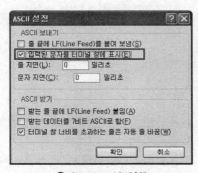

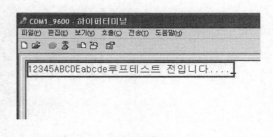

❂ [ASCII 설정창]   ❂ [터미널 창에 글자입력]

이제 하이퍼터미널을 이용해서 RS232C 통신을 할 수 있다. 이제까지 작업을
완료하면 다음 그림과 같이 보조프로그램의 통신 아래에 하이퍼터미널 그룹
에 연결이름으로 아이콘과 같이 등록되어 있는 것을 볼 수 있다.

❂ [하이퍼터미널 등록 완료]

2) Windows 7에서 하이퍼터미널 설정하기

하이퍼터미널은 Windows XP에서는 보조프로그램에 기본적으로 탑재되어 있었
으나 비스타 이후로는 기본적으로 윈도에서 제공하지 않아서 필요할 때에 별도로
설치해서 사용해야 한다.

하이퍼터미널은 Hilgraeve사에서 마이크로소프트를 위해 개발하였다. Hilgraeve

는 고객들에게 하이퍼터미널의 업그레이드 버전을 http://www.hilgraeve.com에
서 무료로 다운로드할 수 있도록 제공한다.

① hypertrm.dll과 hypertrm.exe의 하이퍼터미널 프로그램을 다운로드한다.
② 먼저 제어판에서 장치관리자에서 통신포트를 확인한다.

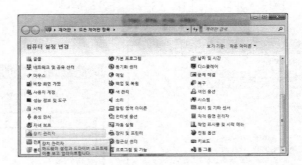

장치관리자에서 포트를 선택하고 통신포트(COM1)에서 마우스 우측버튼으로
속성을 선택한다. 9600BPS, 데이터비트 8, 패리티 없음, 정지비트 1, 흐름제
어 없음 등으로 선택되어 있는지 확인하고 틀리면 맞게 수정한다.

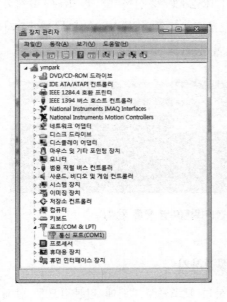

③ 다운로드한 hypertrm.dll과 hypertrm.exe을 C:\Windows\System32 디렉토
리에 복사하여 설치할 준비를 한다.

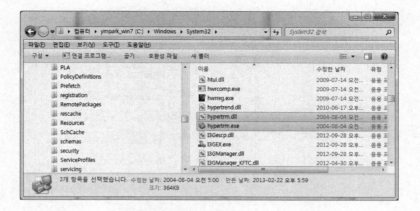

④ hypertrm.exe을 실행하여 설치를 시작하며 메시지대로 설치를 완료한다.
하이퍼터미널이 기본 텔넷프로그램으로 허락한다.

하이퍼터미널의 접속 이름을 "COM1_9600"으로 지정하고 실제로 사용할 시
리얼 포트를 COM1으로 선택한다. 단, 이미 사용 중이면 다른 포트를 선택하
도록 한다.

○ [하이퍼터미널의 접속 이름 설정]   ○ [사용할 시리얼 포트 선택]

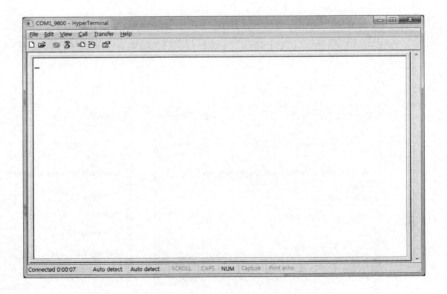

⬢ **[통신포트 설정]**

다음은 포트의 속성을 설정하는데 통신속도를 9600 비트/초(BPS)로 하고 사용하는 케이블이 3선만 연결하는 널모뎀 케이블이므로 프로그램에서 흐름제어를 사용할 수 없다. 따라서 반드시 흐름제어는 "없음"을 선택해야 한다.

⑤ 이제 하이퍼터미널이 다음 그림과 같이 실행된다.

⑥ 보조프로그램을 열어보면 다음 그림과 같이 하이퍼터미널이 주어진 이름으로
등록되어 있음을 확인할 수 있다.

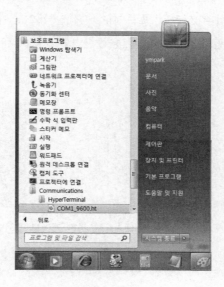

⑦ 설치 후에 보조프로그램 안에 등록된 하이퍼터미널을 실행한다. 아직 경로가
지정되지 않아서 연결 프로그램을 물어본다. 연결 프로그램은 C:\Windows\
System32\hypertrm.exe을 지정하여 다음부터 하이퍼터미널이 실행될 수 있
도록 한다.

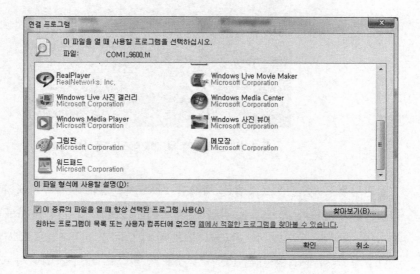

3) 루프백 테스트(Loop Back Test)

루프백 테스트를 위해서는 앞에서 만든 두 컴퓨터간의 통신을 위한 케이블이 아닌 한쪽 컴퓨터의 시리얼 포트에만 연결할 케이블이 필요하다. 다음 그림과 같이 2번 핀과 3번 핀만을 납땜하여 송신한 데이터가 곧바로 자신에게 수신되도록 결선하여 제작한다.

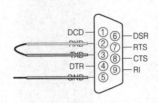 

○ **[루프백 테스트를 위한 케이블 결선도와 제작 모양]**

이렇게 제작된 케이블을 시리얼 포트에 꼽아서 송신 즉시 수신이 되도록, 즉 메아리 친 것과 같은 효과가 나도록 시리얼 포트에 꼽아 놓는다.

○ **[시리얼 포트에 루프백 테스트 케이블 장착]**

일반적으로 통신 프로그램을 제작할 때 실제로 2대의 컴퓨터에서 통신을 테스트하는 것이 아니라 프로그램 작성 단계에서는 1대의 컴퓨터로 루프백 케이블을 사용하여 송신과 수신이 잘 되는지 루프백 테스트를 하면서 프로그래밍을 한다.

다음의 그림처럼 한 대의 PC에서 루프백 테스트 케이블 장착하고 데이터를 송신하면 곧바로 메아리처럼 수신되어 루프백이 되는 것을 볼 수 있다.

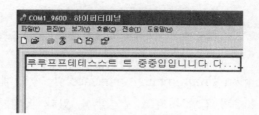

○ **[루프백 테스트 화면]**

또한 오실로스코프를 사용하여 측정하면 다음의 그림처럼 아날로그와 디지털 신호를 단일 장비에서 동시에 분석할 수 있으며 통신되는 과정을 살펴볼 수 있다.

다음의 그림은 전력선 통신 과정을 오실로스코프로 측정한 것이다. 통신 데이터가 아날로그의 사인파형에 디지털 데이터인 구형파 파형이 실려서 통신되는 것을 볼 수 있다. 이때 데이터에 해당하는 구형파의 모양과 숫자 값으로 송신되는 데이터가 오실로스코프에 출력되는 것을 볼 수 있어서 통신되는 프로토콜을 분석하고 통신되는 상태를 판단할 수 있다.

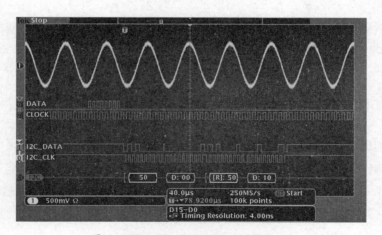

○ **[오실로스코프로 측정한 통신 데이터]**

4) RS232 통신 케이블로 두 컴퓨터간의 하이퍼 터미널 통신하기

컴퓨터와 컴퓨터 간에 미리 만들어 놓은 RS232 크로스케이블을 연결한 다음 하이퍼 터미널을 각각 실행하고 포트 설정을 한 뒤, 키 입력이 나타나게 설정해보고 글이 어떻게 나타나는지 보고, 키 입력이 안 나타나게 설정해보고 통신이 잘되어 데이터 전달이 잘 되는지 확인해 본다.

3.3 API RS-232C 통신 프로그래밍

API(Application Programming Interface)란 "운영체제가 응용 프로그램을 위해 제공하는 함수의 집합"이라고 정의할 수 있다. 운영체제는 하드웨어와 응용 프로그램 사이에 위치하여 응용 프로그램을 대신하여 메모리 등 하드웨어들을 관리하는 시스템 소프트웨어이다. 따라서 응용 프로그램은 운영체제에 종속적일 수밖에 없다.

응용 프로그램 개발자들이 운영체제의 복잡한 내부까지 이해하고 프로그래밍을 할 수는 없다. 그래서 운영체제는 가장 기본적인 동작을 하는 함수의 집합을 응용 프로그램에게 제공할 의무를 지니며, 프로그램 개발자들은 운영체제가 제공하는 함수들을 가지고 프로그래밍할 수 있다.

윈도즈도 응용 프로그램을 위한 함수들의 집합을 제공하는데 이를 "윈도즈 API"라고 한다. 이와 같은 운영체제의 중요한 일부분이기도 한 함수들을 이용하여 프로그래밍하는 것을 "윈도즈 API 프로그래밍"이라고 한다.

이번 절에서는 윈도즈 API를 이용하여 RS-232C 통신 프로그램을 작성해보기로 한다.

3.3.1 RS-232C 통신 프로그램의 기본 구조

하이퍼터미널을 이용한 통신을 위해 연결에 대한 이름을 만들고 통신에 대한 설정을 한 다음 하이퍼터미널에 데이터를 쓰거나, 읽고, 마지막으로 하이퍼터미널을 종료하였다. 통신 프로그램에 의한 통신도 이와 같은 과정을 구현하게 된다.

RS-232C 통신 프로그램의 기본 구조는 포트 열기, 포트 설정, 읽기-쓰기, 닫기로 이루어진다.

(1) 포트 열기

CreateFile 함수를 이용해서 통신 포트를 연다.

```
HANDLE hComm;
hComm = CreateFile(gszPort,
                    GENERIC_READ | GENERIC_WRITE,
```

```
                            0,
                            0,
                            OPEN_EXISTING,
                            FILE_FLAG_OVERLAPPED,
                            0);

if (hComm == INVALID_HANDLE_VALUE)
        //포트열기에러
```

포트 열기에 사용되는 CreateFile() 함수의 원형은 다음과 같다.

```
HANDLE CreateFile(
   LPCTSTR lpFileName,        //포트 이름을 가리키는 버퍼의 포인터
   DWORD dwDesiredAccess,     //액세스모드(READ, WRITE)
   DWORD dwShareMode,         //포트의 공유방법 비정(공유불가: 0으로 설정)
   LPSECURITY_ATTRIBUTES lpSecurityAttributes, // 보안 속성
   DWORD dwCreationDisposition,   //포트 여는 방법 지정
                                  (OPEN_EXISTING로 기존 파일 지정)
   DWORD dwFlagsAndAttributes,    // 포트 속성 지정
   HANDLE hTemplateFile       // 템플레이트 파일의 핸들(항상 NULL로 지정)
   );
```

• **lpFileName** : COM1이나 COM2 등의 연결된 시리얼 포트 이름을 지정한다. (LPT1 같은 프린터 포트도 지정할 수 있다.)

• **dwDesiredAccess** : 다음의 Access Mode를 지정한다.(둘 다 사용하려면 or(|)로 지정한다.)

값	의 미
0	디바이스의 속성을 묻는다.
GENERIC_READ	읽기 액세스. 쓰기를 할 때는 GENERIC_WRITE를 조합해서 지정
GENERIC_WRITE	쓰기 액세스. 읽기를 할 때는 GENERIC_READ를 조합해서 지정

일반적으로 시리얼 포트는 입출력이 가능하기 때문에 GENERIC_READ | GENERIC_WRITE로 설정한다.

• **dwShareMode** : 포트의 공유모드로 다음의 값으로 설정할 수 있다. 0을 지정하면 공유하지 않는다.(여러 개를 선택하려면 or(|)로 지정한다.)

값	의 미
FILE_SHARE_DELETE	Windows NT일 경우만 : 후속의 오픈조작으로 삭제 액세스가 요구될 때, 그 오픈을 허가
FILE_SHARE_READ	후속의 오픈 조작으로 읽기 액세스가 요구될 때 그 오픈을 허가
FILE_SHARE_WRITE	후속의 오픈 조작으로 쓰기 액세스가 요구될 때 그 오픈을 허가

포트는 파일과 달리 공유할 수 없기 때문에 0으로 지정한다. 이 경우는 이미 오픈 되어진 포트를 다른 프로세스가 오픈하려고 하면 CreateFile()은 에러가 된다. 하지만 같은 프로세스의 복수 스레드는 CraeteFile()로 반환된 핸들을 공유할 수 있다.

• **lpSecurityAttributes** : 보안 속성으로 SECURITY_ATTRIBUTES 구조체의 포인터이다. NULL을 설정하면 핸들은 자식 프로세스에 계승되어지지 않는다.

• **dwCreationDisposition** : 파일이 존재할 때 또는 존재하지 않을 때, 각각의 동작을 지정한다. 시리얼 포트는 기존 파일 이외에 있을 수 없기 때문에 OPEN_ EXISTING을 지정한다.

• **dwFlagsAndAttributes** : 파일의 속성 및 플래그를 지정한다. 시리얼 포트에서 사용할 만한 플래그는 FILE_FLAG_OVERLAPPED인데, 붙여서 사용하면 오버랩 상태이고, 0으로 호출하면 논 오버랩 작업이 된다.

값	의 미
FILE_FLAG_OVERLAPPED	시간이 걸리는 처리에 있어서 ERROR_IO_PENDING을 반환하도록 한다. 처리가 끝나면 이벤트가 시그널 상태로 설정된다. 이 플래그를 지정했을 때는 ReadFile 함수나 WriteFile 함수로 OVERLAPPED 구조체를 지정해야만 된다.

• **hTemplateFile** : 시리얼 포트에 관계없기 때문에 NULL을 지정한다.
CreateFile을 한 후 그 값을 핸들에 넣어 사용하게 된다. CreateFile을 한 후 에러가 생기면 INVALID_HANDLE_VALUE 값을 반환하게 된다.

(2) SetCommTimeouts

시리얼 통신 중 수신된 데이터를 읽으려 할 때, 상대 시스템에서 데이터를 보내
줄 때까지 무한정 기다릴 수는 없다. 이러한 데이터 송수신 중에 발생할 수 있는
여러 시간에 관련된 여러 가지 설정을 하기 위해 SetCommTimeouts 함수를 사용
한다. 함수의 원형은 다음과 같다.

```
BOOL SetCommTimeouts(
  HANDLE hFile,                // 시리얼 통신 하드웨어 파일 핸들
  // LPCOMMTIMEOUTS 모양 변수 시작주소
  LPCOMMTIMEOUTS lpCommTimeouts
);
```

hFile은 시리얼 통신 하드웨어를 제어할 수 있는 파일 핸들이며 lpCommTimeouts
는 hFile이 가리키는 객체에 시간설정 정보가 저장되어 있는 변수의 주소를 의미한다.
lpCommTimeouts에는 시간정보 값을 넣어 놓아야 하는데, 시간정보 값은 다음과
같이 구성된다.

```
typedef struct _COMMTIMEOUTS {
    DWORD ReadIntervalTimeout;
    DWORD ReadTotalTimeoutMultiplier;
    DWORD ReadTotalTimeoutConstant;
    DWORD WriteTotalTimeoutMultiplier;
    DWORD WriteTotalTimeoutConstant;
} COMMTIMEOUTS, *LPCOMMTIMEOUTS;
```

- ReadIntervalTimeout은 데이터가 들어올 때 두 바이트의 입력이 이루어지는
  시간으로, 이 이상의 시간까지 다음 바이트의 입력이 없을 경우에는 입력 값을
  리턴하고 RX_CHAR Message를 발생시킨다.

- ReadTotalTimeoutMultiplier × ReadTotalTimeoutConstant는 읽기동작에 걸
  리는 총 시간으로 이 값이 0이면 사용하지 않는다는 뜻이다.

- WriteTotalTimeoutMultiplier × WriteTotalTimeoutConstant는 쓰기동작에 걸
  리는 총 시간으로 이 값이 0이면 사용하지 않는다는 뜻이다. 이 매개변수들을
  설정한 후, SetCommTimeouts()함수를 호출하여 Timeout값을 설정한다.

(3) GetCommState, SetCommState

앞 장에서 하이퍼터미널의 사용을 위해 통신포트의 값들을 설정해 보았다. 통신 프로그램에서도 이러한 설정을 해야 하는데, 예를 들어 통신의 속도나, 패리티비트의 사용유무 등을 SetCommState 함수를 사용하여 설정을 할 수가 있다. 이러한 설정에 관한 변수는 많아서 모든 값을 하나하나 설정하기 곤란한 경우가 많다. 이럴 경우 기존에 설정되어 있는 값을 읽어서 필요한 부분만 설정을 할 수 있는데, 이 때, GetCommState 함수를 사용한다.

```
BOOL GetCommState(
    HANDLE hFile,  // 시리얼 통신 하드웨어 파일 핸들
    LPDCB lpDCB    // 하드웨어 디바이스 설정 구조체 변수주소
);
```

```
BOOL SetCommState(
    HANDLE hFile,  // 시리얼 통신 하드웨어 파일 핸들
    LPDCB lpDCB    // 하드웨어 디바이스 설정 구조체 변수주소
);
```

lpDCB는 통신 설정을 하기 위한 정보를 저장할 수 있는 변수들의 집합인 구조체 변수의 시작주소이다. 다음은 DCB 구조체의 정의이다.

```
typedef struct _DCB {
    DWORD DCBlength;              /* sizeof(DCB)                  */
    DWORD BaudRate;              /* Baudrate at which running    */
    DWORD fBinary: 1;           /* Binary Mode (skip EOF check) */
    DWORD fParity: 1;           /* Enable parity checking       */
    DWORD fOutxCtsFlow:1;       /* CTS handshaking on output    */
    DWORD fOutxDsrFlow:1;       /* DSR handshaking on output    */
    DWORD fDtrControl:2;        /* DTR Flow control             */
    DWORD fDsrSensitivity:1;    /* DSR Sensitivity              */
    DWORD fTXContinueOnXoff: 1; /* Continue TX when Xoff sent   */
    DWORD fOutX: 1;             /* Enable output X-ON/X-OFF     */
    DWORD fInX: 1;              /* Enable input X-ON/X-OFF      */
    DWORD fErrorChar: 1;        /* Enable Err Replacement       */
```

```
        DWORD fNull: 1;                 /* Enable Null stripping                    */
        DWORD fRtsControl:2;            /* Rts Flow control                         */
        DWORD fAbortOnError:1;          /* Abort all reads and writes on Error      */
        DWORD fDummy2:17;               /* Reserved                                 */
typedef struct _DCB {
        DWORD DCBlength;                /* sizeof(DCB)                              */
        DWORD BaudRate;                 /* Baudrate at which running                */
        DWORD fBinary: 1;               /* Binary Mode (skip EOF check)             */
        DWORD fParity: 1;               /* Enable parity checking                   */
        DWORD fOutxCtsFlow:1;           /* CTS handshaking on output                */
        DWORD fOutxDsrFlow:1;           /* DSR handshaking on output                */
        DWORD fDtrControl:2;            /* DTR Flow control                         */
        DWORD fDsrSensitivity:1;        /* DSR Sensitivity                          */
        DWORD fTXContinueOnXoff: 1;     /* Continue TX when Xoff sent               */
        DWORD fOutX: 1;                 /* Enable output X-ON/X-OFF                 */
        DWORD fInX: 1;                  /* Enable input X-ON/X-OFF                  */
        DWORD fErrorChar: 1;            /* Enable Err Replacement                   */
        DWORD fNull: 1;                 /* Enable Null stripping                    */
        DWORD fRtsControl:2;            /* Rts Flow control                         */
        DWORD fAbortOnError:1;          /* Abort all reads and writes on Error      */
        DWORD fDummy2:17;               /* Reserved                                 */
        WORD wReserved;                 /* Not currently used                       */
        WORD XonLim;                    /* Transmit X-ON threshold                 */
        WORD XoffLim;                   /* Transmit X-OFF threshold                */
        BYTE ByteSize;                  /* Number of bits/byte, 4-8                */
        BYTE Parity;                    /* 0-4=None,Odd,Even,Mark,Space            */
        BYTE StopBits;                  /* 0,1,2 = 1, 1.5, 2                        */
        char XonChar;                   /* Tx and Rx X-ON character                */
        char XoffChar;                  /* Tx and Rx X-OFF character               */
        char ErrorChar;                 /* Error replacement char                   */
        char EofChar;                   /* End of Input character                   */
        char EvtChar;                   /* Received Event character                 */
        WORD wReserved1;                /* Fill for now.                            */
} DCB, *LPDCB;
```

이렇듯 DCB 구조체에는 많은 변수가 있다. 이 많은 걸 전부 설정하고 쓰기엔 너무 복잡하기 때문에 구조체 모양을 정의하여 구조체 변수를 만들고 포인트(주소)를 매개변수에 넘겨주어 정보를 교환하게 하는 것이다. 다음은 그 활용 예이다.

```
ex) Source
GetCommState(hFile , &dcb);              // DCB의 지정에 따라 통신 디바이스 구성
        {
                dcb.BaudRate = 9600;      //통신비트속도
                dcb.ByteSize = 8;         //통신데이터비트
                dcb.Parity = NOPARITY;    //패리티
                dcb.StopBits = 0;         //정지비트
                dcb.fBinary = TRUE;       //fBinary 사용
                dcb.fParity = FALSE;      //fParity 사용안함
        }
SetCommState(hFile , &dcb);                 // 하드웨어와 제어 설정 초기화
```

(4) WriteFile

앞에서 포트를 열고 하드웨어 설정까지 마쳤다. 지금부터는 포트로의 출력을 위한 WriteFile 함수에 대해 알아보자. WriteFile 함수의 원형은 다음과 같다.

```
BOOL WriteFile(
   HANDLE hFile,                     // 기록하고자 하는 파일의 핸들
   LPCVOID lpBuffer,                 // 출력할 데이터를 가진 버퍼
   DWORD nNumberOfBytesToWrite,      // 기록할 바이트의 수를 지정
   LPDWORD lpNumberOfBytesWritten,
                // 실제로 기록한 바이트 수를 리턴받기 위한 출력용 인수
   LPOVERLAPPED lpOverlapped
                // 비동기 입출력을 위한 OVERLAPPED 구조체의 포인터
);
```

- hFile은 시리얼 통신 하드웨어를 관리하기 위한 파일 핸들이며, lpBuffer는 전송할 데이터가 저장되어 있는 블록변수의 시작주소를 위한 포인터이다.

- nNumberOfBytesToWrite는 lpBuffer가 가리키는 블록변수에서 전송할 데이터의 개수를 지정하기 위한 변수이고, lpNumberOfBytesWritten은 함수가 수행되었을 때 에러 없이 보낸 데이터의 최종 개수를 저장하는 변수의 주소이다.

- lpOverlapped는 오버랩모드 동작을 위하여 필요한 정보를 저장한 Overlapped 구조체 변수의 주소를 넘겨줄 때 사용되는데, 이 함수는 오버랩모드로 동작할 때 전송할 데이터를 하드웨어 쪽으로 넘겨주고 전송유무를 확인하지 않고 바로 리턴 된다.

(5) ReadFile

수신을 위한 함수이다. 기본적 함수의 구조는 WriteFile와 같다. WriteFile 함수와 다른 점은 lpNumberOfBytesRead 부분으로 WriteFile에서는 기록한 바이트의 수를 리턴 받는 것이라면, ReadFile 함수는 읽은 바이트의 수를 리턴 받는다는 점이다. ReadFile 함수의 원형은 다음과 같다.

```
BOOL ReadFile(
    HANDLE hFile,                    // 기록하고자 하는 파일의 핸들
    LPCVOID lpBuffer,                // 출력할 데이터를 가진 버퍼
    DWORD nNumberOfBytesToWrite,     // 기록할 바이트의 수를 지정
    LPDWORD lpNumberOfBytesRead,     // 실제로 읽은 바이트 수를 리턴받기 위한
                                        출력용 인수
    LPOVERLAPPED lpOverlapped        // 비동기 입출력을 위한 OVERLAPPED
                                        구조체의 포인터
);
```

(6) CloseHandle

윈도즈에서 생성하여 사용하던 객체들은 사용이 끝난 후 메모리에서 제거해야 하는데, 이 때, CloseHandle 함수를 사용한다. CloseHandle의 원형은 다음과 같다.

```
BOOL CloseHandle(
    HANDLE hObject                   //닫으려는 객체의 핸들
);
```

생성함수에서 리턴 값으로 받은 객체의 핸들을 CloseHandle의 매개변수에 복사하여 넘겨주고 실행시키기만 하면 된다. 메모리에서 삭제하지 않을 경우 윈도즈는 사용이 끝나지 않은 것으로 알고 계속 객체를 사용하기 위한 메모리를 유지하게 되어 메모리 사용 효율이 떨어지게 된다. 그러나 과거에서처럼 메모리 관리가 어긋나서 컴퓨터를 리부팅하기 전까지 메모리를 사용하지 못하는 것은 아니다.

왜냐하면 Windows는 프로그램이 종료될 때, 그 프로그램이 동작 중에 요구한 모든 객체들을 메모리에서 삭제하기 때문이다.

3.3.2 Console 통신 프로그램

(1) 콘솔이란

윈도즈는 그래픽 기반의 운영체제이다. 하지만 전통적인 문자 기반의 프로그램을 실행할 수도 있는데 이런 문자 기반의 응용프로그램을 콘솔 프로그램이라고 한다.

콘솔(Console)의 사전적인 의미는 "대형 컴퓨터에 접속하기 위한 키보드와 모니터를 합친 터미널"이라는 뜻으로 기본적인 입출력 장비를 콘솔이라고 한다.

윈도즈에서 명령 프롬프트라는 제목으로 열리는 창이 바로 콘솔 창이며 이 창에서 문자 기반의 기본적인 입출력을 행할 수 있다.

윈도즈에서의 콘솔을 정확하게 정의내리자면 "문자 기반 응용프로그램의 입출력 인터페이스"이다.

콘솔 프로그램에 대해 흔히 잘못 알고 있는 것 중 하나는 콘솔 프로그램이 곧 도스용 프로그램이라고 생각하는 것인데 콘솔 프로그램은 16비트 도스 프로그램과는 엄연히 다르다.

같은 문자 기반의 프로그램이지만 콘솔 프로그램도 32비트 프로그램이며 모든 Win32 API 함수를 다 사용할 수 있고 필요할 경우 메시지 박스를 띄우는 정도의 간단한 GUI 동작도 가능하다. 유니코드도 사용 가능하고 심지어 멀티스레드도 사용할 수 있다.

지금부터 RS-232 통신을 위한 콘솔 프로그램을 만들어 보자. 처음으로 작성하는 콘솔 프로그램은 콘솔 창에서 하이퍼터미널로 데이터를 송신하는 프로그램이다.

① Win32 Console Application 형태의 새 프로젝트를 생성한다.

• Project name : "Serial"

　　　　　　임의대로 프로젝트 명칭을 입력한다.

• Location : 프로젝트가 저장될 디렉토리를 지정한다.

② An empty project를 선택한다.

소스코드에 자동으로 코드를 생성하지 않고 프로젝트를 생성하게 한다.

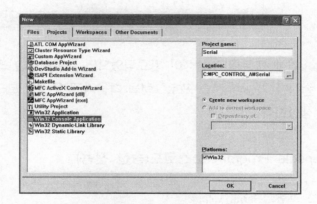

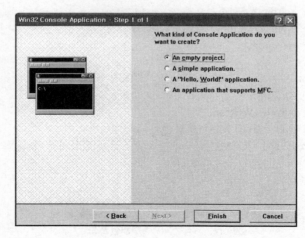

③ 프로그램 코딩을 위한 새 파일을 만든다.

이때 API프로그램으로 작성하므로 C++ 문법에 따라서 파일의 확장자는 ".c"가 아닌 ".cpp"로 해야 한다. 확장자를 생략하면 자동으로 확장자는 cpp가 붙게 된다.

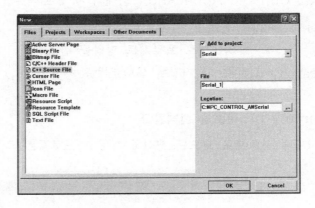

④ 코딩을 위한 프로젝트 생성이 완료되었으면, 이제 콘솔 프로그램을 코딩한다. 먼저 송신만 가능한 콘솔 프로그램을 다음과 같은 소스코드를 코딩하여 실행파일을 생성한다.

(2) API Console Program 소스코드(송신 전용)

```
//송신프로그램 : Serial_1.cpp
#include <stdio.h>
#include <windows.h>
#include <conio.h>

DCB dcb;                        //DCB 구조체 선언
HANDLE idComDev;                //핸들
DWORD dwBytesWritten;
unsigned char szBuf[15]={0,};
char szPort[15]="COM1"          //본인이 사용하는 통신포트

int main()
{
        idComDev = CreateFile(    //포트 열기
            szPort,               //통신포트
            GENERIC_READ | GENERIC_WRITE, //액세스 모드
            NULL,                 //포트공유 지정
            NULL,                 //보안 속성
```

```
            OPEN_EXISTING,  //포트 여는 방법 지정(무조건 OPEN_EXISTING)
            NULL,           //포트의 속성 지정(오버랩 설정)
            NULL);          //템플레이트 파일의 핸들(항상 NULL로 지정)

    COMMTIMEOUTS CommTimeOuts;//타임아웃 설정 열기
    // 현재 설정중인 타임아웃 자료 얻기
    GetCommTimeouts(idComDev, &CommTimeOuts);
    {
            // 설정된 타임아웃 변경
            CommTimeOuts.ReadIntervalTimeout = 0xFFFFFFFF;
            CommTimeOuts.ReadTotalTimeoutMultiplier = 0;
            CommTimeOuts.ReadTotalTimeoutConstant =0;
            CommTimeOuts.WriteTotalTimeoutMultiplier = 0;
            CommTimeOuts.WriteTotalTimeoutConstant = 0;
    }
    // 변경시킨 타임아웃 정보로 재설정
    SetCommTimeouts(idComDev, &CommTimeOuts);

    // 현재 설정된 상태 읽어오기
    GetCommState(idComDev, &dcb);
    {
            // 읽어온 정보 수정
            dcb.BaudRate =CBR_9600;  //통신 속도
            dcb.ByteSize = 8;        //데이터사이즈
            dcb.Parity = NOPARITY;   //패리티 사용 유무
            dcb.StopBits = 0;        //스톱비트 유무
            dcb.fBinary = TRUE;      //Binary 사용 유무
            dcb.fParity = FALSE;     //Parity 사용 유무
    }
    // 변경된 내용 재설정(DCB 설정& 초기화)
    SetCommState(idComDev, &dcb);

    PurgeComm(idComDev, PURGE_TXCLEAR);    //출력버퍼 초기화

    while(1)
    {
            szBuf[0] = (char)getche();          //키보드로 값을 읽어온다.
            WriteFile(idComDev, szBuf, strlen((char *)szBuf),
                    &dwBytesWritten, NULL); //송신
    }
    CloseHandle(idComDev);
    return 0;
}
```

위의 소스코드를 컴파일과 링크를 하여 실행파일을 만든다. 에러가 없으면 프로젝트 디렉토리 아래 Debug 디렉토리에 "Serial.exe" 실행파일이 생성되어 있다.

⑤ "Ctrl+F5" 단축키를 누르거나 Build 메뉴 아래의 "Execute Serial.exe" 메뉴를 선택하여 프로그램을 실행한다.

실행한 결과 다음 그림과 같이 에러 없이 데이터가 송신된다. 수신되는 과정을 확인해야 확실하게 송신되는 것을 알 수 있으므로 다른 컴퓨터에서 수신하는 것을 보거나 또는 자기 컴퓨터의 다른 포트로 수신하여 확인할 수 있다.

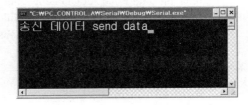

⑥ 본 프로그램은 소스코드에서 보듯이(char szPort[15]="COM1") 통신포트가 COM1에 연결되어 있다. 1개의 컴퓨터에서 COM1과 다른 포트 1개(COM4)에 앞에서 제작한 크로스 케이블을 연결한다.

요즈음 컴퓨터는 시리얼 포트를 1개만 지원하거나 아예 없는 경우가 많다. 따라서 USB 포트를 시리얼 포트로 변환해 주는 젠더를 사용하면 시리얼 포트를 추가하여 사용할 수 있다. 다음 그림은 USB to RS232 Gender를 나타내는 그림이다.

○ [USB to RS232 Gender]

콘솔 프로그램은 COM1을 사용하여 송신하고 다른 포트 1개(COM4)에는 하이퍼터미널 프로그램을 실행하여 수신하게 한다. COM1이 송신하여 COM4에 잘 수신되는지 확인한다.

　　다음 그림은 송신과 수신하는 결과 화면이다. 결과화면을 보면, COM1포트를 사용한 콘솔에서 입력한 값이 하이퍼터미널 창에 수신되어 그대로 출력되는 것을 알 수 있다.

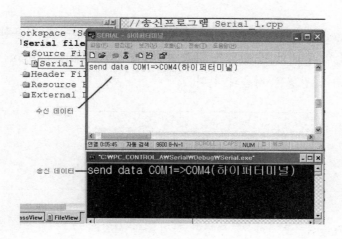

　　콘솔 창에 전송하고자 하는 문자열을 입력하면 케이블이 연결된 하이퍼터미널로 데이터를 전송하는 프로그램이다.

　　다음은 콘솔 프로그램의 진행 순서를 간략히 정리한 것이다.

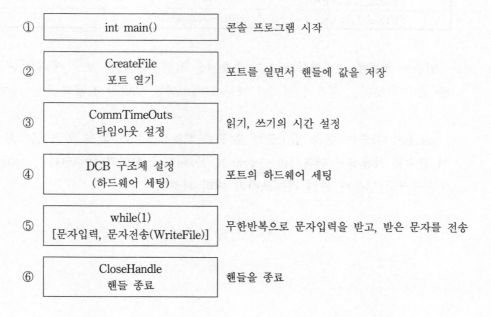

중요한 함수에 대한 설명은 이미 했으므로 생략하기로 하고, WriteFile하여 데이터를 전송하기 전에 사용한 PurgeComm( ) 함수와 getche( ) 함수에 대해 알아보자.

PurgeComm( ) 함수는 입출력 버퍼를 초기화하는 데 사용한다. 버퍼를 생성한 다음에 버퍼 내의 필요 없는 값을 제거하기 위해 PurgeComm( ) 함수를 사용한다. 이 함수의 원형은 다음과 같다.

```
BOOL PurgeComm(
        HANDLE hFile,      // Device 파일의 핸들
        DWORD dwFlags     // 수행 작업
        );
```

dwFlags는 초기화 시 수행할 작업들을 설정해 주는 것으로 다음의 명령을 수행할 수 있다.

종 류	내 용
PURGE_TXABORT	Overlapped 전송 작업을 취소한다.
PURGE_RXABORT	Overlapped 전송 작업을 취소한다.
PURGE_TXCLEAR	출력 버퍼를 클리어
PURGE_RXCLEAR	입력 버퍼를 클리어

입출력 버퍼를 초기화하지 않고 송수신을 하면 데이터를 보낼 때 정확한 데이터를 보내지 못하는 경우가 생기기 때문에 데이터를 보내기 전에 사용을 해야 한다.

getche( )함수는 콘솔 입·출력 함수로 키보드로부터 값을 입력받는 함수이다. 이 함수를 사용하기 위해서는 <conio.h>를 헤더로 선언하여야 한다. <conio.h>는 콘솔에서의 입출력 관련 라이브러리 헤더 파일이다.

송신 프로그램을 어느 정도 이해했으면 이번에는 송·수신 프로그램을 만들어보자.

앞에서 만들었던 송신 프로그램인 Serial.cpp와 같은 순서대로 프로젝트를 만들고 소스코드를 입력하여 Serial2.exe 실행파일을 제작한다.

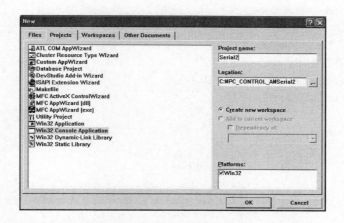

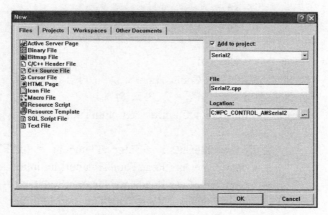

코딩을 위한 프로젝트 생성이 완료되었으면, 이제 콘솔 프로그램을 코딩한다. 먼저 송수신이 모두 가능한 콘솔 프로그램을 다음과 같은 소스코드를 코딩하여 실행파일을 생성한다.

(3) API Console Program 소스코드(송수신용)

```cpp
//송수신프로그램 : Serial_2.cpp
#include <stdio.h>
#include <windows.h>
#include <conio.h>

HANDLE idComDev;
DWORD dwByte;
unsigned char szBuf[255]={0,};
char szPort[15]="COM1"

int main()
{
        idComDev = CreateFile(
                szPort,
                GENERIC_READ | GENERIC_WRITE,
                0,
                NULL,
                OPEN_EXISTING,
                NULL,
                NULL);
        COMMTIMEOUTS CommTimeOuts;   //타임아웃 설정
        // 현재 설정 중인 타임아웃 자료 얻기
        GetCommTimeouts(idComDev, &CommTimeOuts);
        {
                CommTimeOuts.ReadIntervalTimeout = 0xFFFFFFFF;
                CommTimeOuts.ReadTotalTimeoutMultiplier = 0;
                CommTimeOuts.ReadTotalTimeoutConstant = 0;
                CommTimeOuts.WriteTotalTimeoutMultiplier = 0;
                CommTimeOuts.WriteTotalTimeoutConstant = 0;
        }
        SetCommTimeouts(idComDev, &CommTimeOuts);

        DCB dcb;            //DCB 구조체 선언
        GetCommState(idComDev, &dcb);
        {
                dcb.BaudRate =CBR_9600;
                dcb.ByteSize = 8;
                dcb.Parity = NOPARITY;
                dcb.StopBits = 0;
                dcb.fBinary = TRUE;
```

```
                dcb.fParity = FALSE;
        }
        SetCommState(idComDev, &dcb);

        PurgeComm(idComDev, PURGE_RXCLEAR);//통신입력버퍼초기화
        PurgeComm(idComDev, PURGE_TXCLEAR);//통신출력버퍼초기화
        while(1)
        {
                ReadFile(idComDev, szBuf, 1, &dwByte, 0); //수신
                if(dwByte > 0) printf("%c", szBuf[0]);
                if(kbhit())
                {
                  szBuf[0] = getche();          //키보드로 값을 읽어온다.
                  WriteFile(idComDev, szBuf, 1, &dwByte, 0); //송신
                }
        }
        CloseHandle(idComDev);
        return 0;
}
```

앞에서 실행한 송신 프로그램과 같이 RS232 크로스 케이블을 COM1과 COM4에 연결한다.

본 프로그램은 1개의 컴퓨터에서 콘솔 프로그램이 COM1 통신포트에 연결되어 있고, 다른 포트 1개(COM4)에 하이퍼터미널이 연결되어 있다.

프로그램의 실행 결과를 보면 앞의 송신 프로그램과는 다르게 콘솔(COM1)에서 하이퍼터미널(COM4)로, 하이퍼터미널에서 콘솔로 양방향으로 송수신 전송이 모두 가능하여 잘 동작하는 것을 볼 수 있다.

기본 소스는 송신 프로그램과 같다. 송신 프로그램의 소스에 수신을 위한 ReadFile( ) 함수를 추가하였다. 반복문 While문을 사용하여 ReadFile을 실행, 반대쪽 포트에서 송신을 하여 ReadFile이 수신에 성공하면 4번째 파라미터인 dwByte에 0 이외의 값이 들어오게 된다.

그러므로 0이 아닌 값이 들어오면 콘솔 창에 출력을 하도록 printf문을 사용하고, kbhit( )함수(키보드가 눌러졌는지 검사하는 함수)를 사용, 키보드가 눌러졌을 때 반대쪽 포트에 데이터를 전송하도록 하였다. kbhit( )함수를 사용하기 위해서는 <conio.h> 헤더가 선언되어 있어야 한다.

Chapter 4

마이크로프로세서

C언어와 마이크로프로세서

Chapter 4

마이크로프로세서

4.1 ATmega128 특징과 구조

(1) AVR의 개요

Atmel AVR(Atmel AVR)은 1996년 Atmel사에서 개발된 하버드 구조로 수정한 8비트 RISC 단일칩 마이크로컨트롤러이다. 출시 당시 AVR은 프로그램을 저장하기 위해 이용한 메모리 방식을 다른 마이크로컨트롤러처럼 ROM, EPROM 또는 EEPROM을 사용하지 않고, 단일칩 플래시메모리를 사용한 최초의 마이크로컨트롤러 중 하나이다.

AVR이라는 용어는 "Alf-Egil Bogen과 Vergard Wollan의 진보된 RISC 기술"을 바탕으로 설계되었다고 하여 첫글자를 따서 AVR이라고 명명되었다.

AVR은 ISP(In System Programming) 기능을 이용하여 내장된 Flash 메모리와 EEPROM 메모리에 개발한 프로그램의 기계어 코드와 데이터를 별도의 장비가 필요 없이 쉽게 적재할 수 있어서 저렴한 비용으로 시스템 개발과 교육이 가능한 장점을 갖고 있다.

Atmel AVR의 종류에는 Attiny 패밀리, AT90 패밀리, ATmega 패밀리 등이 있으며 그 중, 8비트 마이크로컨트롤러(MCU/Micro Controller Unit)로 ATmega128이 교육용으로 가장 흔하게 쓰인다.

❂ [그림 4-1] AVR 마이크로컨트롤러

(2) ATmega128의 특징과 구조

ATmega128은 ATmel사 제조된 AVR(Advanced Virtual RISC)의 한 종류로 Risc Micro Controller의 형태를 가지고 있으며, 형태는 그림 4-2와 같이 64핀의 TQFP와 MLF 형이 있다.

ATmega128은 1클록 1개의 명령을 수행하므로 프로세서 클록의 MHz당 1MIPS 처리속도를 갖게 되는 성능이 향상된 RISC 구조의 저전력 CMOS 타입의 8비트 마이크로컨트롤러이다. AVR 코어는 32개의 범용 레지스터를 지원하는 명령어를 가지고 있어서 CISC 구조의 마이크로컨트롤러보다 빠른 실행 시간을 갖는다.

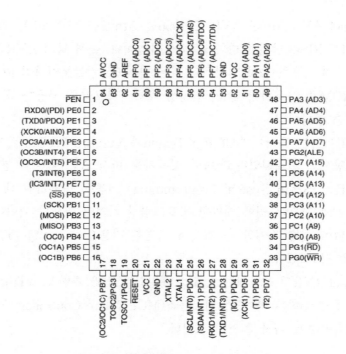

○ [그림 4-2] ATmegal28의 핀 구조

주요 특징을 살펴보면 다음과 같다.

① 전력소모가 적고 속도가 빠른 8비트 마이크로컨트롤러이다.
  - 1클록에 수행하는 133개 명령어
  - 최대 16MHz 외부 크리스탈을 사용시 16MIPS 속도로 동작(12pF~22pF 콘덴서 사용)

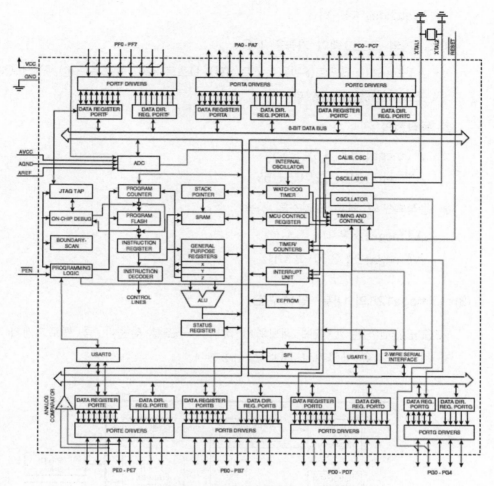

○ [그림 4-3] ATmegal28의 내부 구조도

② ISP 기능을 갖고 있으며 Flash 메모리와 EEPROM 사용

 - 128 KByte의 Flash Memory는 10,000번을 쓰고 지울 수 있다.
 - 4 KByte의 EEPROM은 100,000번 쓰고 지울 수 있다.

③ 다양한 기능

 - 2개의 프로그램 가능한 직렬 UART
 - 8개 채널의 10비트 ADC
 - 6개의 2~6비트로 프로그래밍 가능한 PWM 출력
 - 2개의 8비트 타이머/카운터와 2개의 16비트 타이머/카운터
 - 8개의 외부 인터럽트

- Watchdog 타이머

④ 53개의 프로그램이 가능한 I/O

- A포트(8핀), B포트(8핀), C포트(8핀), D포트(8핀), E포트(8핀), F포트(8핀), G
  포트(5핀)를 갖고 있다.

⑤ 동작전압

- ATmega128은 4.5V~5.5V

- ATmega128L은 2.7V~5.5V

⑥ 동작속도와 외부 크리스털 사용

- ATmega128은 0~16 MHz

- ATmega128L은 0~8 MHz

(3) ATmega128의 내부 블록구조

ATmega128은 AVR에 해당하며 하버드 구조를 갖는다. 즉 프로그램과 데이터
를 각각 분리된 메모리와 BUS를 사용한다.

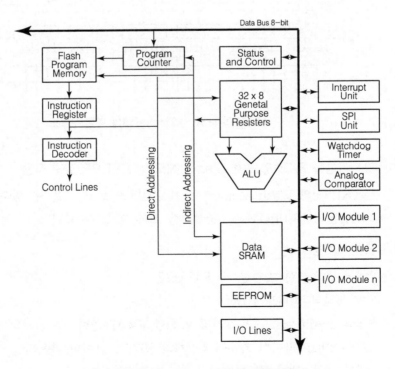

○ [그림 4-4] ATmega128의 내부 블록도

프로그램 메모리는 파이프라인으로 실행되어 한 명령이 실행되는 동안 다음 명령이 프로그램 메모리에 읽혀지게 된다. 이렇게 명령이 모든 클록 사이클마다 실행되는 구조를 갖는다. 이때 프로그램 메모리는 프로세서 내부에 내장된 플래시 메모리를 사용한다.

단일 클록에 사용되는 32×8 비트 크기의 범용 레지스터 파일에서 대부분 명령은 단일 사이클로 모든 레지스터에 직접 접근이 가능하여 ALU 연산 동작이 가능하다.

이 같은 32개 범용 레지스터 중 6개는 3개의 16비트 크기로 X-레지스터, Y-레지스터, Z-레지스터로 사용되어 16비트로 데이터 주소를 간접 주소 레지스터 포인터로 사용할 수 있다.

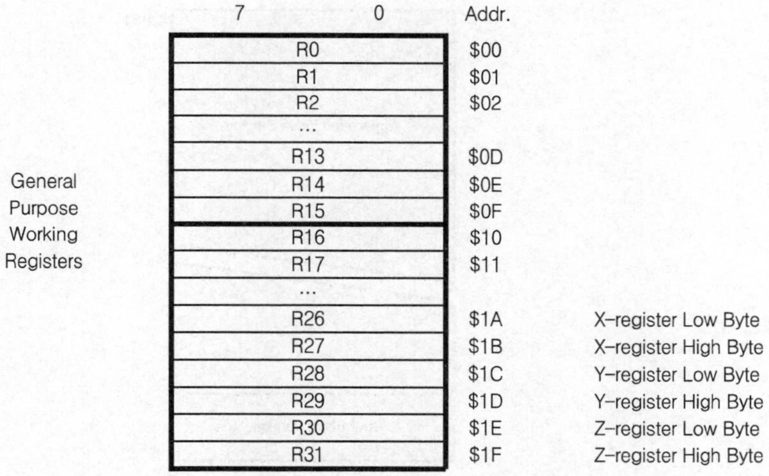

	7	0	Addr.	
	R0		$00	
	R1		$01	
	R2		$02	
	...			
	R13		$0D	
General	R14		$0E	
Purpose	R15		$0F	
Working	R16		$10	
Registers	R17		$11	
	...			
	R26		$1A	X-register Low Byte
	R27		$1B	X-register High Byte
	R28		$1C	Y-register Low Byte
	R29		$1D	Y-register High Byte
	R30		$1E	Z-register Low Byte
	R31		$1F	Z-register High Byte

○ [그림 4-5] ATmega128의 범용 레지스터

(4) ATmega128의 메모리

ATmega128 메모리는 하버드 구조의 기본적인 특징인 프로그램 메모리와 데이터 메모리 공간의 2개 메인 메모리 공간을 갖는다. 또한 추가적으로 데이터 저장을 위한 EEPROM 메모리로 구성되어 있다.

1) Flash 메모리

ATmega128은 128KB 크기의 1만 회 이상 Read/Write할 수 있는 수명을 갖는 플래시 메모리를 가지고 있다. 이 플래시 메모리에 프로그램을 컴파일한 기계어 코드를 저장하게 된다. 그러므로 프로그램 메모리라고 부르게 된다.

AVR 명령어는 16비트 또는 32비트 크기로 되어 있어서 64K×16bit의 용량을 갖는다.

프로그램 메모리는 다음 그림과 같이 다시 부트 프로그램 섹션과 응용프로그램 섹션으로 나뉘며 부트 프로그램 섹션과 연관되는 "부트 락 비트"는 프로그램 메모리에 있는 실행코드, 즉 기계어 코드를 읽지 못하도록 하는 소프트웨어 보안 기능을 한다.

ATmega128의 프로그램 카운터(Program Counter)는 16비트 크기이므로 접근이 가능한 메모리 공간의 크기는 64K×16bit이다.

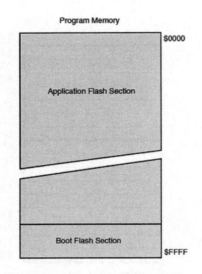

Program Memory

Application Flash Section $0000

Boot Flash Section $FFFF

○ [그림 4-6] 프로그램 메모리 맵

2) SRAM 데이터 메모리

ATmega128의 데이터 메모리는 SRAM을 사용하며 ATmega103 호환모드로 동작하도록 설정하는 경우와 ATmega128 모드로 동작하도록 환경설정 하는 경우에 따라서 다음 그림과 같이 다르게 사용된다.

데이터 메모리는 32레지스터, 64 I/O레지스터, 160개의 확장 I/O 레지스터, 4096 ×8bit 크기의 내부 SRAM, 64K×8bit 크기의 외부 SRAM으로 구성된다.

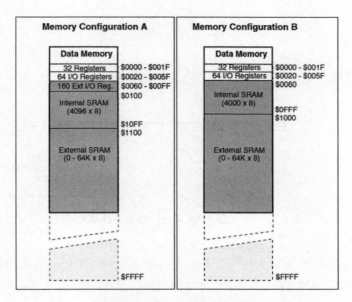

○ [그림 4-7] 데이터 메모리 맵

3) EEPROM 데이터 메모리

ATmega128은 4KB 크기의 10만회 이상 Read/Write 할 수 있는 EEPROM 데이터 메모리를 가지고 있다.

(5) ATmega128의 외부 핀(Pin)과 포트(Port)

1) 병렬 I/O 핀의 기본 구조

ATmega128은 64핀을 가지고 있으나 프로그램이 가능한 입력과 출력에 사용할 수 있는 6개의 8비트 양방향 병렬 I/O포트(A포트~F포트)와 1개의 5비트 양방향 병렬 I/O 포트(G포트)를 가지고 있어서 총 53개의 입출력이 가능한 핀으로 구성되어 있다.

그러나 ATmega103 호환 모드로 동작 시에는 포트 F와 포트 G가 존재하지 않으므로 사용할 수 없다.

각 포트는 High 상태의 출력전류 드라이브나 Low 상태의 출력전류 드라이브 상태는 최대 40mA 정도이므로 LED를 직접 구동할 수 있다.

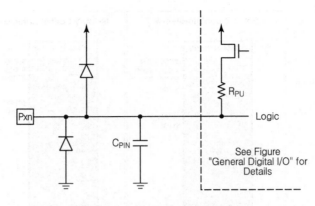

○ [그림 4-8] 병렬 I/O 핀의 구조

각 포트에는 3개의 레지스터를 가지고 있는데 DDRx 레지스터, PORTx 레지스터, PINx 레지스터 등 3가지 종류가 있다. 이제부터 설명 중 x는 포트 A~G를 나타내며 n은 각 포트의 비트 번호 0~7을 의미한다.

A~F포트가 범용 I/O로 사용시 3가지 레지스터는 다음 그림과 같으며 같은 기능을 수행한다. 대표적으로 PORTA와 PORTG에 대한 그림만 소개한다.

① PORTA(Port A Data Register) : 포트 A 데이터 출력용 레지스터

7	6	5	4	3	2	1	0
PORTA7	PORTA6	PORTA5	PORTA4	PORTA3	PORTA2	PORTA1	PORTA0

② DDRA(Port A Direction Register) : 포트 A 데이터 방향 설정용 레지스터

7	6	5	4	3	2	1	0
DDRA7	DDRA6	DDRA5	DDRA4	DDRA3	DDRA2	DDRA1	DDRA0

③ PINA(Port A Pin Input Address) : 포트 A 핀 입력용 레지스터

7	6	5	4	3	2	1	0
PINA7	PINA6	PINA5	PINA4	PINA3	PINA2	PINA1	PINA0

④ PORTG(Port G Data Register) : 포트 G 데이터 출력 레지스터

7	6	5	4	3	2	1	0
			PORTG4	PORTG3	PORTG2	PORTG1	PORTG0

⑤ DDRG(Port G Direction Register) : 포트 G 데이터 방향 설정 레지스터

7	6	5	4	3	2	1	0
			DDRG4	DDRG3	DDRG2	DDRG1	DDRG0

⑥ PING(Port G Pin Input Address) : 포트 G 핀 입력 레지스터

7	6	5	4	3	2	1	0
			PING4	PING3	PING2	PING1	PING0

이 같은 병렬 I/O 포트의 각 핀들은 대부분 기본적인 범용 I/O 기능 이외에도 컨트롤 레지스터의 설정에 따라 부수적으로 1~2가지의 기능을 더 가지고 있다.

병렬 I/O포트의 내부 풀업 저항은 특수 기능 I/O 레지스터 SFIOR(Special Function I/O Register)의 PUD(Pull-up Disable) 비트를 1로 세트하면 그 기능이 금지된다.

내부 풀업을 사용하려면 SFIOR의 PUD를 0으로 설정하고, DDRx 레지스터의 해당 비트를 0으로 하여 입력방향으로 설정하고 PORTx 레지스터의 해당 비트들을 1로 설정하면 입력시 핀에 내부 풀업을 사용할 수 있다.

SFIOR (Special Function I/O Register) : 특수 기능 레지스터

이 레지스터는 모든 I/O포트의 풀업 저항에 대한 사용 여부를 설정하며, 또한 타이머/카운터의 프리스케일러에 대한 리셋 기능을 가지고 있다.

7	6	5	4	3	2	1	0
TSM	-	-	-	ACME	PUD	PSR0	PSR321

Bit 2의 PUD는 Pull-up disable 설정 비트로서 1로 하면 모든 I/O포트에 대한 풀업 저항 기능이 없어진다. 반면에 0으로 하면 풀업 저항의 기능이 생기지만, 추가적으로 DDRx 레지스터의 해당 비트를 0(입력)으로 하고 PORTx 레지스터의 해당 비트를 1로 하여야 한다.

---

2) 병렬 I/O 포트의 하드웨어 구조

병렬 I/O 포트의 각 핀들이 동작할 때의 기본적인 하드웨어 구조는 [그림 4-9]와 같다.

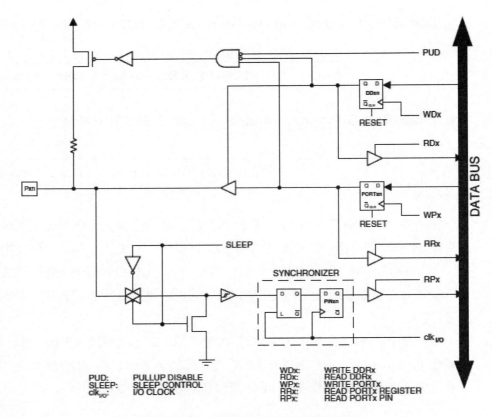

○ [그림 4-9] 병렬 I/O 포트의 기본 구조

3) 병렬 I/O 포트의 부수적 동작

① 포트 A

포트 A는 범용 양방향 I/O 포트로 사용 이외에 외부 메모리를 사용하기 위한 데이터 버스 및 하위 8비트 주소버스로 사용된다.

핀 명칭	부수적인 기능	사용 레지스터
PA0	외부 메모리 주소버스의 비트 0	PORTA.0, PINA.0
PA1	외부 메모리 주소버스의 비트 1	PORTA.1, PINA.1
PA2	외부 메모리 주소버스의 비트 2	PORTA.2, PINA.2
PA3	외부 메모리 주소버스의 비트 3	PORTA.3, PINA.3
PA4	외부 메모리 주소버스의 비트 4	PORTA.4, PINA.4
PA5	외부 메모리 주소버스의 비트 5	PORTA.5, PINA.5
PA6	외부 메모리 주소버스의 비트 6	PORTA.6, PINA.6
PA7	외부 메모리 주소버스의 비트 7	PORTA.7, PINA.7

② 포트B

포트 B는 범용 양방향 I/O 포트로 사용 이외에 타이머/카운터나 SPI 기능을 위한 신호로 사용된다.

핀 명칭	부수적인 기능	사용 레지스터
PB0	/SS(SPI Bus Serial Input)	PORTB.0, PINB.0
PB1	SCK(SPI Bus Serial Clock)	PORTB.1, PINB.1
PB2	MOSI(SPI Bus Master Output/Slave Input)	PORTB.2, PINB.2
PB3	MISO(SPI Bus Master Input/Slave Output)	PORTB.3, PINB.3
PB4	OC0(타이머/카운터0 출력비교와 PWM 출력)	PORTB.4, PINB.4
PB5	OC1A(타이머/카운터1 출력비교와 PWM 출력 A)	PORTB.5, PINB.5
PB6	OC1B(타이머/카운터1 출력비교와 PWM 출력 B)	PORTB.6, PINB.6
PB7	OC2(타이머/카운터2 출력비교와 PWM 출력) OC1C(타이머/카운터1 출력비교와 PWM 출력 C)	PORTB.7, PINB.7

③ 포트 C

포트 C는 범용 양방향 I/O 포트로 사용 이외에 외부 메모리를 사용하기 위한 상위 8비트 주소버스로 사용된다.

핀 명칭	부수적인 기능	사용 레지스터
PC0	외부 메모리 주소버스의 비트 8	PORTC.0, PINC.0
PC1	외부 메모리 주소버스의 비트 9	PORTC.1, PINC.1
PC2	외부 메모리 주소버스의 비트 10	PORTC.2, PINC.2
PC3	외부 메모리 주소버스의 비트 11	PORTC.3, PINC.3
PC4	외부 메모리 주소버스의 비트 12	PORTC.4, PINC.4
PC5	외부 메모리 주소버스의 비트 13	PORTC.5, PINC.5
PC6	외부 메모리 주소버스의 비트 14	PORTC.6, PINC.6
PC7	외부 메모리 주소버스의 비트 15	PORTC.7, PINC.7

④ 포트 D

포트 D는 범용 양방향 I/O 포트로 사용 이외에 외부 인터럽트나 타이머/카운터, UART1, TW1직렬통신 포트 기능 등에 사용된다.

핀 명칭	부수적인 기능	사용 레지스터
PD0	INT0(외부 인터럽트 0 입력) SCL(TW1 직렬 Clock)	PORTD.0, PIND.0
PD1	INT1(외부 인터럽트 1 입력) SCL(TW1 직렬 Data)	PORTD.1, PIND.1
PD2	INT2(외부 인터럽트 2 입력) RXD1(USART1 수신 핀)	PORTD.2, PIND.2
PD3	INT3(외부 인터럽트 3 입력) TXD1(USART1 송신 핀)	PORTD.3, PIND.3
PD4	ICP1(타이머/카운터1 캡처 입력 핀)	PORTD.4, PIND.4
PD5	XCK1(USART1 외부 클록 입/출력)	PORTD.5, PIND.5
PD6	T1(타이머/카운터1 클록 입력)	PORTD.6, PIND.6
PD7	T2(타이머/카운터2 클록 입력)	PORTB.D, PIND.7

⑤ 포트 E

포트 E는 범용 양방향 I/O 포트로 사용 이외에 외부 인터럽트나 타이머/카운터 3, UART0, 아날로그 비교기, ISP 기능 등에 사용된다.

핀 명칭	부수적인 기능	사용 레지스터
PE0	PDI(프로그래밍 데이터 입력) RXD0(USART0 수신 핀)	PORTE.0, PINE.0
PE1	PDO(프로그래밍 데이터 출력) TXD0(USART0 송신 핀)	PORTE.1, PINE.1
PE2	AIN0(아날로그 비교기 + 입력) XCK0(USART0 외부 클록 입력/출력)	PORTE.2, PINE.2
PE3	AIN1(아날로그 비교기 − 입력) OC3A(타이머/카운터3의 출력비교와 PWM출력 A)	PORTE.3, PINE.3
PE4	INT4(외부 인터럽트 4 입력) OC3B(타이머/카운터3의 출력비교와 PWM출력 B)	PORTE.4, PINE.4
PE5	INT5(외부 인터럽트 5 입력) OC3C(타이머/카운터3의 출력비교와 PWM출력 C)	PORTE.5, PINE.5
PE6	INT6(외부 인터럽트 6 입력) T3(타이머/카운터3 클록 입력)	PORTE.6, PINE.6
PE7	INT7(외부 인터럽트 7 입력) ICP3(타이머/카운터3 입력 캡처 핀)	PORTE.D, PINE.7

⑥ 포트 F

포트 F는 범용 양방향 I/O 포트로 사용 이외에 A/D 컨버터나 JTAG 인터페이스를 위한 기능 등에 사용된다.

핀 명칭	부수적인 기능	사용 레지스터
PF0	ADC0(ADC 입력 채널 0)	PORTF.0, PINF.0
PF1	ADC1(ADC 입력 채널 1	PORTF.1, PINF.1
PF2	ADC2(ADC 입력 채널 2)	PORTF.2, PINF.2
PF3	ADC3(ADC 입력 채널 3)	PORTF.3, PINF.3
PF4	ADC4(ADC 입력 채널 4 TCK(JTACK Test Clock)	PORTF.4, PINF.4
PF5	ADC5(ADC 입력 채널 5) TMS(JTACK Test Mode Select)	PORTF.5, PINF.5
PF6	ADC6(ADC 입력 채널 6) TDO(JTACK Test Data Output)	PORTF.6, PINF.6
PF7	ADC7(ADC 입력 채널 7) TDI(JTACK Test Data Input)	PORTF.D, PINF.7

⑦ 포트 G

포트 G는 5비트만 존재한다. 범용 양방향 I/O 포트로 사용 이외에 외부 메모리 인터페이스를 위한 제어버스 타이머/카운터를 위한 기능 등에 사용된다.

핀 명칭	부수적인 기능	사용 레지스터
PG0	/WR(외부 메모리에 쓰기 신호)	PORTG.0, PING.0
PG1	/RD(외부 메모리에 읽기 신호)	PORTG.1, PING.1
PG2	ALE(외부 메모리 Address Latch Enable)	PORTG.2, PING.2
PG3	TOSC0(타이머/카운터 0용 RTC 오실레이터 출력)	PORTG.3, PING.3
PG4	TOSC1(타이머/카운터 0용 RTC 오실레이터 입력)	PORTG.4, PING.4

⑧ 기타 핀

핀 명칭	기　　능
Vcc	공급 전압(+)
GND	접지(−)
RESET	High에서 Low로 1.5μs 이상 유지하면 리셋
XTAL1	반전 발진 앰프로 연결된 입력 핀(내부 클록 동작회로에 입력)

핀 명칭	기 능
XTAL2	반전 발진 앰프로부터의 출력(내부 클록 동작회로에 입력)
AVcc	PortF와 A/D 변환기의 전원 공급 핀
AREF	A/D 변환기의 기준 전압 공급 핀
PEN	파워 온 리셋 기간 동안 이 핀이 Low이면 SPI 직렬 프로그래밍 모드가 된다. 일반적으로 Vcc에 연결해 둔다.

ATmega128은 저전력 CMOS형의 8비트 마이크로 컨트롤러로 대부분의 명령어를 시스템 클록을 분주 없이 1 : 1로 사용하기 때문에 8051 계열이나 PIC 계열보다 빠른 특징을 가지고 있다. 또한, 구성은 전원을 비롯한 PA, PB, PC, PD, PE, PF, PG의 7개의 포트와 더불어 컨트롤러에 클록을 입력하는 XTAL, 모든 레지스터를 지워서 새로 시작하도록 하는 RESET 등으로 이루어져 있다.

(6) ISP (In-System Programming)

1) ISP 기능

사용자가 ATmega128 제어를 위해 작성한 프로그램을 컴파일한 후에 생성된 기계어 코드를 컨트롤러의 내부 플래시메모리에 저장하기 위한 기능으로 ATmega128 보드의 회로도에서 AVR ISP Connector에 AD-USBISP 같은 도구를 사용하면 별도의 장비가 필요 없이 쉽게 실행 프로그램을 MCU에 저장하여 실행시킬 수 있다.

ATmega128을 포함한 대부분의 AVR 계열의 MCU는 실행코드를 시스템 안에 저장할 수 있는 기능을 가지고 있다.

ISP 기능을 포함하고 있지 않는 MCU는 롬라이터(ROM-WRITER) 장비를 사용하여 기계어 코드를 메모리에 저장해야 한다. PC와 ATmega128간의 인터페이스의 중요한 부분은 다음 3가지 핀을 통해서 이루어진다.

① SCK : 전송동기를 위한 클록으로 PC측에서 프로그램을 라이팅할 때 AVR과 동기를 맞추기 위한 부분이다.

② MISO : Master In Slave Out. 마스터의 출력으로 슬레이브로 데이터를 전송하는 데이터 신호선

③ MOSI : Master Out Slave In. 슬레이브의 출력으로 마스터로 데이터를 전송하는 데이터 신호선

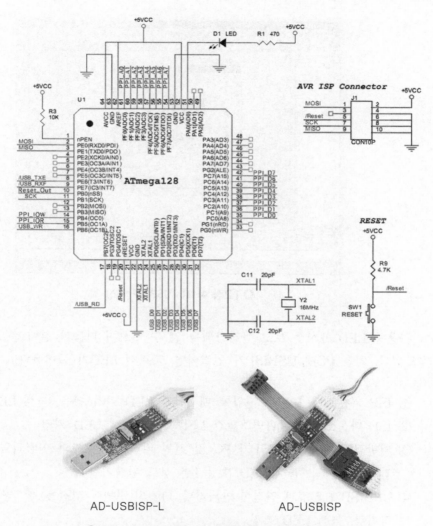

AD-USBISP-L   AD-USBISP

○ **[그림 4-10] ATmega128 회로도와 AD-USBISP**

2) AD-USBISP 사용법

AVR의 C언어 컴파일러인 CodeVisionAVR에서 USBISP 사용하기 위해서는 다음 그림과 같이 프로그램에서 세팅을 하여야 한다. AVR Chip Programmer Type를 "Atmel STK500/AVRISP"로 설정한 후에 사용해야 한다. 그리고 제어판의 장치관리자에서 컴퓨터가 AD-USBISP를 인식한 시리얼 포트에 맞게 설정한다.

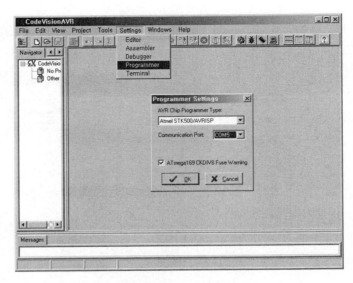

○ [그림 4-11] USBISP 세팅

사용중 LED 표시를 보고 동작상태를 알 수 있으며 다음과 같이 총 5가지 모드가 있다. 처음 PC에 USBISP가 연결되면, 파란색 LED가 들어온다.

① ISP 다운로딩 모드로 진입할 때 : 빨간 LED 켜져 있음. 녹색 LED 꺼짐
② ISP 다운로딩이 끝나면 : 빨간 LED 꺼짐. 녹색 LED 켜짐
③ 일반적인 상태(USBISP가 PC 및 전원 켜진 타깃보드와 연결되었을 때) : 빨간 LED 꺼짐. 녹색 LED 초당 1번 정도 깜빡거림
④ USBISP가 타깃과 연결이 안되거나, 타깃의 전원이 꺼졌을 때 : 빨간 LED 깜빡거림. 녹색 LED 꺼짐.
⑤ 다운로드 에러 시 : 4초간 빨간 LED와 녹색 LED가 모두 깜빡거리고, 다시 일반적인 상태의 LED 모드로 진입한다.

PC의 USB에 USBISP가 연결되면 LED가 AVR보드와 연결 안 되었을 때는 빨간색으로 깜빡인다.

USBISP의 /RESET선과 전원 켜진 타깃 AVR의 /RESET이 서로 연결되면, 초록색으로 깜빡인다. 다운로드하는 동안은 빨간색이 켜져 있고 다운로드가 끝나고 나면 다시 초록색이 켜져 있다가, 잠시 후, 초록색이 깜빡이게 된다.

4.2 MCU 제어용 MPS와 인터페이스 보드

ATmega128 MCU를 기반으로 미니 MPS를 인터페이스하고, 제어할 수 있도록 미니 MPS 구조와 인터페이스 회로에 대하여 이해하여야 한다.

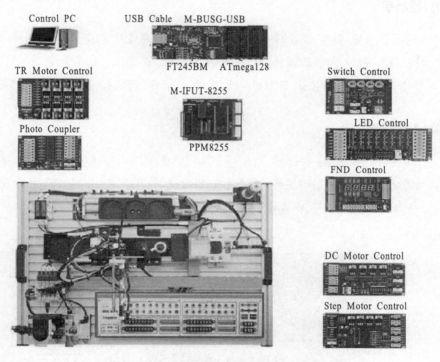

○ [그림 4-12] 미니 MPS와 인터페이스 모듈

4.2.1 미니 MPS

미니 MPS(Modular Production System)는 여러 모듈로 구성된 생산 시스템으로서 소형으로 축소한 교육용 실험 장치로 개발된 장비이다. 각 구성 요소는 다음과 같다.

(1) 공급부

매거진에 적재된 재료(제품)를 공급실린더에 의해 하나씩 컨베이어 공정으로 공급이 되도록 공급실린더, 매거진, 공급블록으로 구성된다.

(2) 컨베이어부

공급부로부터 공급된 재료의 이송을 위한 컨베이어로 소형 DC모터와 둥근 벨트로 연결이 되어 컨베이어가 구동되며, 컨베이어 벨트, DC모터, 둥근 벨트용 풀리로 구성된다.

(3) 센서부

공급공정에 의해 공급 유닛으로부터 공급된 재료가 이송공정에 의해 컨베이어로 이동되며 광센서에 의해 물체 유무를 감지할 수 있고, 자기형 근접센서에 의해 금속이 검출되며 용량형 근접센서에 의해 비금속 물체를 판별할 수 있다.

(4) 스토퍼부

컨베이어에 의해 공급된 재료가 이동 중에 흡착이동부에서 재료를 분류하여 적재함에 적재가 가능하도록 컨베이어 위에서 위치를 잡아주는 역할을 하기 위하여 스토퍼가 사용된다. 광센서에 의해 재료의 유무 확인이 가능하다.

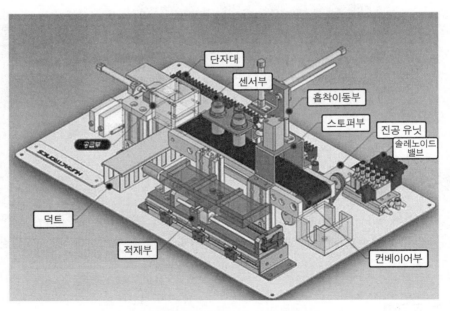

○ [그림 4-13] 미니 MPS 전체 구성도

(5) 흡착 이동부

스토퍼에 의해 컨베이어 위에서 정지된 재료를 적재 창고에 분류하여 적재하기 위하여 이송하는 공정으로 진공패드, X축 실린더, Y축 실린더 등으로 구성된다.

(6) 적재부

흡착이동부에서 분류된 재료를 적재하는 공정으로 3개의 적재함이 있고 모터와 볼 스크루, 리미트 스위치에 의해 지정된 위치로 적재가 가능하다.

이외에 솔레노이드 밸브와 흡입하기 위한 진공장치, 공압조절기 등이 있다.

4.2.2 MCU 보드 및 MPS 제어용 인터페이스 보드

여러 개의 모듈들로 구성된 인터페이스 보드들의 원활한 사용을 위해서는 필수적으로 회로를 이해하여야 한다. 실제적인 회로는 프로그래밍 단계에서 제시되며 반드시 회로를 먼저 이해하고 거기에 맞는 프로그래밍을 하여 제어해야 한다.

(1) ATmega128 보드

ATmega128-16AU, 16MHz의 Crystal, MAX232와 D-SUB 커넥터, ISP 10핀 커넥터, A포트~F포트까지 6개의 8핀 커넥터, G포트의 5핀 커넥터 등으로 구성되어 있다.

1) ATmega128 보드 PCB

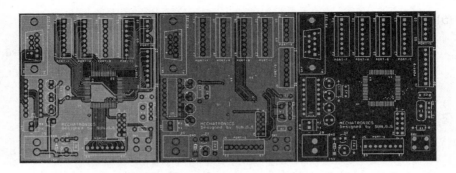

2) ATmega128 보드 회로도

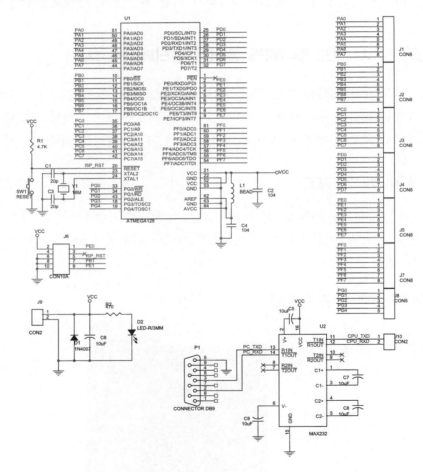

(2) LED 컨트롤 보드

마이크로컨트롤러의 포트 I/O 실습용으로 주로 사용되며 정논리로 점등되는 LED 8개와 7404 IC를 사용하여 부논리로 동작하는 LED 8개로 구성된다. 이 보드는 제어 장치의 동작 상태를 LED 출력으로 확인할 때에도 자주 사용된다.

1) LED 컨트롤 보드 PCB

○ [그림 4-14] LED 컨트롤 보드

2) LED 컨트롤 보드 회로도

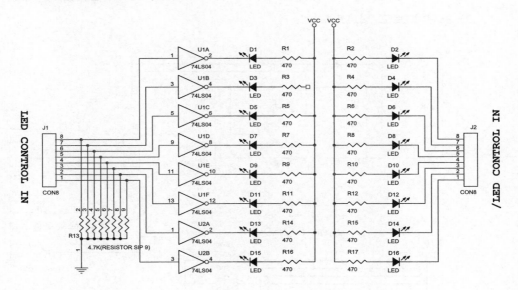

(3) 스위치 보드

4개의 토글 스위치와 4개의 소형 푸시 버튼 스위치, 로터리 엔코더로 구성된다.
이 보드는 제어 장치에 동작 명령을 입력할 때 자주 사용된다.

1) 스위치 보드 PCB

○ [그림 4-15] 스위치 보드

2) 스위치 보드 회로도

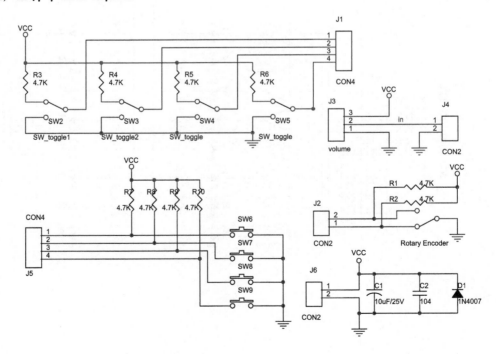

(4) FND 컨트롤 보드

4개의 FND로 구성되며 8비트 데이터로 STATIC, DYNAMIC 방식으로 점등 제어를 할 수 있고 BCD 코드의 4비트만으로 74LS47 BCD 디코더를 사용하여 점 등할 수 있다. 제어 장치의 동작 상태를 LED 출력으로 확인할 때도 있지만 FND 의 숫자 출력으로도 자주 사용된다.

1) FND 컨트롤 보드 PCB

○ [그림 4-16]   FND 컨트롤 보드

2) FND 컨트롤 보드 회로도

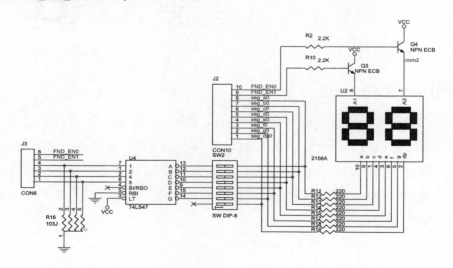

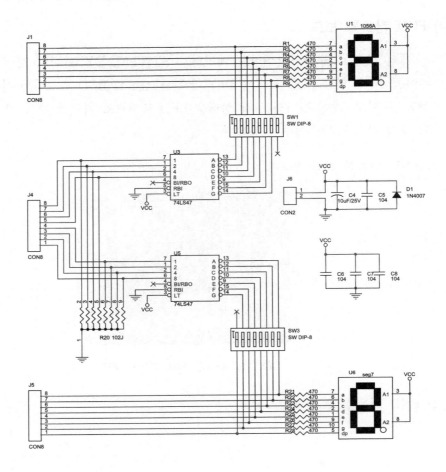

(5) 포토커플러 보드

각종 센서, 솔레노이드 밸브, 실린더 리드스위치, 리미트 스위치 등은 24V를 사용하고 MCU는 TTL 레벨의 5V를 사용하고 있다. 또한 데이터의 입력과 출력시에 전기적으로 절연함과 동시에 전압 24V에서 5V로 인터페이스 하는 데 사용한다. 이와 같이 서로 사용하는 전압이 다르고 전기적으로 절연 효과를 보고자 할 때 많이 사용된다.

1) 포토커플러 보드 PCB

♦ [그림 4-17] 포토커플러 보드

2) 포토커플러 보드 회로도

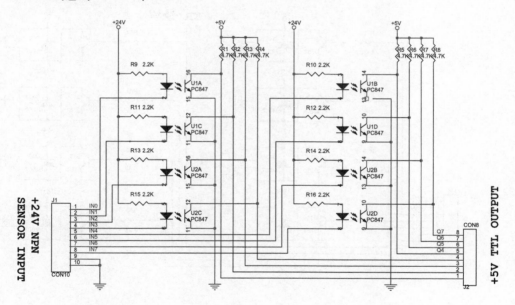

(6) TR 보드

MCU의 제어 데이터는 TTL 레벨의 5V를 사용하고 있다. 24V로 동작하는 솔레노이드 밸브, 모터, 램프 등을 구동하기 위하여 5V를 DC 24V로 출력되게 하는 데 사용된다.

1) TR 보드 PCB

○ [그림 4-18] TR 출력 보드

2) TR 보드 회로도

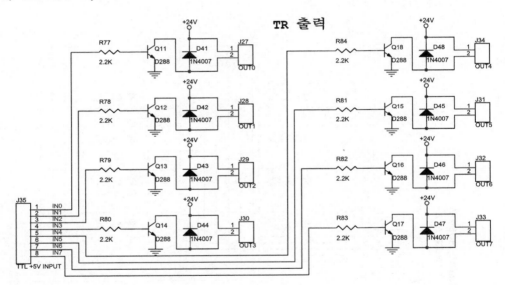

(7) DC 모터 보드

TR 브리지 회로를 이용하여 DC모터를 정회전, 역회전 할 수 있으며, L298 DC 모터 전용 드라이버 IC를 이용하여 DC모터를 정회전, 역회전, 정지 동작으로 구동할 수 있다.

1) DC 모터 보드 PCB

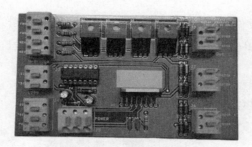

○ [그림 4-19] DC 모터 컨트롤 보드

2) DC 모터 보드 회로도

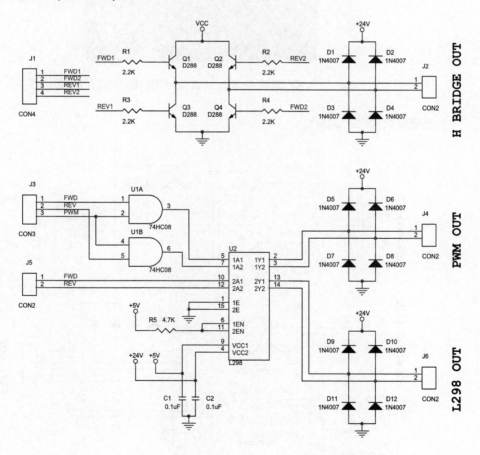

(8) 스텝 모터 보드

4개의 TR을 이용하여 스텝모터를 정회전, 역회전 할 수 있으며, SLA7024 스텝 모터 전용 드라이버 IC를 이용하여 스텝모터를 정회전, 역회전, 정지 동작으로 구 동할 수 있다.

1) 스텝모터 보드 PCB

○ [그림 4-20] 스텝 모터 컨트롤 보드

2) 스텝모터 보드 회로도

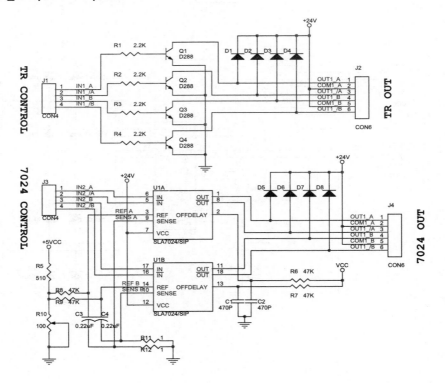

4.3 MCU 제어 프로그래밍

　　마이크로컨트롤러를 사용하여 제어대상을 원하는 동작으로 제어하기 위해서는 회로에 맞는 프로그램을 작성해서 컴파일한 후, 마이크로컨트롤러에 저장시킨 다음에 동작시킨다. 프로그램 언어는 여러 가지 언어가 있지만 C언어는 어셈블리보다 이식성이 좋을 뿐만 아니라 사용자가 사용하기에 편리하여 생산성이 뛰어나므로 현재 많이 사용되어지고 있는 프로그래밍 언어이다.

　　2장에서 살펴본 C언어는 PC에서의 범용 프로그래밍이 목적이었으나 4장에서는 마이크로컨트롤러를 사용하여 하드웨어 제어하기 위한 C언어 문법을 다루게 된다. 2장에서 살펴본 C언어 문법과 동일하나 마이크로컨트롤러 포트의 설정과 선언할 헤더파일 등이 다르다. 따라서 중복된 부분은 제외하고 필수적으로 알아야 할 헤더파일과 포트 선언 방법과 CodeVisionAVR 컴파일러 사용법 등을 살펴본다.

4.3.1 MCU 제어를 위한 C언어

　　다음의 예제 프로그램은 ATmega128의 포트 A에 8비트 0V 출력 후 일정 시간 지연 후에 8비트 5V 출력을 계속적으로 반복하는 프로그램이다.

```
1 :   #include <mega128.h> //ATmega128 포트주소, 레지스터 선언
2 :   #include <delay.h>    //지연 시간 함수(내장 함수) 사용 가능
3 :   void main(void)
4 :   {
5 :     int i;             //변수 선언은 함수 시작 부분에 가장 먼저
6 :     PORTA=0x00; //A포트 초깃값은 8비트 모두 0V 출력
7 :     DDRA=0xff;   //A포트를 출력으로 사용
8 :
9 :     while(1)          //MCU는 거의가 무한루프 안에서 프로그래밍
10 :    {
11 :        PORTA=0x00;   //A포트 8비트에 0V 출력
12 :        delay_ms(1000); //1초 지연 효과
13 :        PORTA=0xff;     //A포트 8비트에 5V 출력
14 :        delay_ms(500);  //0.5초 지연 효과
15 :    }
16 : }
17 :
```

⬥ **[그림 4-21] 프로그램의 기본 구성 예**

이 프로그램은 기본적인 C언어의 형태로 크게 나누어본다면 1행의 mega128.h 헤더 파일 선언부와 3행~18행의 main 함수로 이루어져 있다.

(1) mega128.h 헤더 파일

mega128.h 헤더 파일은 ATmega128 MCU를 사용하기 위해서 꼭 필요한 각종 레지스터, 함수, 상수 등을 정의한 것으로 컴파일하기 전에 소스에 포함시켜서 컴파일하여 에러 없이 레지스터나 함수 등을 편리하게 사용하도록 해준다.

```
<mega128.h 헤더 파일 내용>
// CodeVisionAVR C Compiler
// (C) 1998-2004 Pavel Haiduc, HP InfoTech S.R.L.
// I/O registers definitions for the ATmega128
#ifndef _MEGA128_INCLUDED_
#define _MEGA128_INCLUDED_
#pragma used+
//중략
sfrb PINB=0x16;
sfrb DDRB=0x17;
sfrb PORTB=0x18;
sfrb PINA=0x19;
sfrb DDRA=0x1a;
sfrb PORTA=0x1b;
#pragma used-
//중략
#define PING (*(unsigned char *) 0x63)
#define DDRG (*(unsigned char *) 0x64)
#define PORTG (*(unsigned char *) 0x65)
//중략
// Interrupt vectors definitions
//중략
#define EXT_INT0 2
#define EXT_INT1 3
//중략
#define TIM0_COMP 16
#define TIM0_OVF 17
#define USART0_RXC 19
#define USART0_DRE 20
#define USART0_TXC 21
//생략
```

mega128.h 헤더 파일에는 ATmega128에 사용되는 레지스터들이 미리 정의되어 있다. 앞의 예제 프로그램에서 레지스터인 DDRA나 PORTA가 정의가 되어 있기 때문에 프로그램을 컴파일시켜도 에러가 생기지 않는 것이다.

위의 예제에서는 사용되지 않았지만 동작을 일정 시간 지연하기 위해서 많이 사용하는 delay_ms( ), delay_us( ) 함수 등은 프로그램에서 사용하기 위해서는 선언부에 아래와 같은 delay.h 파일을 "#include <delay.h>"와 같이 선언하고 사용하면 된다.

헤더파일을 살펴보면 함수의 원형은 보이지 않고 사용법만 보인다. 이는 개발자의 소스 보호를 위한 방법이며 실제 함수는 라이브러리 형태로 제공되므로 실행에는 관계가 없이 동작이 가능하게 된다.

```
<delay.h 헤더 파일 내용>
// CodeVisionAVR C Compiler
// (C) 1998-2000 Pavel Haiduc, HP InfoTech S.R.L.
#ifndef _DELAY_INCLUDED_
#define _DELAY_INCLUDED_
#pragma used+
void delay_us(unsigned int n);
void delay_ms(unsigned int n);
#pragma used-
#endif
```

(2) main함수

C언어로 작성한 프로그램은 함수가 여러 개일 수 있으나 프로그램 실행은 main( ) 함수 첫줄에서부터 시작하여 main( )함수 마지막 줄에서 끝나게 된다. 여러 개의 함수여도 main( ) 함수에서 호출하여 실행하기 때문이다. 또한 main( ) 함수는 반드시 1개가 존재해야 한다.

① main( ) 함수 선언 후 바로 변수나 상수 등을 선언하고 사용할 포트, 외부 인터럽트, 타이머/카운터, 시리얼포트 등을 사용하면 해당되는 레지스터에 값을 세팅하여 설정을 먼저 한다.

② 마이크로컨트롤러는 전원이 공급되는 한 계속 동작되어야 하므로 무한루프 안에 실제로 제어할 코드를 넣게 된다. 이는 일반적인 PC에서의 범용적인 프로그램과 다른 내용이다. PC에서 프로그램이 동작한다면 사용자가 컴퓨터를 부팅하게 되

고 프로그램을 실행하며 종료 시에도 정상적으로 종료 버튼을 눌러 프로그램을 종료하게 되므로 사용 환경이 마이크로컨트롤러와는 많이 다르게 된다.

실제적인 프로그램은 회로를 구성하기에 따라서 다르게 표현된다. 앞으로 마이크로컨트롤러의 여러 가지 기능을 다루면서 회로와 함께 프로그래밍을 하게 된다.

(3) 많이 사용되는 변수의 종류와 데이터 표현

기존의 C언어에서 사용되는 자료구조를 사용할 수 있으나 마이크로컨트롤러는 사용하는 메모리는 일반 PC에 비하여 너무나 적다. 따라서 변수를 선언하여 사용할 때 꼭 필요한 크기의 변수 타입을 선택하여 선언하고 사용하여야 한다. 많이 사용되는 변수 선언 방법을 살펴본다.

① bit METAL=0;
1비트 크기의 데이터를 저장할 Boolean 변수로 0과 1의 값만 가질 수 있다.
② unsigned char i=0;
8비트 크기를 가지며 단일 문자를 표현할 수도 있지만 0~255까지 양수의 값만 가질 수 있다.
③ char i=0;
8비트 크기를 가지며 단일 문자를 표현할 수도 있지만 대부분 컴퓨터가 2의 보수로 음수를 표현하므로 +127~-128까지 값만 가질 수 있다.
④ unsigned int i=0;
32비트 크기를 가지며 양의 정수 +0~+4294967275까지 양수의 값만 가질 수 있다.
⑤ int i=0;
32비트 크기를 가지며 정수 -2147483648~+2147483647까지 양수와 음수의 값만 가질 수 있다.

마이크로컨트롤러 프로그램에서 데이터를 표현할 때에는 16진수를 가장 많이 사용한다. 이는 입력과 출력 시에 포트(8비트) 단위로 처리가 되는 경우가 많고 BCD(4비트) 데이터들을 많이 취급하기 때문이다. 16진수의 숫자를 보면 어떤 핀이 High(5V) 또는 Low(0V)로 입출력되는지 바로 판단할 수 있기 때문이다.

10진수로 255의 값을 10진수, 2진수, 8진수, 16진수로 각각 표현해본다.

① 10진수로 표현 : 255
② 2진수로 표현 : 0b11111111
　 숫자 0을 시작으로 소문자 b(binary)를 붙이고 2진 값을 표시한다.
③ 8진수로 표현 : 00377
　 숫자 0을 시작으로 다시 숫자 0을 붙이고 3비트씩 8진수 값을 표시한다.
④ 16진수로 표현 : 0xFF
　 숫자 0을 시작으로 소문자 x(hexa)를 붙이고 4비트씩 16진수 값을 표시한다.

4.3.2 CodeVisionAVR 컴파일러

　CodeVisionAVR 컴파일러는 HP InfoTech사에서 제작한 통합환경을 지원하는 C컴파일러다. CodeVisionAVR은 ATmega128 등의 Atmel사의 AVR의 패밀리를 위해 설계된 통합 개발 환경 및 자동 프로그램 생성기를 내장한 C언어 컴파일러로 에디터는 물론 컴파일러, 프로그램 다운로드 기능을 모두 가지 있기 때문에 사용자가 작성한 프로그램을 컴파일한 후에 바로 ATmega128의 내부 플래시 프로그램 메모리에 다운로딩하여 실행시킬 수가 있다. 또한, CodeVisionAVR은 윈도즈에서 실행되는 32비트 어플리케이션 프로그램 형태로 되어 있으며, AVR 구조와 임베디드 시스템에 가장 적합하도록 ANSI C 언어의 모든 구성요소와 거의 가깝게 구현되었다. 뿐만 아니라 CodeVisionAVR C컴파일러는 다음과 같은 인터페이스용 라이브러리를 가지고 있다.

- 문자형 LCD 모듈 인터페이스
- Philips I^2C 버스
- National Semiconductor사의 LM75 온도센서
- Philips PCF8563, PCF8583, Dallas Semiconductor DS1302, DS13047 클록
- Dallas Semiconductor 1-Wire 프로토콜
- Dallas Semiconductor DS1820/DS1822 온도센서
- Dallas Semiconductor DS1621 온도계/온도조절장치
- 전원관리
- Time-Delay Function 지원

등의 라이브러리를 가지고 있어 해당하는 부품을 사용한 프로그램 작성을 쉽게 할 수 있으며 또한, CodeVisionAVR 컴파일러는 다음과 같은 기능의 구현에 필요한 모든 코드를 생성하는 마법사와 같은 자동 프로그램 생성기를 내장하고 있다.

- 외부 메모리 액세스(Access) 기능
- 칩 리셋 소스 정의
- 입·출력 포트 초기화
- 외부 인터럽트 초기화
- 타이머/카운터 인터럽트 초기화
- 워치-독 타이머 초기화
- UART 초기화
- 아날로그 비교기 초기화
- A/D 변환기 초기화
- SPI 인터페이스 초기화
- LM75 온도센서, DS1621 온도계/온도조절장치 DS1307 Real-Time Clock 초기화
- 1-Wire 버스 및 DS1820/DS1822 온도센서 초기화
- LCD 모듈 초기화

(1) CodeVisionAVR 컴파일러 구성

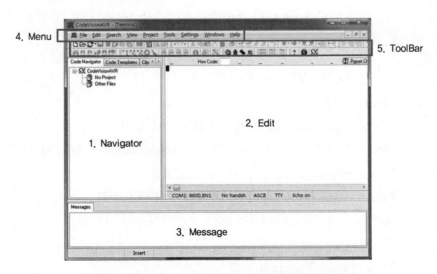

○ [그림 4-22] CodeVisionAVR 컴파일러 구성

CodeVisionAVR 컴파일러 구성은 그림 4-22와 같고, 각각의 구성요소에 대한 기능은 다음과 같다.

① Navigator : 소스파일을 보다 쉽게 표시하거나 파악할 수 있고 열 수 있게 한다. 또한, 프로젝트 밑에 있는 파일들은 컴파일 대상파일을 쉽게 보여주며, 컴파일 과정에서 에러나 경고가 발생하면 Navigator 윈도에서 확인할 수 있다. Other File 밑에 있는 파일은 현재 편집 창에 오픈 되어 있는 파일명을 보여줄 뿐이며, 컴파일과 아무런 관계가 없다.

② Edit : 사용자가 C 소스 및 헤더 파일을 작성하거나 이미 존재하는 C 소스 파일을 열면 화면상에 표시되는 곳이다. Edit 화면의 좌측에는 라인 수가 표시되고, 주석, 코드, 함수, 정의어 등에 따라 각각 다른 색으로 표시되어 사용자가 이를 쉽게 구별할 수 있게 해준다.

③ Message : 컴파일 과정에서 에러나 경고가 발생했을 경우에 메시지가 표시되는 부분으로 Navigator에 표시되는 메시지와 같다.

④ Menu : CodeVisionAVR 컴파일러의 모든 기능을 사용할 수 있는 메뉴로 프로젝트 파일 및 소스 파일을 열거나 저장할 수 있으며, 컴파일이나 메이크 과정을 수행할 수도 있다.

⑤ ToolBar : 자주 사용하는 메뉴를 모아 놓은 부분으로 마우스 커서를 해당 툴바에 가져가면 기능을 보여준다.

(2) CodeVisionAVR 컴파일러 사용법

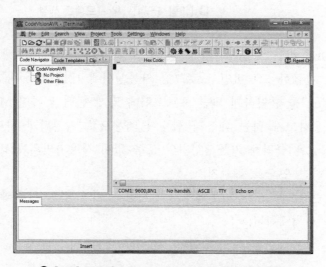

○ [그림 4-23] **CodeVisionAVR 컴파일러 실행**

① 그림 4-23은 CodeVisionAVR 컴파일러를 실행시킨 초기 화면이다. 메뉴 탭
  에서 File/New를 선택하면 프로젝트나 소스파일을 작성할지를 선택하는 메
  시지 창이 나타난다. 근래의 프로그래밍 환경은 프로젝트를 먼저 만들고 생성
  된 프로젝트 안에서 프로그래밍을 하게 된다. 프로그램 작성은 C언어 소스만
  있어서는 되는 것이 아니라 매번 프로젝트를 먼저 만들고 소스파일을 작성하
  는 습관을 가져야 한다.

② 그림 4-24에서처럼 프로그램의 작성하기 위해서 New를 이용해 파일을 생성하
  려고 하면 작성형태를 묻게 된다. "Project"를 선택하고 "OK"를 클릭해보자.

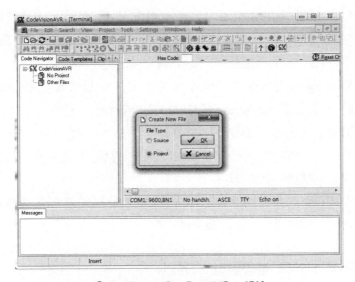

○ [그림 4-24] 새 프로젝트 생성

③ "OK" 버튼을 클릭하게 되면 위 그림처럼 새로운 프로젝트를 생성할 때 앞에
  서 언급한 코드비전 프로그램 자동생성에 대한 언급이 나온다.

  "Yes"를 클릭하게 되면 프로그램에 맞게 선택만 하면 Main() 함수를 비롯해
  사용하고자 하는 내용의 함수가 자동으로 생성되게 된다. 하지만, 여기서는
  "No"를 클릭해 자동생성기의 도움 없이 사용자만의 스타일로 프로그램을 작
  성하는 연습을 해보자.

  일반적으로 코드 자동생성기의 사용은 어느 정도 익숙해진 후에 사용하는 것
  이 바람직하다.

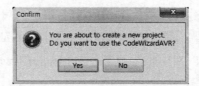

○ [그림 4-25] 코드 자동생성기의 사용 선택

④ "No"를 클릭하게 되면 그림 4-26과 같은 화면이 나오게 되는데 이는 작성하
고자 하는 프로젝트 이름을 입력하는 부분이다.

프로젝트는 여러 개의 파일을 관리하게 된다. 따라서 "\bin" 폴더에 바로 프
로젝트를 생성하지 말고 c:\cvavr2\work 디렉터리를 만들고 앞으로 프로그
래밍을 한 결과를 저장할 work 디렉터리를 먼저 생성해 놓는다.

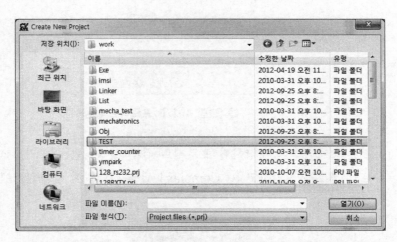

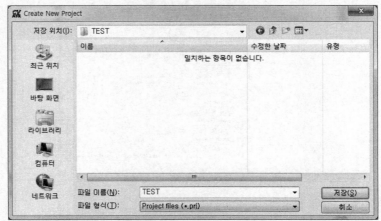

○ [그림 4-26] Project Name 입력

⑤ 그 아래에 다시 프로젝트 디렉터리인 TEST 디렉터리를 만든 다음에 가능하면 프로젝트와 같은 폴더를 생성하고 그 안에 프로젝트를 생성해보자. 즉 지금 작성하는 TEST 프로젝트 경로는 "c:\cvavr2\work\TEST\TEST.prj"가 된다.

○ [그림 4-27] 프로젝트 설정

⑥ 프로젝트 이름을 저장하면 프로젝트 환경 설정하는 윈도가 나타난다. 프로젝트의 경로를 확인하고 [C Compiler] 탭을 선택하여 컴파일러에 대한 환경 설정을 한다.

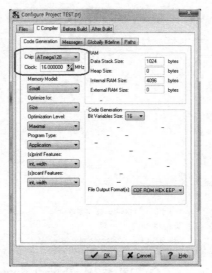

○ [그림 4-28] Chip 및 Clock 선택

[C Compiler] 탭에서는 사용할 AVR 칩이 ATmega128이므로 선택하고 사용하는 동작 주파수는 16MHz이므로 입력한다. 이때 반드시 자기가 사용하는 MCU가 ATmega128인지 ATmega128L인지 확실하게 파악하여 입력함에 주의해야 한다.

사용하는 클록주파수 또한 MCU 보드 위의 크리스털 숫자를 확인하여 입력해야 한다. SRAM, Memory Model 등의 다른 항목은 사용자가 사용 여부에 따라 수정하면 된다.

⑦ [After Make] 탭을 선택하여 컴파일 후에 바로 ISP로 Write되도록 설정한다.

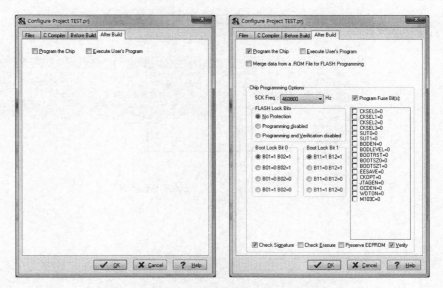

○ [그림 4-29] Program the Chip 선택

그림 4-29는 작성된 프로그램을 컴파일한 후에 에러가 없을 시 ISP 케이블을 통해 AVR의 내부 플래시 메모리에 프로그램을 다운로드 할지 여부를 선택하는 부분이다.

만약에 "Program the Chip"를 선택하지 않으면 작성된 프로그램을 컴파일해서 에러 여부만을 알려주고 에러 없을 시 다운로드할 것인지는 물어보지 않는다. 이 경우에는 생성된 기계어를 다운로드할 수 있는 기능이 따로 있지만 개발의 능률을 위해서 기본적으로 그림 4-29와 같이 Check Signature와 Verify 2개만 체크되도록 선택하여 "OK"를 선택한다.

⑧ 프로젝트가 생성이 다 되었다면 프로그램을 작성할 수 있는 Edit 창을 생성한
다. 이 Edit 창은 프로그램의 소스가 되는 부분이다.

메뉴 탭에서 File/New를 선택하면 프로젝트나 소스파일을 작성할지를 선택
하는 메시지 창이 나타난다. 이번에는 "Source"를 선택하고 "OK" 버튼을 누
른다.

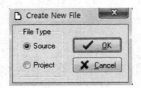

○ [그림 4-30] 소스 입력

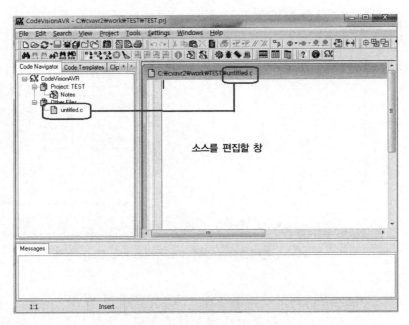

○ [그림 4-31] 소스 편집 창 생성

그림 4-30에서 소스를 선택하게 되면 그림 4-31과 같이 프로그램을 작성할
수 있는 편집 창이 생성되며, 기본 파일 이름은 "untitled.c"이다. 이 파일은
다음에 파일 이름을 변경한 후에 프로젝트에 포함시켜야 한다.

○ [그림 4-32]　소스파일 저장

⑨ 그림 4-32는 소스파일을 저장하는 부분으로 "untitled.c"로 생성된 것을 File\Save as 메뉴를 선택하고 "TEST.c"로 정상적인 파일명으로 저장하여 소스파일을 프로젝트 폴더에 저장하는 모습을 보이고 있다. 프로그램을 작성한 후에 저장해도 되지만, 미리 저장하고 프로그램을 작성하는 것이 컴파일 후 에러를 확인하고 프로그램을 다운로드하는 데 편리하다.

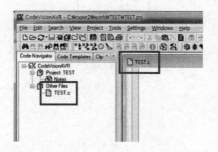

⑩ 그림 4-32처럼 "TEST.c" 파일로 새이름으로 저장되었다고 해서 소스 파일이 프로젝트에 포함된 것은 아니다. 저장된 소스파일을 프로젝트에 포함시키기 위해서는 그림 4-33과 같이 "Project/Configure" 메뉴를 선택하고 나타난 프로젝트 설정 창에서 "Add" 버튼을 눌러 "TEST.c" 파일을 프로젝트에 포함시켜야 한다.

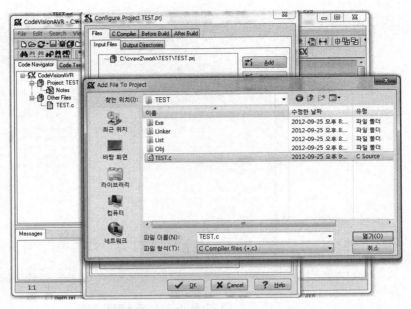

● [그림 4-33] 프로젝트에 소스파일 추가

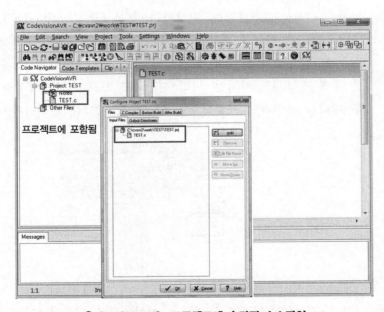

● [그림 4-34] 프로젝트에 추가된 소스파일

(2) 컴파일 및 실행코드 다운로딩

1) 소스코드 작성

TEST.C 소스코드를 다음 그림과 같이 편집 창에서 입력한다.

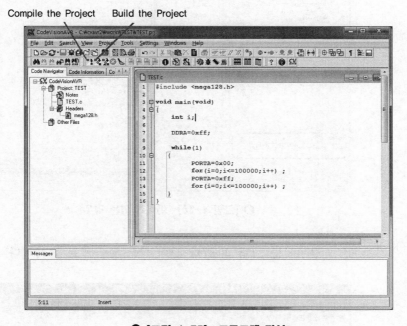

● [그림 4-35] 프로그램 작성

2) 컴파일 작업(Compile the Project)

소스코드를 작성하였다면 그림 4-35의 툴바나 메뉴에서 [Compile the Project] 버튼을 클릭하게 되면 컴파일하여 기계어 코드를 생성하게 된다.

컴파일을 하게 되면 에러와 경고 발생여부를 알 수 있게 된다. 컴파일 과정 중에 먼저 C언어 문법에 맞게 작성되었는지 검사하는 과정을 거치게 된다. 그림 4-36의 경우에는 C언어 문법에 맞지 않아서 에러가 발생된 경우를 보여주고 있다.

Code Navigator(프로젝트) 창과 아래의 Message 창, 컴파일 결과를 알려주는 Information 메시지 창에 컴파일 결과가 나타난다. Message 창이나 Code Navigator 창의 에러 메시지를 마우스로 더블클릭하면 소스코드의 에러가 있는 부분에 커서가 옮기면서 에러가 있는 부분을 표시해 주므로 편리하게 에러를 찾을 수 있다. 에러는 반드시 에러 표시 부분 줄이나 바로 위쪽 줄에 에러가 발생한 것 이므로 위쪽 줄까지 살펴보아야 한다.

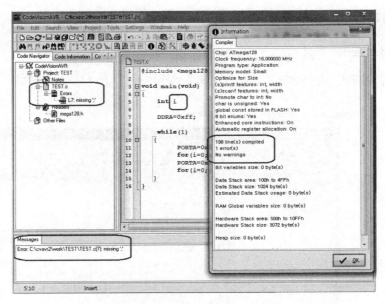

○ [그림 4-36] 에러가 있는 경우

에러가 없는 경우에는 그림 4-37과 같이 "No Error"로 표시된다.

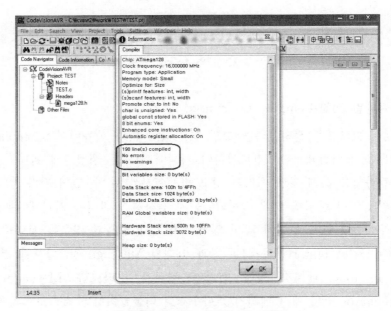

○ [그림 4-37] 에러가 없는 경우

3) 링크 작업(Build the Project)

컴파일 작업을 하여 기계어 코드로 번역을 완료하였으면 각종 라이브러리 등을 링크하여 실행할 수 있는 기계어 코드로 만들게 되는 과정인데 에러 발생이 없다면 "C:\cvavr2\work\TEST\Exe" 디렉터리에 "TEST.hex" 파일과 "TEST.rom" 파일이 생성된다.

우리가 MCU의 프로그램 메모리인 플래시 메모리에 다운로드하기 위해 필요로 하는 파일은 "TEST.hex"이다.

그림 4-38과 같이 에러 없이 Build 과정을 마치면 Information 창 아래에 "Program the chip" 버튼이 보이게 된다. 이 버튼을 누르면 MCU에 다운로드를 할 수 있다.

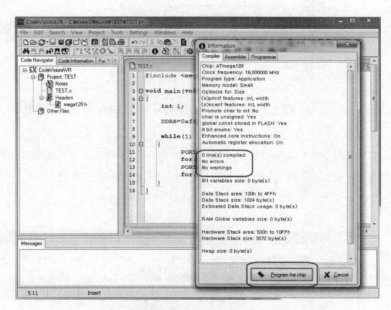

○ [그림 4-38] 에러 없이 Build가 끝난 경우

4) 실행코드 다운로딩

먼저 USBISP 케이블을 ATmega128 보드의 ISP 포트에 연결하고 그림 4-11에서 살펴본 바와 같이 USBISP의 통신포트가 맞게 설정한다.

그림 4-38에서 [Program the chip] 버튼을 클릭하게 되면 생성된 기계어 코드인 헥사(intel format) 파일이 ISP를 통해 ATmega128의 플래시 메모리로 다운로딩하고 MCU의 동작을 바로 확인할 수 있다.

그림 4-39는 제어판의 장치관리자에서 USBISP의 시리얼 포트를 확인한 것을 나타낸다.

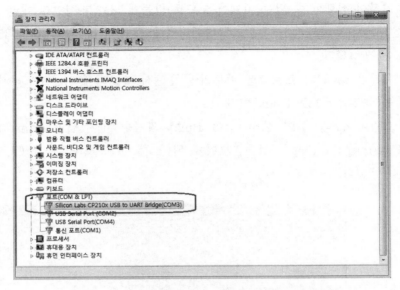

○ [그림 4-39] 제어판에서 USBISP의 통신포트 확인

[Setting/Programmer] 메뉴를 선택하여 AVR Chip Programmer Type과 통신 포트를 다음 그림과 같이 설정한다. 처음에 한번 설정하면 설정 값을 기억하고 있어서 변경되기 전에는 다운로딩을 바로 할 수 있다.

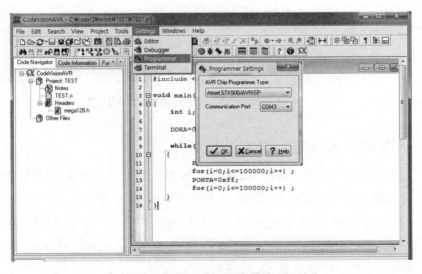

○ [그림 4-40] USBISP의 통신포트 설정

그림 4-41은 프로그램이 컨트롤러의 플래시 메모리에 100% 다운로드 완료되는 모습을 보여주고 있다. 다운로드가 완료되면 "Verifying the FLASH Programming" 화면이 나오면서 다시 한 번 재확인하게 된다. 이러한 과정이 끝나면 ISP가 연결된 ATmega128 보드가 동작을 실행된다.

○ [그림 4-41] 프로그램 다운로딩

(3) 이미 생성된 핵사(Hex) 파일을 다운로딩하는 방법과 칩 프로그래머 사용법

① USBISP의 종류와 통신포트가 맞게 설정된 상황에서 [Tools/Chip Programmer] 메뉴를 선택하면 그림 4-42와 같이 칩 프로그래머 창이 나타난다.

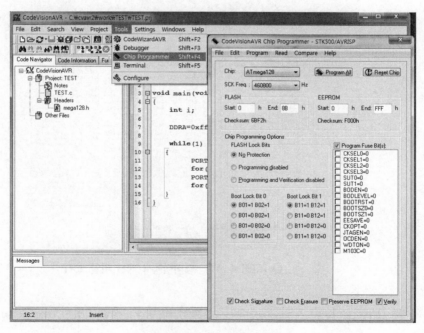

○ [그림 4-42] 칩 프로그래머

② 칩 프로그래머 창에서 [File/Load FLASH]를 선택하여 다운로딩할 intel format의 핵사 파일을 선택한다.

○ [그림 4-43] 헥사 파일 선택

- [Edit/FLASH]를 선택하여 핵사 파일의 내용을 확인할 수 있다.

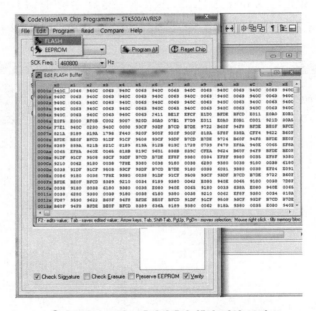

○ [그림 4-44] 에디터에서 핵사 파일 보기

③ [Program/FLASH] 메뉴를 선택하여 바로 다운로딩한다.

- [Program/Erase Chip] 메뉴를 선택하면 기존에 플래시메모리에 저장되어 있는 내용을 모두 지운다. 완벽하게 메모리를 지운 후에 작업하려면 Erase Chip을 실행한 후에 Program/FLASH] 메뉴를 실행해야 한다.

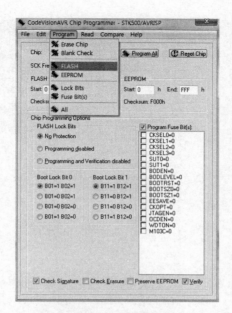

● [그림 4-45] 플래시에 다운로딩 메뉴

- 기존의 MCU의 플래시 메모리에 저장되어 있는 실행코드인 핵사코드의 내용을 읽어올 때에는 [Read/FLASH] 메뉴를 선택하면 컴퓨터로 읽어올 수 있다. 이때 [Edit/FLASH] 메뉴를 선택하여 에디터 창에서 내용을 확인 가능하고 [Edit/Save FLASH] 메뉴에서 파일로 저장도 가능하게 된다.

- 만약 위와 같이 MCU에 저장된 실행코드를 다른 사람이 볼 수 없도록 하려면 [Program/Lock Bits] 메뉴를 실행하여 락을 걸어 두어야 한다. 그러나 이 작업은 신중해야 한다. 만약 수업용 MCU에 이를 실행하면 다음부터는 프로그램이 다운로드되지 않기 때문에 더 이상 수업에 사용할 수 없게 된다. 그러므로 최종적으로 더 이상 프로그램 수정이 필요하지 않는다는 확신이 들 때 저작권 보호를 위하여 락을 걸어서 소비자에게 판매하기 직전에 사용하게 된다.

(4) 퓨즈비트 설정

AVR 프로세서를 처음에 프로그래밍할 경우에 Program Fuse Bit를 설정해야 한다.

클록소스 등에 따라서 달라지므로 먼저 설정 상태를 읽어야 한다.

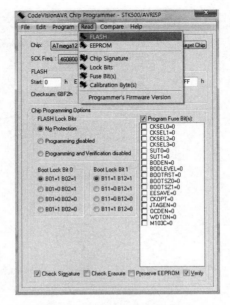

○ [그림 4-46] 플래시의 내용 읽어오기

그림 4-46과 같이 Read/Fuse Bit(s) 메뉴를 사용하여 퓨즈비트 상태를 읽으면 메시지 창에 체크된 부분은 "0"으로 나타난다. 처음 제품을 사용 시에는 기본적으로 M103C=0 부분 등 여러 부분이 체크되어 있다. 따라서 자기 사용환경에 따라서 변경해주어야 한다.

퓨즈비트 설정은 변경 시 한번만 작업하면 다시 변경하기 전까지는 현재의 상태가 유지된다. 퓨즈비트가 조금이라도 이상이 있으면 사용할 수 없으므로 신중해야 한다. 그림 4-46의 우측 하단에 체크박스들이 있는 부분이 퓨즈비트를 나타내는 부분이다. 퓨즈비트 설정시 각 항목에 체크가 되면 "0"이고, 체크가 없으면 "1"로 설정된 것이다.

우리가 사용하는 MCU보드는 외부 크리스털(16MHz)을 사용하므로 그림 4-46과 같이 모두 체크되지 않는 상태이어야 한다. 만약 M103C=0 부분이 체크되어 있으면 103 호환 모드로서 F포트와 G포트를 사용할 수 없게 된다. 퓨즈비트 설정을 프로그래머로 프로그램해야 설정이 변경된다.

먼저 박스 위의 "Program Fuse Bit(s)"를 체크하고 박스 안에 있는 해당 퓨즈비트를 체크한 후에 Program/Fuse Bit(s) 메뉴를 선택하여 기록한다. 퓨즈비트 설정이 끝나면 "Program Fuse Bit(s)"의 체크를 해제한다.

4.4 Atmega128 제어 실습

4.4.1 PORT의 입출력

(1) 스위치 입력과 LED 출력

〈 실습 개요 〉

스위치 제어 모듈, LED 제어 모듈 등을 MCU에 연결하고 4개의 스위치 입력에
따라 순차적으로 점등시켜서 범용 I/O포트의 입력과 출력 기능을 실험한다.

1) 제어동작 조건

① 실렉트 스위치1이 ON이면 0.5초 간격으로 다음 그림과 같이 계속 점멸한다.

② 실렉트 스위치2가 ON이면 0.3초 간격으로 다음 그림과 같이 왼쪽 시프트 한다.

③ 실렉트 스위치3이 ON이면 0.3초 간격으로 다음 그림과 같이 오른쪽 시프트 한다.

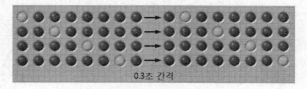

④ 실렉트 스위치4가 ON이면 0.3초 간격으로 왼쪽으로 채우면서 켜고, 모두 켜
지면 처음부터 다시 시작한다.

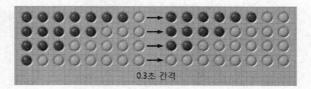

2) I/O PORT

순번	입력/출력	포트번호	모듈 연결 커넥터	비고(용도)
1	입력	PORTC.0	실렉트 스위치1	ON시에 0.5초간 점멸
2	입력	PORTC.1	실렉트 스위치2	LED 1개 왼쪽 시프트
3	입력	PORTC.2	실렉트 스위치3	LED 1개 오른쪽 시프트
4	입력	PORTC.3	실렉트 스위치4	0.3초 간격으로 왼쪽으로 켜기
5	출력	PORTA.0	LED 1	LED 출력용
6	출력	PORTA.1	LED 2	LED 출력용
7	출력	PORTA.2	LED 3	LED 출력용
8	출력	PORTA.3	LED 4	LED 출력용
9	출력	PORTA.4	LED 5	LED 출력용
10	출력	PORTA.5	LED 6	LED 출력용
11	출력	PORTA.6	LED 7	LED 출력용
12	출력	PORTA.7	LED 8	LED 출력용

3) 구성 회로도

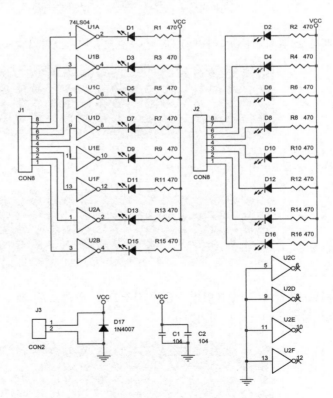

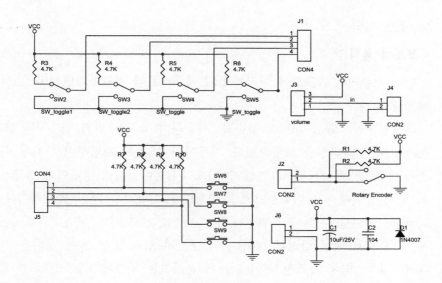

4) 실습 순서

① MCU 보드와 LED 보드, 스위치보드를 결선하고 전원을 연결한다.

✪ [그림 4-47] MCU 보드와 LED 보드, 스위치보드의 결선

② CodeVisionAVR 컴파일러를 사용하여 프로젝트를 작성한다.

- 프로젝트명 : LED1.prj
- 소스파일명 : LED1.c

③ 소스 코딩

< 포트의 출력 >

먼저 기본적인 A포트에 연결된 LED에 4비트씩 번갈아가면서 0.5초씩 점등되는 예제를 보자.

내장함수인 delay_ms( ) 함수를 사용하여 0.5초 간격으로 점등하기 위해서 "delay.h" 헤더파일을 포함하였다. 사용자가 0.5초를 지연하기 위해서 다른 연산을 반복 수행하면서 시간을 지연할 수 있으나 C언어에서는 명령어의 실행시간을 정확히 알아서 맞추기가 어려우므로 내장함수를 사용하는 편이 효율적이다.

main( )함수가 시작되고 변수나 포트선언을 먼저 하게 된다. "ATmega128의 외부 핀과 포트"에서 살펴본 바와 같이 포트에 입력 또는 출력 방향을 지정할 때는 DDR 레지스터에 출력할 핀의 위치에 해당하는 비트에 1을 입력하면 출력으로, 0을 입력하면 입력으로 포트가 동작하게 된다. 따라서 A포트에 8핀 모두 출력으로 사용하므로 "DDRA=0xFF"와 같이 설정해야 한다.

포트에 값을 출력할 때는 PORTA 레지스터에 16진수로 값을 대입하면 10진수를 사용하는 것보다 각 포트의 핀 위치에 따른 값을 바로 알 수 있으므로 편리하다. 포트 선언 시에 "PORTA=0x00" 문장은 생략이 가능하나 변수에 초깃값을 주는 것과 같이 본 프로그램에서 값이 바로 변할지라도 초깃값을 0x00으로 A포트의 8개 핀에 0V를 출력하는 초깃값을 지정한다. 이렇게 포트레지스터에 값을 입력하면 값이 변경할 때까지 그 값을 계속 출력하게 된다.

MCU 프로그램은 보통 무한루프 구조를 갖는다. 컴퓨터처럼 별도의 부팅과정이 없이 전원이 들어오면 계속적으로 동작되도록 해야 한다. 따라서 제어할 코드들은 while( ) 루프 안에 작성하게 된다. while문의 조건문이 TRUE 값을 갖는 숫자 1이므로 전원이 차단될 때까지 무한루프로 동작하는 것이다.

```
//LED1.c
#include<mega128.h> //ATmega128 AVR의 각종 레지스터 및 상수 등이 선언됨
#include<delay.h>    //delay_ms(), delay_us() 함수를 사용 가능하게 한다.

void main(void)
{
```

```
PORTA=0x00; //PORTA 초기화
DDRA=0xFF; //PORTA 8비트를 출력으로 설정

while(1)          //MCU 프로그램은 반드시 무한루프가 존재한다.
{
        PORTA = 0x0F; //A포트의 하위 4비트는 5V, 상위 4비트는 0V 출력
        delay_ms(500); //1초는 1000ms이므로 0.5초 지연
        PORTA = 0xF0; //A포트의 하위 4비트는 0V, 상위 4비트는 5V 출력
        delay_ms(500);
}
}
```

< 핀 단위 입력과 포트 단위 출력 >

포트를 입력으로 사용할 때에는 DDR 레지스터에 0을 입력하면 된다. C포트의 하위 4비트를 입력으로 사용할 것이므로 "DDRC=0xF0"과 같이 설정해야 한다. 포트에서 값을 입력받을 때는 PORT 레지스터에 1을 입력하면 입력핀의 내부에 있는 풀업저항을 사용하게 되어 high 레벨 값이 확실하게 입력되게 된다. 따라서 "PORTC=0x0F"와 같이 하위 4비트에 1을 입력한다.

입력과 출력 시에 레지스터를 사용할 때 8비트 전체, 즉 포트 단위로 사용 시에는 PORTA, PINA처럼 레지스터 이름 뒤에 포트번호를 붙여서 사용하며, 핀 별로 사용 시에는 레지스터 이름, 포트이름, 핀번호를 순서대로 붙여서 "PORTA.0", "PINA.0" 처럼 사용한다.

주어진 제어 조건에 맞도록 동작하려면 스위치 값을 입력받아서 비교해야 한다. 포트로부터 입력받을 때는 PIN 레지스터에 입력 값이 자동으로 들어오게 되므로 PIN 레지스터 값을 사용한다.

4개의 스위치가 C포트의 0번 핀부터 3번 핀까지 연결되어 있고 각각 스위치 1개씩만 동작한다고 할 때 "if(PINC.0)"와 같은 문장의 경우 C포트의 0번 핀의 입력이 5V이면 1이 입력되므로 1은 TRUE 값이다. 그러므로 if문의 결과는 TRUE가 되어 중괄호 안을 수행하게 된다.

다음의 소스코드는 1개의 스위치가 ON되면 if문에 의해 { } 안에 나열된 동작을 하게 된다.

```c
//LED2.c
#include<mega128.h>
#include<delay.h>
void main(void)
{
    unsigned char led_shift = 0x01; //메모리 절약을 위해 unsigned char 사용

    PORTA=0x00; //PORTA 초기화
    DDRA=0xFF;  //PORTA 8비트를 출력으로 설정
    PORTC=0x0F; //PORTC 하위 4비트는 입력시 내부 풀업 사용
    DDRC=0xF0;  //PORTC 하위 4비트를 입력으로 설정(스위치 입력용)

    while(1)        //MCU 프로그램은 반드시 무한루프가 존재한다.
    {
        if(PINC.0)  //C포트 0번 핀으로 입력되는 실렉트 스위치1이 ON이면
        {
            PORTA = 0xAA;
            delay_ms(500);
            PORTA = 0x55;
            delay_ms(500);
        }
        if(PINC.1)  //C포트 1번 핀으로 입력되는 실렉트 스위치2가 ON이면
        {
            PORTA = led_shift;
            led_shift = led_shift << 1;
            delay_ms(300);
            if(led_shift == 0x00) led_shift = 0x01;
        }
        if(PINC.2)  //C포트 2번 핀으로 입력되는 실렉트 스위치3이 ON이면
        {
            PORTA = led_shift;
            led_shift = led_shift >> 1;
            delay_ms(300);
            if(led_shift == 0x00) led_shift = 0x80;
        }
        if(PINC.3)  //C포트 3번 핀으로 입력되는 실렉트 스위치4가 ON이면
        {
            PORTA = led_shift;
            led_shift = (led_shift << 1) + 1;
            delay_ms(300);
            if(led_shift == 0xFF)
              {
```

```
                            PORTA=led_shift;
                            delay_ms(300);
l                           led_shift = 0x01;
              }
        }
/*    if(PINC.3) //위의 방법과 다른 방법
      {
            PORTA.0 = 0x01;
            delay_ms(300);
            PORTA.1 = 0x01;
            delay_ms(300);
            PORTA.2 = 0x01;
            delay_ms(300);
            PORTA.3 = 0x01;
            delay_ms(300);
            PORTA.4 = 0x01;
            delay_ms(300);
            PORTA.5 = 0x01;
            delay_ms(300);
            PORTA.6 = 0x01;
            delay_ms(300);
            PORTA.7 = 0x01;
            delay_ms(300);
            PORTA = 0x00;  //A포트 전체를 클리어
            delay_ms(300); */
      }
   } //END While
} //END main
```

< 포트 단위 입력과 포트 단위 출력 >

4개의 스위치 입력의 경우 스위치 입력 값을 포트단위로 입력하면 4비트이므로 입력된 값은 16개의 경우 수가 존재한다. 본 예제에서는 각각 스위치 1개씩만 동작 시키는 경우에 한한다.

PINC 레지스터에 입력받을 경우 상위 4비트 값은 실제로 스위치에 연결되지 않아서 부정확하므로 이 값들을 지워야 한다. 따라서 "PINC & 0x0F"와 같이 비트 연산자로 0을 곱하여 필요 없는 비트의 값들은 지워준다.

본 예제는 if ~ else if문을 사용하였다. 이 예제를 switch ~ case문으로 변경해 보기 바란다.

```c
//LED3.c
#include<mega128.h>
#include<delay.h>

void main(void)
{
    unsigned char led_shift = 0x01;
    unsigned char sw_in; //스위치 입력 값 저장변수

    PORTA=0x00; //PORTA 초기화
    DDRA=0xFF;  //PORTA 8비트를 출력으로 설정
    PORTC=0x0F; //PORTC 하위 4비트는 입력시 내부 풀업 사용
    DDRC=0xF0;  //PORTC 하위 4비트를 입력으로 설정(스위치 입력용)

    while(1)        //MCU 프로그램은 반드시 무한루프가 존재한다.
    {
        sw_in = PINC & 0x0F;  //상위 4비트 값은 부정확하므로 지운다.

        if(sw_in==0x01) // 실렉트 스위치1이 ON이면
        {
            PORTA = 0xAA;
            delay_ms(500);
            PORTA = 0x55;
            delay_ms(500);
        }
        else if(sw_in==0x02)  // 실렉트 스위치2가 ON이면
        {
            PORTA = led_shift;
            led_shift = led_shift << 1;
            delay_ms(300);
            if(led_shift == 0x00) led_shift = 0x01;
        }
        else if(sw_in==0x04)  // 실렉트 스위치3이 ON이면
        {
            PORTA = led_shift;
            led_shift = led_shift >> 1;
            delay_ms(300);
            if(led_shift == 0x00) led_shift = 0x80;
        }
        else if(sw_in==0x08)  // 실렉트 스위치4가 ON이면
        {
            PORTA = led_shift;
```

```
                    led_shift = (led_shift << 1) + 1;
                    delay_ms(300);
                    if(led_shift == 0xFF)
                      {
                                PORTA=led_shift;
                                delay_ms(300);
                                led_shift = 0x01;
                      }
                }
      } //END While
} //END main
```

④ 각각 컴파일하고 다운로드하여 실행한다.

• 응용과제 •

LED가 양 끝에서 안쪽으로 이동(쉬프트)하면서 불이 순차적으로 켜지는 프로그램을 작성하시오.

```
#include<mega128.h>
#include<delay.h>
void main(void)
{
        unsigned char su=0x81, H_su, L_su;
        PORTA=0x00;
        DDRA=0xFF;
        DDRC=0x00;
        PORTC=0x0F;
        while(1)
        {
                if(PINC.0)
                {
                        H_su=su & 0xF0;
                        L_su=su & 0x0F;
                        H_su=H_su >> 1;
                        L_su=L_su << 1;
                        su=H_su | L_su;
```

```
                            PORTA=su;
                            delay_ms(300);
                            if(su==0x18)
                            {
                                    su = 0x81;
                                    PORTA=su;
                                    delay_ms(300);
                            }
                    }
                    if(PINC.1)
                    {
                            PORTA=0x0F;
                            delay_ms(300);
                            PORTA=0xF0;
                            delay_ms(300);
                    }
            }
    }
```

(2) FND 출력

〈 FND의 이해 〉

FND(Flexible Numeric Display)는 7-Segment LED라고도 부르며, 7개의 LED로 구성되어 숫자 0~9까지 표시할 때 사용한다. 각종 기계장치의 동작 상태나 시계 출력 등에 많이 사용된다.

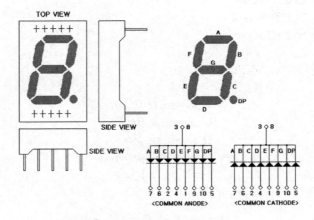

○ [그림 4-48] FND 구조

FND는 두 가지의 형태로 구분되어지는데 하나는 공통(Common) 애노드(Anode) 형과 공통 캐소드(Cathode)형이 있다. 공통 애노드형은 발광 다이오드인 LED들의 애노드 쪽을 공통으로 묶은 것이고, 공통 캐소드형은 반대로 LED들의 캐소드 쪽을 공통으로 묶은 것이다.

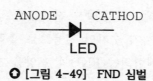

ANODE   CATHOD

LED

○ [그림 4-49] FND 심벌

그림 4-49에서 보면 LED는 양단이 애노드와 캐소드로 이루어져 있다. 이때 LED 를 발광시키기 위해서는 애노드에서 캐소드로 전류가 흘러야 한다. 즉, 애노드 쪽이 캐소드보다 전위가 높아야 전류가 흘러서 LED가 발광하게 된다.

공통으로 애노드를 묶은 FND는 공통단자를 "+"전위로 연결하고 상대적으로 전 위가 낮은 0V로 캐소드 쪽에 신호로 가해줌으로 FND 중에서 원하는 LED를 발광 시킬 수 있다. 같은 동작 원리로 공통 캐소드 같은 경우에는 공통부분을 그라운드 에 연결하여 낮은 전위하고, 상대적으로 높은 전위의 전압을 애노드 쪽에서 가해줌 으로 LED를 발광할 수 있게 되는 것이다. 공통단자와 도트 포인트를 제외하면 7 개의 신호로 0~9까지 원하는 숫자를 만들 수가 있다. 이 방법은 신호선이 많이 필 요로 하고 프로그래밍 시에 출력할 숫자에 따른 숫자 폰트를 만들어야 한다. 때문 에 이러한 단점을 보완하여 신호를 좀 더 편하게 그리고 4비트의 신호로 제어할 수 있도록 하기 위한 전용 디코더를 이용하는 방법도 있다.

BCD 디코더 IC로 대표적인 7447, 7448 등이 있다. 공통 애노드 FND에는 7447 를 사용하고 공통 캐소드 FND에는 7448을 사용한다.

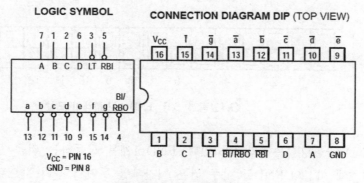

○ [그림 4-50] 74LS47

그림 4-50에서 보면 a~g까지는 FND의 핀과 연결하는 곳이다. 그림에서 D, C, B, A의 입력부분은 그림 4-51의 진리표 중에 D, C, B, A에 해당되기 때문에 입력 값을 16진수로 준다면 입력한 데이터 값이 FND에 디스플레이된다. 예를 들어 16진수 형태로 '0x05'를 입력한다면 FND에 "5"자가 출력되는 것이다. 다만 10 이상부터는 숫자가 디스플레이되지 않고 진리표에 정의된 값이 출력된다. 이는 10진 디코더이기 때문에 0~9까지 숫자만 전용으로 출력되기 때문이다. 그림 4-52는 입력된 값에 따라 디스플레이되는 FND의 모양을 보여주고 있다.

TRUTH TABLE

DECIMAL OR FUNCTION	LT	RBI	D	C	B	A	BI/RBO	ā	b̄	c̄	d̄	ē	f̄	ḡ	NOTE
0	H	H	L	L	L	L	H	L	L	L	L	L	L	H	A
1	H	X	L	L	L	H	H	H	L	L	H	H	H	H	A
2	H	X	L	L	H	L	H	L	L	H	L	L	H	L	
3	H	X	L	L	H	H	H	L	L	L	L	H	H	L	
4	H	X	L	H	L	L	H	H	L	L	H	H	L	L	
5	H	X	L	H	L	H	H	L	H	L	L	H	L	L	
6	H	X	L	H	H	L	H	H	H	L	L	L	L	L	
7	H	X	L	H	H	H	H	L	L	L	H	H	H	H	
8	H	X	H	L	L	L	H	L	L	L	L	L	L	L	
9	H	X	H	L	L	H	H	L	L	L	L	H	L	L	
10	H	X	H	L	H	L	H	H	H	L	L	H	H	L	
11	H	X	H	L	H	H	H	H	L	L	H	H	L	L	
12	H	X	H	H	L	L	H	H	H	L	L	L	L	L	
13	H	X	H	H	L	H	H	L	H	L	H	L	L	L	
14	H	X	H	H	H	L	H	H	H	H	L	L	L	L	
15	H	X	H	H	H	H	H	H	H	H	H	H	H	H	
BI	X	X	X	X	X	X	L	H	H	H	H	H	H	H	B
RBI	H	L	L	L	L	L	L	H	H	H	H	H	H	H	C
LT	L	X	X	X	X	X	H	L	L	L	L	L	L	L	D

H = HIGH Voltage Level
L = LOW Voltage Level
X = Immaterial

○ [그림 4-51] 74LS47 구동 진리표

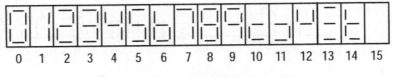

0 1 2 3 4 5 6 7 8 9 10 11 12 13 14 15

○ [그림 4-52] FND 디스플레이 모양

FND 구동방식은 2가지가 있다. FND 1개를 구동하는 것을 Static 구동이라고 하며 2개 이상의 FND를 아주 짧은 시간차를 두면서 우리 눈으로 보면 마치 여러 개의 FND가 동시에 켜지는 것처럼 구동하는 방식을 Dynamic 구동이라고 한다.

〈 실 습 개 요 〉

　　FND 보드를 사용하여 다음 3가지의 조건별로 주어진 보드에 회로를 구성하여 Static 구동(①과 ②) Dynamic 구동(③) 방식으로 숫자를 출력하는 실험을 한다.

1) 제어동작 조건

　　① 실렉트 스위치1이 ON이면 74LS47 BCD 디코더를 사용하여 FND1에 0~9까지 0.5초 간격으로 반복하여 숫자를 출력하시오.(FND1.c)

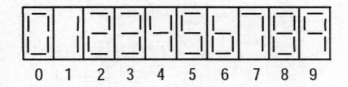

　　② 실렉트 스위치1이 ON이면 BCD 디코더를 사용하지 않고 8비트를 사용하여 FND1에 0~9까지 0.5초 간격으로 반복하여 숫자를 출력하시오.(FND2.c)

　　③ 실렉트 스위치1이 ON이면 Dynamic 구동방식으로 FND3에 00~59까지 1초 간격으로 반복하여 숫자를 출력하는 초시계를 제작하시오. 동작 상태를 핸드폰의 초시계와 비교하여 정확하게 동작함을 확인하시오.(FND3.c)

2) I/O PORT

순번	입력/출력	포트번호	모듈 연결 커넥터	비고(용도)
1	입력	PORTC.0	실렉트 스위치1	ON시에 FND 점등
2	출력	PORTA.0	FND a / BCD_0	FND 출력용
3	출력	PORTA.1	FND b / BCD_1	FND 출력용
4	출력	PORTA.2	FND c / BCD_2	FND 출력용
5	출력	PORTA.3	FND d / BCD_3	FND 출력용
6	출력	PORTA.4	FND e / EN1	FND 출력용/FND3_2를 Enable
7	출력	PORTA.5	FND f / EN0	FND 출력용/FND3_1를 Enable
8	출력	PORTA.6	FND g	FND 출력용
9	출력	PORTA.7	FND dp	소수점 출력 사용하지 않음

3) 구성 회로도

< Static 구동회로 >

　　4비트 BCD데이터로 7-segment 디코더를 사용하여 FND를 출력하거나, 8비트 데이터로 직접 FND를 구동할 수 있다. 이때에는 숫자 0부터 9까지 폰트를 만들어서 사용해야 한다.

{0xc0, 0xf9, 0xa4, 0xb0, 0x99, 0x92, 0x82, 0xd8, 0x80, 0x98} //숫자 0~9 폰트

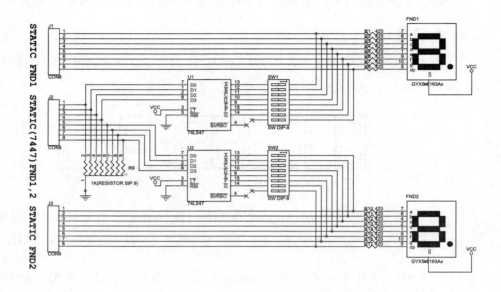

< Dynamic 구동회로 >

Static 구동 방식과 같이 4비트 BCD데이터로 7-segment 디코더를 사용하여 FND를 출력하거나, 8비트 데이터로 직접 FND를 구동하는데 인간 눈의 잔상효과를 이용하여 여러 개의 FND를 번갈아가면서 숫자를 출력하여 마치 항상 켜져 있는 것과 같이 보이게 동작시키는 방법이다.

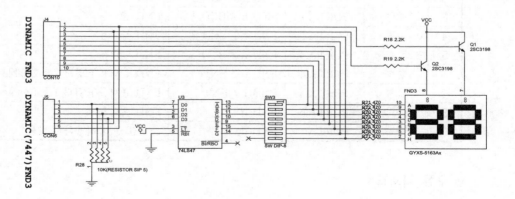

4) 실습 순서

① MCU 보드와 FND 보드, 스위치보드를 결선하고 전원을 연결한다.

첫 번째 제어조건 동작은 BCD 디코더를 사용하므로 딥스위치1을 ON하여 회로를 연결하고 사용해야 한다.

두 번째 제어조건 동작은 딥스위치를 OFF하여 디코더와 회로연결을 차단하고 사용해야 한다.

세 번째 제어조건 동작은 다이내믹 구동으로 FND를 Enable시키는 단자를 PORTA.4와 PORTA.5에 연결해야 한다.

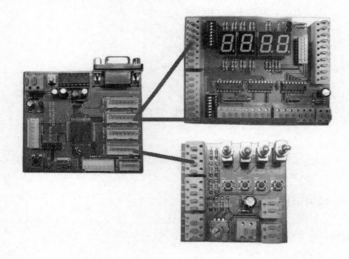

② CodeVisionAVR 컴파일러를 사용하여 프로젝트를 작성한다.

- 프로젝트명 : FND1.prj
- 소스파일명 : FND1.c

③ 소스 코딩

< BCD 코드로 디코더를 사용하여 FND에 출력 >

```
//FND1.c
#include<mega128.h> //ATmega128 AVR의 각종 레지스터 및 상수 등이 선언됨
#include<delay.h>    //delay_ms(), delay_us() 함수를 사용 가능하게 한다.

void main(void)
{
```

```
    unsigned char i;

    PORTA=0x00; //PORTA 초기화
    DDRA=0x0F;  //PORTA 하위 4비트를 출력으로 설정(BCD 4비트 사용)
    PORTC=0x01; //PORTC 하위 0번 비트는 입력시 내부 풀업 사용
    DDRC=0xFE;  //PORTC 하위 0번 비트를 입력으로 설정(스위치 입력용)

    while(1)
    {
        if(PINC.0)
        {
            for(i=0; i<10; i++)
            {
              PORTA = i;
              delay_ms(500);
            }
        }
        else PORTA = 0; //스위치 OFF이면 0을 출력
    }
}
```

< 8비트 데이터를 FND에 출력 >

```
//FND2.c
#include<mega128.h>
#include<delay.h>
void main(void)
{
    unsigned char i;
    unsigned char FONT[10] = {0xc0, 0xf9, 0xa4, 0xb0, 0x99, 0x92, 0x82,
                              0xd8, 0x80, 0x98}; //숫자 0~9 폰트
    PORTA=0x00; //PORTA 초기화
    DDRA=0xFF; //PORTA 8비트를 출력으로 설정
    PORTC=0x01; //PORTC 하위 0번 비트는 입력시 내부 풀업 사용
    DDRC=0xFE;  //PORTC 하위 0번 비트를 입력으로 설정(스위치 입력용)

    while(1)
    {
        if(PINC.0)
        {
```

```
            for(i=0; i<10; i++)
            {
              PORTA = FONT[i];
              delay_ms(500);
            }
        }
        else PORTA = 0; //모든 세그먼트가 켜진다.(에노드타입이므로)
    }
}
```

< BCD 코드를 FND에 Dynamic 구동출력 >

```
//FND3.c
#include<mega128.h>
#include<delay.h>

unsigned char BCD10, BCD1;  //전역변수 선언
void Decimal_to_BCD(unsigned char su)  //BCD 변환루틴
{
        BCD10 = su / 10;   //BCD 10자리
        BCD1  = su % 10;   //BCD 1자리
}

void main(void)
{
    unsigned char i, j;
    PORTA=0x00;  //PORTA 초기화
    DDRA =0x3F;  //PORTA 하위 4비트, 상위 2비트를 출력으로 설정
                 //(BCD 4비트 + FND의 EN0, EN1)
    PORTC=0x01;  //PORTC 하위 0번 비트는 입력시 내부 풀업 사용
    DDRC =0xFE;  //PORTC 하위 0번 비트를 입력으로 설정(스위치 입력용)

    while(1)
    {
        if(PINC.0)
        {
            for(i=0; i<60; i++)
            {
```

```
                    Decimal_to_BCD(i);         //일반 10진 숫자를 BCD코드로 변경
                    for(j=0;j<50;j++)
                    {
                            PORTA = BCD1;      //하위자리 숫자출력
                            PORTA.4 = 1;       //1자리  FND Enable
                            PORTA.5 = 0;       //10자리 FND Disable
                            delay_ms(5);       //잔상효과를 주기 위한 적절한 시간
                                               //5~10ms값 조절(부드러운 출력)
                            PORTA = BCD10;     //하위자리 숫자 출력
                            PORTA.4 = 0;       //1자리  FND Disable
                            PORTA.5 = 1;       //10자리 FND Enable
                            delay_ms(5);
                    }
            }
        }
        else   //FND 소등
          {
                    PORTA.4 = 0;        //1자리  FND Disable
                    PORTA.5 = 0;        //10자리 FND Disable
          }//end if
    }//end while
}//end main
```

④ 각각 컴파일하고 다운로드하여 실행한다.

4.4.2 인터럽트(Interrupt) 제어

인터럽트 처리의 의미는 현재 수행중인 작업의 내용을 잠시 멈추고 현재의 각종 레지스터 값들을 스택 메모리에 저장한 다음, 긴급하게 요청이 들어온 인터럽트 요청 일을 먼저 끝낸 다음, 스택에 보관한 이전의 값들을 다시 각종 레지스터에 복구하고 계속해서 하던 일을 수행하는 것이다.

쉽게 이야기하면 부엌에서 일하는 주부가 요리를 하다가 전화가 걸려오면 하던 요리를 잠시 멈추고 전화를 먼저 받고 통화가 끝나면 다시 주방에 돌아와서 하던 요리를 계속하는 것처럼 긴급한 상황을 먼저 처리하는 일처리 방법이다.

인터럽트 요청이 들어와서 인터럽트 처리를 수행하는 실행코드가 기억된 영역을 인터럽트 벡터(Interrupt Vector)라고 한다. 우리가 인터럽트를 처리하는 프로그램을 작성하는 부분이기도 한다. ATmega128에는 다양한 인터럽트가 존재하는데 이

러한 인터럽트 기능을 사용하기 위해서는 인터럽트와 관련된 레지스터들을 잘 설정하는 것이 매우 중요하다.

(1) 외부 인터럽트 핀

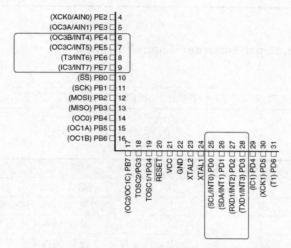

○ [그림 4-53] 외부 인터럽트 핀 (INT0~INT7)

ATmega128의 외부 인터럽트(External Interrupt)는 INT0~INT7 8개의 외부 인터럽트 핀을 가지고 있으며, 그림 4-53의 INT0~INT7 핀에 외부 신호를 가해 주게 되면 외부 인터럽트 요청이 이루어지게 되는 것이다.

인터럽트를 이용한 제어는 인터럽트를 어떻게 사용할 것인지를 정의하는 부분으로, 예를 들면 카운트/타이머 인터럽트를 이용해 시간을 맞추어 그 시간마다 인터럽트가 걸리게 하려면 시간을 맞추는 방법을 알아야 하고, 외부 인터럽트를 사용하기 위해서는 외부에서 입력된 인터럽트 신호를 받을 경우 어떠한 형태의 신호를 받았을 때 인터럽트가 걸리게 할 것인가를 결정해주는 값을 설정할 수 있도록 내장된 레지스터들이다.

(2) 외부 인터럽트 관련 레지스터

1) EICRA(External Interrupt Control Register A)

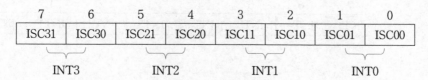

ISCn1	ISCn0	기 능
0	0	LOW 레벨에서 인터럽트 요청
0	1	-
1	0	하강 에지에서 인터럽트 요청
1	1	상승 에지에서 인터럽트 요청

2) EICRB(External Interrupt Control Register B)

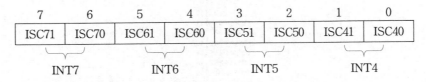

7	6	5	4	3	2	1	0
ISC71	ISC70	ISC61	ISC60	ISC51	ISC50	ISC41	ISC40

INT7   INT6   INT5   INT4

ISCn1	ISCn0	기 능
0	0	LOW 레벨에서 인터럽트 요청
0	1	논리적 변화가 있을 시 인터럽트 요청
1	0	하강 에지에서 인터럽트 요청
1	1	상승 에지에서 인터럽트 요청

외부에서 가해지는 인터럽트 신호는 스위치의 입력 또는 센서의 입력신호 등이
며 TTL 레벨을 가지는 신호이다. 이때 입력되는 구형파의 신호 중에 상승에지 또
는 하강에지의 어느 에지 부분에서 인터럽트를 발생시킬 것인지를 결정하는 레지
스터로 EICRA, EICRB 레지스터가 있으며 위의 표와 같이 세팅하여 외부 인터럽
트를 사용한다.

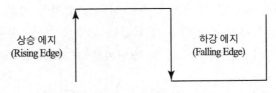

상승 에지
(Rising Edge)

하강 에지
(Falling Edge)

○ [그림 4-54] 외부 인터럽트 요청 TTL 신호

3) EIMSK(External Interrupt Mask Register)

7	6	5	4	3	2	1	0
INT7	INT6	INT5	INT4	INT3	INT2	INT1	INT0

EIMSK 레지스터는 외부 인터럽트 마스크 레지스터로 사용하고자 하는 인터럽트만 허용시키고 사용하지 않는 인터럽트는 허용하지 않는 레지스터다. 사용하고자 하는 인터럽트를 "1"로 하고, 사용하지 않는 인터럽트는 "0"으로 설정하면 자동적으로 마스크된다.

4) SREG(Status Register)

7	6	5	4	3	2	1	0
I	T	H	S	V	N	Z	C

SREG 레지스터는 연산의 결과 상태값을 나타내는 기본적이고 중요한 레지스터로서 위에서 설정한 인터럽트들을 사용하기 위해서는 SREG 레지스터의 7번 비트를 1로 세트해야 한다. 만약 0으로 세트하면 외부 인터럽트를 사용할 수 없게 된다.

(3) CodeWizardAVR을 사용한 프로그램 작성법

이번 과제인 외부 인터럽트 처리 프로그램은 코드를 자동으로 생성해주는 일종의 마법사와 같은 CodeWizardAVR을 사용한다.

이 CodeWizardAVR은 인터럽트 벡터를 생성하고 인터럽트 처리를 위한 각종 레지스터 설정 등을 간단히 메뉴에서 선택만 하면 기본적인 코드가 자동으로 생성되므로 사용자들에게 편리성과 프로그램의 생산성을 향상시켜준다.

① 앞에서 살펴본 바와 같이 프로젝트를 선택하여 시작하고 CodeWizardAVR 사용 여부를 묻는 선택 창에서 Yes를 선택하여 마법사를 실행한다.

② 맨 먼저 MCU의 Chip과 Clock을 자신이 사용하는 보드에 맞게 선택하여 입력한다.

만약 Clock이 16MHz일 경우에는 입력 시에 단위가 MHz이므로 기본 값인 "4.000000"의 4를 16으로 변경만 하면 된다.

③ 다음은 A포트 및 C포트는 모두 출력이므로 마우스로 클릭하여 In을 Out으로 변경한다.

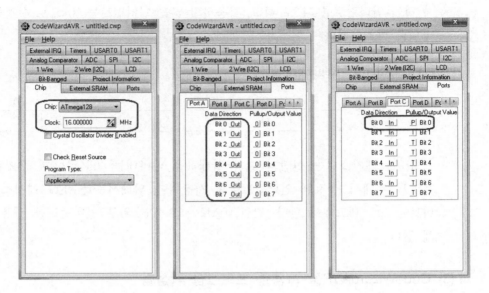

④ D포트는 2번 핀만 입력이므로 내부 풀업저항을 사용하도록 마우스로 클릭하여 T를 P로 변경한다.

D포트의 0번, 1번 핀은 INT0, INT1 기능을 가지고 있다. 이 2개의 핀은 푸시버튼이 연결되어 입력 핀으로 사용되지만 입력포트로 선언하지 않아도 외부 인터럽트 설정만 하면 사용이 가능하게 된다.

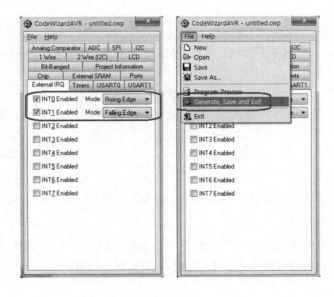

⑤ External IRQ 설정은 INT0을 체크하고 Rising Edge를 선택하며, INT1을 체크하고 Falling Edge를 선택한다. 이와 같이 사용할 인터럽트를 체크박스를 체크하여 선택하고 Low Level, Falling Edge, Rising Edge 등 3가지 모드 중 1가지를 선택해야 한다. 이 과제에서는 의도적으로 Falling Edge와 Rising Edge를 선택하여 푸시버튼 스위치를 누를 때와 스위치를 누른 후 뗄 때 인터럽트가 동작하는지 확인해 보기로 한다.

⑥ 모든 설정이 끝났으면 [File/Generate, Save and Exit] 메뉴를 선택하여 설정 내용을 저장한다. 먼저 저장할 work\Interrupt 디렉터리를 만든다.

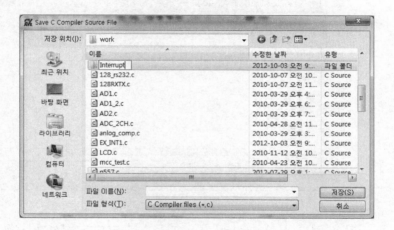

⑦ c:\cvavr2\work\Interrupt 디렉터리에 EX_INT1.c, EX_INT1.prj, EX_INT1. cwp 등 소스파일과 프로젝트 파일들을 저장한다.

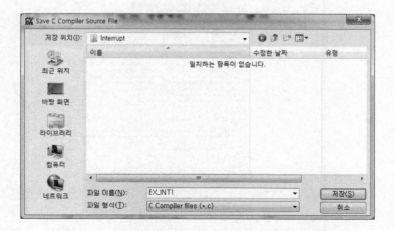

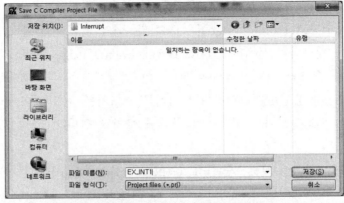

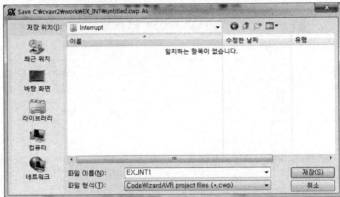

⑧ 저장을 하고 나면 그림과 같이 자동으로 코드가 생성된 것을 볼 수 있다.

⑨ 생성된 코드에서 필요 없는 주석문이나 명령 코드들을 삭제하여 간략하게 한다.

⑩ [Project/configure] 메뉴를 선택하여 환경을 설정한다.

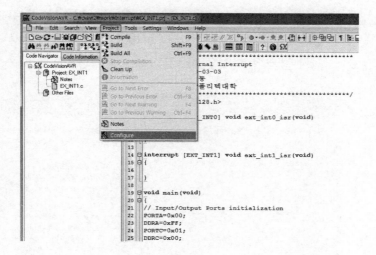

⑪ File 탭을 선택하여 프로젝트와 관련된 파일들을 추가하거나 삭제할 수 있다.

⑫ C Compiler에 대하여 설정한다. 프로그램의 최적화 방안, printf 및 scanf 시에 변수타입 설정, Stack 사이즈를 조정 등 번역시 참고사항을 특별히 설정할 수 있다. 예를 들면 센서로부터 입력되는 데이터를 실수로 소수점까지 출력해

야 할 때에는 printf Features 항목에서 float를 선택해야 한다.

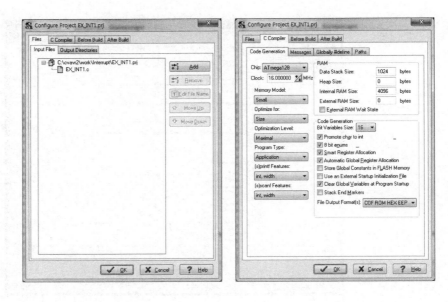

⑬ 컴파일 후에 바로 다운로딩을 하도록 하기 위해서 After Build 탭에서 "Program the Chip"을 체크한다. 그러면 오른쪽 그림과 같은 내용이 나타나며 Chip Programming Option을 변경할 수 있으나 기본 값으로 사용한다. 이때 퓨즈비트 설정 부분에 혹시 "M103C=0" 부분이 체크되어 있는지 확인한다. 만약 체크되어 있으면 ATmega103 호환모드를 사용한다는 의미이다.

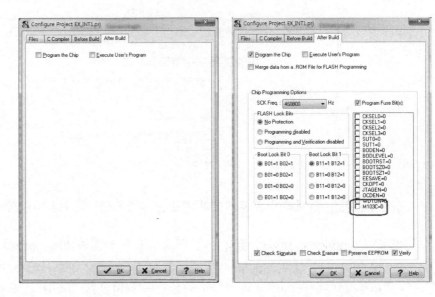

ATmega103 호환모드에서는 PORTC는 출력 기능만 사용 가능하고 PORTF를 사용할 수 없고 PORTG는 병렬 I/O 기능 대신에 부수적인 기능만 사용 가능하게 된다. 또한 2개의 UART 기능도 1개로 축소되는 등 많은 기능들을 사용할 수 없게 된다. 이와 같은 것을 현재에도 선택할 수 있도록 유지하는 이유는 과거에 제작된 시스템의 유지보수를 위하여 선택적으로 사용할 수 있도록 배려한 것이다.

⑭ 모든 설정이 완료되었으므로 본 프로그램을 작성하여 사용한다.

〈 실 습 개 요 〉

FND, LED, Switch 보드를 사용하여 FND3에 00~99까지 0.3초 간격으로 반복하여 숫자를 출력하게 하고 외부 Interrupt 처리를 실험한다.

1) 제어동작 조건

① 실렉트 스위치1이 ON이면 Dynamic 구동방식으로 FND3에 00~99까지 0.3초 간격으로 반복하여 숫자를 출력하게 한다.
② 이때 푸시버튼 스위치1을 ON/OFF 하면 외부 Interrupt 0 처리로 FND3의 출력을 멈추고 LED 8개를 0.3초 간격으로 10번 반복하여 점멸하게 한다.
③ 또한 푸시버튼 스위치2를 ON/OFF 하면 외부 Interrupt 1 처리로 FND3의 출력을 멈추고 88 숫자를 0.5초 간격으로 10번 반복하여 점멸하게 한다.

2) I/O PORT

순번	입력/출력	포트번호	모듈 연결 커넥터	비고(용도)
1	출력	PORTA.0	BCD_0	FND에 BCD_0 값 출력
2	출력	PORTA.1	BCD_1	FND에 BCD_1 값 출력
3	출력	PORTA.2	BCD_2	FND에 BCD_2 값 출력
4	출력	PORTA.3	BCD_3	FND에 BCD_3 값 출력
5	출력	PORTA.4	EN0	FND3_1을 Enable
6	출력	PORTA.5	EN1	FND3_2를 Enable
7	출력	PORTA.6		사용하지 않음
8	출력	PORTA.7		사용하지 않음
9	출력	PORTC.0	LED 0	LED 출력용
10	출력	PORTC.1	LED 1	LED 출력용

순번	입력/출력	포트번호	모듈 연결 커넥터	비고(용도)
11	출력	PORTC.2	LED 2	LED 출력용
12	출력	PORTC.3	LED 3	LED 출력용
13	출력	PORTC.4	LED 4	LED 출력용
14	출력	PORTC.5	LED 5	LED 출력용
15	출력	PORTC.6	LED 6	LED 출력용
16	출력	PORTC.7	LED 7	LED 출력용
17	입력	PORTD.0	푸시버튼 스위치1	외부 Interrupt 0
18	입력	PORTD.1	푸시버튼 스위치2	외부 Interrupt 1
19	입력	PORTD.2	실렉트 스위치1	ON시 START

3) 구성 회로도

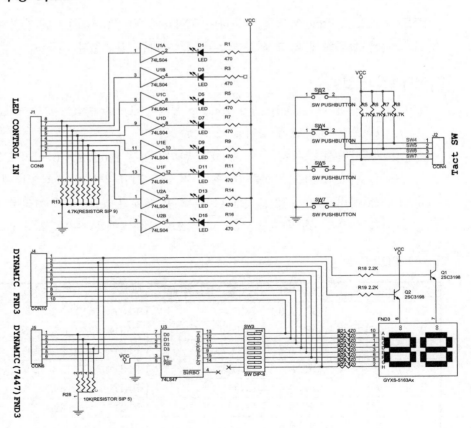

4) 실습 순서

① MCU 보드와 FND 보드, 스위치보드를 결선하고 전원을 연결한다.

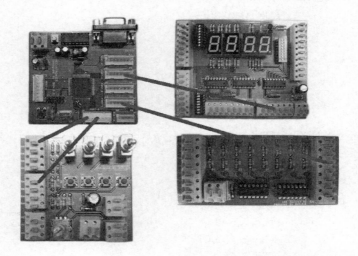

② CodeVisionAVR 컴파일러를 사용하여 프로젝트를 작성한다.

- 프로젝트명 : EX_INT1.prj
- 소스파일명 : EX_INT1.c

③ 소스 코딩

< 외부 인터럽트 처리 방법 1 >

//EX_INT1.c

//인터럽트 벡터 안에서 외부 인터럽트 발생시 동작할 내용을 코딩하는 방법

//인터럽트 벡터 안에 작성할 <u>코드량이 적은 경우</u>에 주로 사용한다. 인터럽트 요청에

//다른 루프를 수행중이어도 인터럽트 요청에 즉각 반응한다.

```
#include <mega128.h>
#include <delay.h>
unsigned char BCD10, BCD1, i, j, k, m;
void Decimal_to_BCD(unsigned char su)
{
        BCD10=su/10;
        BCD1 =su%10;
}
```

```
interrupt [EXT_INT0] void ext_int0_isr(void)
{
        for(k=0;k<10;k++){
                PORTC=0xFF;
                delay_ms(300);
                PORTC=0x00;
                delay_ms(300);
        }


}
interrupt [EXT_INT1] void ext_int1_isr(void)
{
        for(m=0;m<10;m++){
                PORTA=8;
                PORTA.4=1;
                PORTA.5=1;
                delay_ms(500);
                PORTA.4=0;
                PORTA.5=0;
                delay_ms(500);
        }
}


void main(void)
{
PORTA=0x00;//FND출력
DDRA =0x3F;
PORTC=0x00;//LED출력
DDRC =0xFF;
PORTD=0x04;//실렉트 스위치
DDRD =0x00;
// INT0 Mode: Rising Edge
// INT1 Mode: Falling Edge
EICRA=0x0B;
EICRB=0x00;
EIMSK=0x03;
EIFR=0x03;
```

```
// Global enable interrupts
#asm("sei")

while (1)
    {
            if(PIND.2)
            {
                    for(i=0;i<100;i++)
                    {
                        Decimal_to_BCD(i);
                        for(j=0;j<30;j++)
                        {
                            PORTA=BCD1;
                            PORTA.4=1;
                            PORTA.5=0;
                            delay_ms(5);
                            PORTA=BCD10;
                            PORTA.4=0;
                            PORTA.5=1;
                            delay_ms(5);
                        }
                    }
            }
            else {
                    PORTA.4=0;
                    PORTA.5=0;
            }
    }
}
```

< 외부 인터럽트 처리 방법 2 >

//EX_INT2.c

//인터럽트 벡터 안에서 변수 값만 변경시키고 메인루프에서 선택되어 동작하는 방법
//인터럽트 벡터 안에 작성할 코드량이 많은 경우에 주로 사용한다. 그러나 인터럽트
//요청한 스위치를 누르는 값은 기억하고 있으나, 다른 루프에 실행중이면 그 루프가
//끝나야 인터럽트 처리를 할 수 있어서 즉각적으로는 반응하지 않음을 유의해야 한다.

```c
#include <mega128.h>
#include <delay.h>
unsigned char EX_INT_SW=0;
unsigned char BCD10, BCD1,i,j;
void Decimal_to_BCD(unsigned char su)
{
        BCD10=su/10;
        BCD1 =su%10;
}


interrupt [EXT_INT0] void ext_int0_isr(void)
{
        EX_INT_SW=1;
}
interrupt [EXT_INT1] void ext_int1_isr(void)
{
        EX_INT_SW=2;
}


void main(void)
{
PORTA=0x00;//FND출력
DDRA =0x3F;
PORTC=0x00;//LED출력
DDRC =0xFF;
PORTD=0x04;//실렉트 스위치
DDRD =0x00;
// External Interrupt(s) initialization
// INT0: On
// INT0 Mode: Rising Edge
// INT1: On
// INT1 Mode: Falling Edge
EICRA=0x0B;
EICRB=0x00;
EIMSK=0x03;
EIFR=0x03;

// Global enable interrupts
#asm("sei")
```

```
while (1)
    {
            if(PIND.2)
            {
                if(EX_INT_SW==1)//인터럽트0이 눌렸는지...
                {
                    for(i=0;i<10;i++){
                            PORTC=0xFF;
                            delay_ms(300);
                            PORTC=0x00;
                            delay_ms(300);
                    }
                    EX_INT_SW=0;//다시 인터럽트가 걸릴 수 있도록 초기화
                }
                else if(EX_INT_SW==2)//인터럽트1이 눌렸는지...
                {
                    for(i=0;i<10;i++){
                            PORTA=8;
                            PORTA.4=1;
                            PORTA.5=1;
                            delay_ms(500);
                            PORTA.4=0;
                            PORTA.5=0;
                            delay_ms(500);
                    }
                    EX_INT_SW=0;//다시 인터럽트가 걸릴 수 있도록 초기화
                }
                else
                {
                    for(i=0;i<10;i++)
                    {
                        for(j=0;j<30;j++)
                        {
                            Decimal_to_BCD(i);
                            PORTA=BCD1;
                            PORTA.4=1;
                            PORTA.5=0;
                            delay_ms(5);
                            PORTA=BCD10;
                            PORTA.4=0;
```

```
                              PORTA.5=1;
                              delay_ms(5);
                     }
                 }
             }
         }
         else {
             PORTA.4=0;
             PORTA.5=0;
         }
     }
}
```

4.4.3 타이머/카운터

타이머/카운터는 펄스의 수를 카운터하여 일정 시간, 일정 개수에 도달하면 인터럽트를 발생하는 기능을 갖는다. 타이머는 MCU의 클록 소스를 카운트하고, 카운터는 외부에서 입력되는 펄스의 수를 카운트한다.

ATmega128은 8비트로 동작하는 타이머/카운터0과 타이머/카운터2가 있으며 16비트로 동작하는 타이머/카운터1과 타이머/카운터3 등 총 4개가 있다.

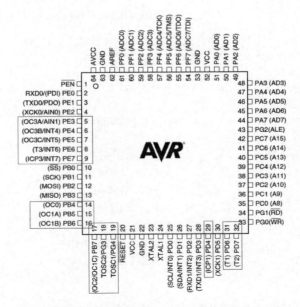

○ [그림 4-55] ATmega128의 타이머/카운터 핀

그림 4-55는 타이머/카운터와 관련되는 핀을 나타낸 것이며 다음의 표는 전체의 타이머/카운터를 종류별로 요약한 것이다.

기 능	타이머/카운터 0	타이머/카운터 1	타이머/카운터 2	타이머/카운터 3
카운터 비트수	8	16	8	16
입력핀	TOSC1, TOSC2	T1, ICP1	T2	T3, ICP3
출력핀	OC0	OC1A, OC1B	OC2	OC3A, OC3B, OC3C
동작모드	Normal, CTC, Fast PWM, Phase Correct PWM	Normal, CTC, Fast PWM, Phase Correct PWM, Phase and Frequency Correct PWM	Normal, CTC, Fast PWM, Phase Correct PWM	Normal, CTC, Fast PWM, Phase Correct PWM, Phase and Frequency Correct PWM
인터럽트 종류	Overflow, Output Compare Match	Overflow, Output Compare Match A/B/C, Input Capture	Overflow, Output Compare Match	Overflow, Output Compare Match A/B/C, Input Capture

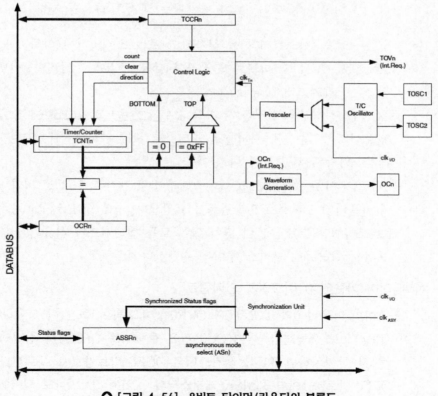

○ [그림 4-56] 8비트 타이머/카운터의 블록도

(1) 8비트 타이머/카운터 0

타이머/카운터 0은 범용으로 사용되며, 싱글채널, 8비트 타이머/카운터이다.

타이머/카운터 0의 블록도는 그림 4-56과 같다. 타이머/카운터 레지스터(TCNT0)와 출력 비교 레지스터(OCR0)는 8비트 레지스터이며, 타이머 인터럽트 플래그 레지스터(TIFR)는 타이머/카운터0,1,2의 인터럽트 플래그를 저장한다. 타이머/카운터 인터럽트 마스크 레지스터(TIMSK)는 모든 인터럽트를 설정할 수 있다.

1) 타이머/카운터 0의 동작

타이머/카운터 0은 오버플로 인터럽트(타이머/외부 입력카운터), 비교일치 인터럽트, PWM 출력 등으로 사용할 수 있다.

① 타이머/카운터 0 오버플로 인터럽트

타이머/카운터 0은 8비트이므로 TCNT0 레지스터에서 0~255(0x00~0FF)까지 카운트할 수 있다. 카운트할 때 0부터 시작할 수도 있지만 100, 101 등 임의의 값부터 시작하여 255까지 카운트한 다음 0x00이 되는 순간에 오버플로 인터럽트가 발생한다. 인터럽트가 발생되는 과정은 다음과 같다.

- 클록 소스는 시스템 클록을 사용하고 프리 스케일러에 의해서 1, 8, 32, 64, 128, 256, 1024 중 하나로 분주하여 클록 소스에 공급된다. 선택된 클록은 TCNT0 레지스터에 공급된다.
- TCNT0 시작값을 설정한다. 시작 값부터 카운트하여 0xFF까지 증가한 다음 0x00이 되는 순간에 오버플로 인터럽트가 발생 가능하게 된다. 이때 TIFR 레지스터의 TOV0가 "1"이 된다.
- TOV0가 "1"일 때 TIMSK 레지스터의 TOIE0 비트가 "1"로 되어 있으면 타이머/카운터 0 오버플로 인터럽트가 요청된다. 이때 SREG(Status Register)의 I 비트(7번 비트)는 "1"이 되어 있어 모든 인터럽트가 허용되어 있어야 한다.
- 요청된 인터럽트 서비스 루틴을 수행한다.

② 타이머/카운터 0 비교일치 인터럽트

- 타이머/카운터 0의 TCNT0와 OCR0을 비교하여 두 값이 일치하면 OC0 핀(PB4)으로 출력한다. 이때 OC0 핀은 출력으로 DDR에서 설정해야 한다. 두 값이 일치하면 TIFR 레지스터의 OCF0 비트가 1로 세트된다.
- OCF0 비트가 1이고 TIMSK 레지스터의 OCIE0 비트가 1로 되어 있으면 타이

머/카운터 0 비교 일치 인터럽트가 발생한다. 이때 SREG(Status Register)의
I 비트(7번 비트)는 "1"이 되어 있어 모든 인터럽트가 허용되어 있어야 한다.
- 요청된 인터럽트 서비스 루틴을 수행한다.

③ 타이머/카운터 0 PWM 출력 모드

타이머/카운터 0에서 TCCR0 레지스터의 WGM01~00 비트에 의하여 PWM 동작
모드가 결정되고, COM01~00 비트에 의하여 OC0 핀에 출력될 파형을 결정한다.

㉠ 일반 모드(Normal Mode)

가장 간단한 모드로서 TCCR0 레지스터의 WGM01:00 비트를 "00"으로 설
정하여 사용하며, TCNT0가 up counter로만 동작한다. 카운터가 동작 중에
클리어 되지 않고 항상 0x00에서 0xFF로 반복된다.

TCNT0가 0xFF에서 0x00으로 변하는 순간에 TIFR 레지스터의 TOV0가
1로 세트되면서 인터럽트가 발생한다. OC0 핀에 파형을 출력하려면 고속
PWM 모드를 사용하는 것이 바람직하다.

㉡ CTC 모드(Clear Timer on Compare Match Mode)

CTC모드는 TCCR0 레지스터의 WGM01:00 비트를 "10"으로 설정하고,
TCNT0과 OCR0 레지스터의 값이 일치할 때 카운터가 0x00으로 초기화되
는 것을 이용한 PWM 제어 방법이다. 즉 0x00 → OCR0의 값을 반복하는
동작을 수행한다.

CTC 모드에서 PWM 파형 출력을 생성하기 위해서는 TCCR0 레지스터의
WGM01~00 비트에 "01"로 설정해야 한다.

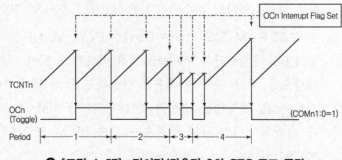

○ [그림 4-57] 타이머/카운터 0의 CTC 모드 동작

OCR0 레지스터 값에 따라 다음 공식에 의해 주파수가 정의된다.

$$F_{OCn} = \frac{F_{clk\_I/O}}{2 * N * (1 + OCR_n)}$$

N은 프리스케일러 분주비로 1, 8, 32, 64, 128, 256, 1024 중 하나로 분주한다.

ⓒ 고속 PWM 모드(Fast PWM Mode)

TCCR0 레지스터의 WGM01:00 비트를 "11"로 설정하여 사용하며, 고속 PWM의 동작 주파수는 한쪽 경사면 동작을 하기 때문에 양쪽 경사면 동작을 하는 상 보정 PWM 모드보다 2배의 주파수를 가질 수 있다.

고주파수의 PWM 파형을 만들어내므로 정류, DAC 등의 응용에 적합하다.

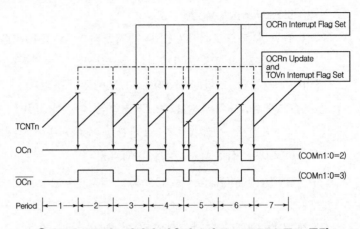

○ [그림 4-58] 타이머/카운터 0의 Fast PWM 모드 동작

PWM의 주파수는 다음과 같이 계산한다.

$$F_{OCnPWM} = \frac{F_{clk\_I/O}}{N * 256}$$

N은 프리스케일러 분주비로 1, 8, 32, 64, 128, 256, 1024 중 하나로 분주한다.

ⓓ 상 보정 PWM 모드(Phase Correct PWM Mode)

TCCR0 레지스터의 WGM01 : 00 비트를 "01"로 설정하여 사용하며, 높은 해상도를 갖고 양쪽 주파수를 사용하므로 한쪽 경사면을 사용하는 동작보다도 낮은 주파수를 생성한다. 대칭적인 PWM 동작을 수행하여 모터제어에 적합하다. PWM의 주파수는 고속 PWM 모드에 비해 1/2로 다음과 같이 계산한다.

$$F_{OCnPCPWM} = \frac{F_{clk\_I/O}}{N * 512}$$

N은 프리스케일러 분주비로 1, 8, 32, 64, 128, 256, 1024 중 하나로 분주한다.

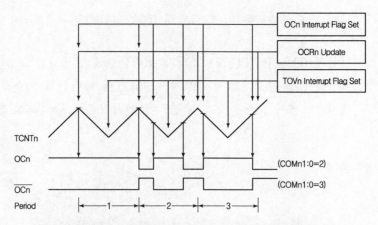

○ [그림 4-59] 타이머/카운터 0의 상 보정 PWM 모드 동작

2) 타이머/카운터 인터럽트 관련 레지스터

타이머/카운터 0과 2는 8비트 크기이며, 타이머/카운터 1과 3은 16비트 크기를 가지고 있다. 이러한 타이머/카운터는 내부 클록을 카운트하는 타이머 또는 외부 클록을 카운트하는 카운터로 동작한다.

① TCNT(Timer/Counter Register)

• TCNT0과 2 레지스터 : 8비트 크기로 시정수 레지스터로 사용된다. 초깃값은 0x00이며 업 카운터로 동작한다.

• TCNT1과 3 레지스터 : 16비트 크기로 시정수 레지스터로 사용된다. 초깃값은 0x0000이며 업 카운터로 동작한다.

다음 그림은 TCNT0 레지스터를 그림으로 보여주고 있다.

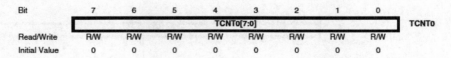

TCNT 레지스터는 ATmega128의 처리속도로 데이터를 카운티하는 데이터를 입력하는 곳이라 생각하면 된다. 예를 들면, 8Bit의 TCNT0은 10진수로 채워질 수 있는 데이터가 최대 0~255까지이다. ATmega128의 클록 주파수가 16Mhz 일 경우에 TCNT 레지스터 1개를 카운트하는 처리속도는 계산은

$$16\text{MHz} = \frac{1}{16}\text{us} = 0.0625\text{us}$$

이므로 오버플로를 발생하는 데 0.0625us * 256 = 16us시간이 소요된다.

그림 4-60은 TCNT 레지스터가 오버플로를 발생하는 모습을 나타낸다. 숫자데 이터를 0개~255개를 카운트하고 257번째 데이터를 카운트하게 되면 TCNT0 레지스터에서 오버플로가 발생하여 인터럽트를 발생하게 되는 것이다.

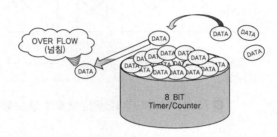

○ [그림 4-60] TCNT의 오버플로 발생

따라서 8비트 크기인 타이머/카운터0과 2 인터럽트는 16us마다 오버플로가 발생 해 인터럽트를 요청하게 된다. 그러나 16비트 크기인 TCNT1과 TCNT3은 입력 할 수 있는 범위가 0~65535가 되고, 처리속도가 0.0625uS일 경우에 4.096ms마 다 인터럽트를 발생시킬 수 있다.

② OCRn(Output Compare Register)

OCRn 레지스터는 TCNTn 레지스터와 비교되는 레지스터로 비교된 값이 같 을 경우에 인터럽트 요청이 이루어진다.

8비트 타이머/카운터는 16us, 16비트 타이머/카운터는 4.096ms에만 인터럽트 요청 이 이루어지므로 OCRn(n=0,1,2,3) 레지스터를 사용하여 시간을 조절할 수 있다.

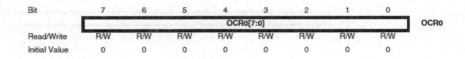

TCNTn 레지스터와 비교하는 대상은 레지스터인 OCR0과 OCR2는 8비트, OCR1과 OCR3은 16비트로 구성되어 있다.

그림 4-61과 같이 출력비교 레지스터인 OCR0과 현재 타이머/카운터 레지스터 인 TCNT0을 비교한다. TCNT0에 카운트를 하다가 설정 값과 같게 되면 인터 럽트 요청이 이루어지게 된다. 즉 TCNTn 8비트 타이머/카운트의 경우 16us마

다 인터럽트 요청이 이루어지는 대신, OCRn과 비교해서 인터럽트 요청을 이루 어지게 되면 요청 시간을 사용자가 원하는 간격으로 조절할 수 있다. 16비트 타 이머/카운터 또한 같은 방법으로 사용한다.

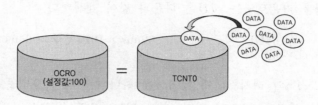

🔾 **[그림 4-61] OCR0과 TCNT0 레지스터 비교**

③ TCCR0(Timer/Counter 0 Control Register)

타이머/카운터의 동작 모드 설정과 프리 스케일의 분주비를 설정하는 기능이 있다. WGM01~00(Waveform Generation Mode)은 PWM 출력 모드에서 설명한 바와 같이 출력 파형 생성을 결정한다.

Bit	7	6	5	4	3	2	1	0	
	FOC0	WGM00	COM01	COM00	WGM01	CS02	CS01	CS00	TCCR0
Read/Write	W	R/W	R/W	R/W	R/W	R/W	R/W	R/W	
Initial Value	0	0	0	0	0	0	0	0	

🔾 **[표 4-1] Waveform Generation Mode**

Mode	WGM01[1] (CTC0)	WGM00[1] (PWM0)	Timer/Counter Mode of Operation	TOP	Update of OCR0 at	TOV0 Flag Set on
0	0	0	Normal	0xFF	Immediate	MAX
1	0	1	PWM, Phase Correct	0xFF	TOP	BOTTOM
2	1	0	CTC	OCR0	Immediate	MAX
3	1	1	Fast PWM	0xFF	BOTTOM	MAX

🔾 **[표 4-2] 타이머/카운터 0, 2 클록 선택**

CS02	CS01	CS00	Description
0	0	0	No clock source (Timer/Counter stopped)
0	0	1	clk_{T0S}/ (No prescaling)
0	1	0	clk_{T0S}/8 (From prescaler)
0	1	1	clk_{T0S}/32 (From prescaler)
1	0	0	clk_{T0S}/64 (From prescaler)
1	0	1	clk_{T0S}/128 (From prescaler)
1	1	0	clk_{T0S}/256 (From prescaler)
1	1	1	clk_{T0S}/1024 (From prescaler)

오버플로 발생시간이 0.0625us인 경우에 너무 빠르다고 생각되면 클록을 표 4-2와 같이 선택하여 주기를 결정한다. 예를 들어 CSn2, CSn1, CSn0을 모두 "1"로 선택하여 CLK/1024를 선택하게 되면 클록은 1024 분주하게 되어 실제 1개를 카운트하는 시간은 다음과 같이 계산한다.

$$16\text{MHz} = \frac{1}{16}\text{us} = 0.0625\text{us} \times 1024\text{분주} = 64\text{us}$$

TCNTn의 레지스터에 데이터를 하나씩 채워서 오버플로가 발생할 때까지 걸리는 시간은 64us가 된다. 비어 있는 8비트 TCNT0 레지스터를 가득 채워서 오버플로가 발생할 때까지 걸리는 시간은 64u ∗ 256 = 16,384us이 소요된다. 이와 같이 클록을 선택함에 따라서 카운트하는 시간을 조정이 가능해진다.

④ TIMSK(Timer/Counter Interrupt Mask Register)

인터럽트 요청 가능/불가능을 결정할 수 있고 인터럽트의 요청상태를 인터럽트 플래그를 이용하여 검사할 수 있다.

OCIE0(1번 비트)가 1로 세트되고 SREG의 I(7번 비트)비트가 1로 세트되어 있으면, 타이머/카운터 0 비교일치 인터럽트가 허용된다.

TOIE0(0번 비트)가 1로 세트되고 SREG의 I(7번 비트)비트가 1로 세트되어 있으면, 타이머/카운터 0 오버플로 인터럽트가 허용된다.

Bit	7	6	5	4	3	2	1	0	
	OCIE2	TOIE2	TICIE1	OCIE1A	OCIE1B	TOIE1	OCIE0	TOIE0	TIMSK
Read/Write	R/W	R/W	R/W	R/W	R/W	R/W	R/W	R/W	
Initial Value	0	0	0	0	0	0	0	0	

⑤ TIFR(Timer/Counter Interrupt Flag Register)

타이머/카운터 0, 1, 2의 인터럽트 플래그를 저장하는 레지스터이다.

Bit	7	6	5	4	3	2	1	0	
	OCF2	TOV2	ICF1	OCF1A	OCF1B	TOV1	OCF0	TOV0	TIFR
Read/Write	R/W	R/W	R/W	R/W	R/W	R/W	R/W	R/W	
Initial Value	0	0	0	0	0	0	0	0	

•〈 과제 1 : TIMER_COUNT1.c 〉•

〈 실습 개요 〉

FND, LED, Switch 보드를 사용하여 타이머/카운터0를 실험한다.

[1] 제어동작 조건

① Timer/Counter0 인터럽트를 이용해 정확한 1초를 만들어 PORTC.0에 연결
   된 LED0을 1초마다 ON/OFF 출력하고, PORTC.1에 연결된 LED1은
   delay_ms( ) 함수를 사용하여 1초 간격으로 ON/OFF 출력한다. 이때 타이
   머를 사용한 것과 delay를 사용한 LED 출력의 시차를 확인하여 타이머가
   더 정확함을 확인한다.

[2] I/O PORT

순번	입력/출력	포트번호	모듈 연결 커넥터	비고(용도)
1	출력	PORTA.0	BCD_0	FND에 BCD_0 값 출력
2	출력	PORTA.1	BCD_1	FND에 BCD_1 값 출력
3	출력	PORTA.2	BCD_2	FND에 BCD_2 값 출력
4	출력	PORTA.3	BCD_3	FND에 BCD_3 값 출력
5	출력	PORTA.4	EN1	FND3_2를 Enable
6	출력	PORTA.5	EN0	FND3_1를 Enable
7	출력	PORTC.0	LED 0	LED 출력용
8	출력	PORTC.1	LED 1	LED 출력용
9	출력	PORTC.2	LED 2	LED 출력용
10	출력	PORTC.3	LED 3	LED 출력용
11	출력	PORTC.4	LED 4	LED 출력용
12	출력	PORTC.5	LED 5	LED 출력용
13	출력	PORTC.6	LED 6	LED 출력용
14	출력	PORTC.7	LED 7	LED 출력용
15	입력	PORTD.0	푸시버튼 스위치1	ON시 START/외부INT0
16	입력	PORTD.1	푸시버튼 스위치2	ON시 STOP /외부INT1
17	입력	PORTD.2	푸시버튼 스위치3	ON시 RESET/외부INT2

[3] 구성 회로도

외부 Interrupt 처리와 동일

[4] 실습 순서

① 외부 Interrupt 처리와 동일하게 결선한다.

② CodeVisionAVR 컴파일러를 사용하여 프로젝트를 작성한다.

- 프로젝트명 : TIMER_COUNT1.prj
- 소스파일명 : TIMER_COUNT1.c

③ 소스 코딩

< 1초 만들기 >

먼저 타이머0에 공급하는 클록의 주파수는 1024 분주비를 사용하는 경우에 16,000,000Hz/1024=15,625Hz=15.625 kHz이다. 주기는 $T = 1/F$이므로 1/15,625= 0.000064초가 된다.

이를 타이머/카운터0에 공급하므로 TCNT0에서 125개만 카운트하면 0.000064 초×125=0.008초가 된다.

TCNT0의 초깃값을 131(256−125=131)로 하면 0.008초마다 인터럽트가 발생한다. 인터럽트 벡터 안에서 125회를 카운트하여 1초를 만들어낸다.(0.008초×125 회=1.0초)

코드자동생성기를 그림과 같이 설정하여 코딩을 시작한다.

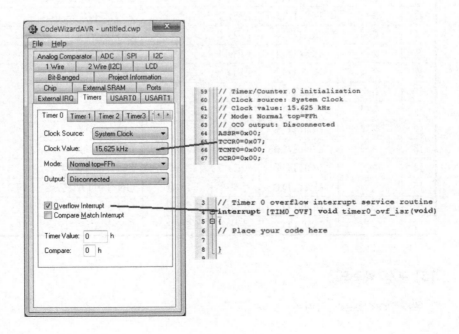

```
//TIMER_COUNT1.c
#include <mega128.h>
#include <delay.h>

unsigned char sec_cnt;

// Timer 0 overflow interrupt service routine
interrupt [TIM0_OVF] void timer0_ovf_isr(void)
{
    sec_cnt++;
    if(sec_cnt==125)
    {
        PORTC.0 = ~PORTC.0;
        sec_cnt = 0;
    }
    TCNT0 = 0x83; //TCNT0를 시작값으로 재설정
}

void main(void)
{
// Port C initialization
PORTC=0x00;
DDRC=0x03;

// Timer/Counter 0 initialization
// Clock value: 15.625 kHz
// Mode: Normal top=FFh
ASSR=0x00;
TCCR0=0x07;
TCNT0=0x83; //256-125=131(0x83)을 시작값으로 설정
OCR0=0x00;

// Timer(s)/Counter(s) Interrupt(s) initialization
TIMSK=0x01;
ETIMSK=0x00;

// Global enable interrupts
#asm("sei")
```

```
while(1)
    {
        PORTC.1 = 1;
        delay_ms(1000);
        PORTC.1 = 0;
        delay_ms(1000);
    };
}
```

• 〈 과제 2 : TIMER_COUNT2.c 〉 •

< 제어동작 조건 >

① Timer/Counter0 인터럽트를 이용해 정확한 1초를 만들어서 푸시버튼1을 누르면 PORTA에 연결된 FND3에 00초~60초까지 반복하여 출력한다.(처음에 바로 자동으로 출력되지 않도록 한다.)

② 푸시버튼1을 누르면 초시계가 시작하고, 푸시버튼2를 누르면 초시계가 멈추도록 하며, 푸시버튼3을 누르면 00초로 초기화되도록 동작한다.

< 소스 코딩 >

```
//TIMER_COUNT2.c
#include <mega128.h>
#include <delay.h>

unsigned char sec_cnt, sec;
unsigned char BCD10, BCD1;  //전역변수 선언

void Decimal_to_BCD(unsigned char su)  //BCD 변환루틴
{
    BCD10 = su / 10;    //BCD 10자리
    BCD1  = su % 10;    //BCD 1자리
}

interrupt [EXT_INT0] void ext_int0_isr(void)
{
    TCCR0=0x07;
    TCNT0=0x83; //256-125=131(0x83)을 시작값으로 설정
}

interrupt [EXT_INT1] void ext_int1_isr(void)
{
    TCCR0 = 0x00; //인터럽트 금지
    TCNT0 = 0x83;
}

interrupt [EXT_INT2] void ext_int2_isr(void)
{
    sec = 0;
}

interrupt [TIM0_OVF] void timer0_ovf_isr(void)
{
    sec_cnt++;
    if(sec_cnt==125) //sec_cnt 값을 변경하면 1초를 변경할 수 있다.
    {
        sec++;       //1초씩 증가
        sec_cnt = 0;
          if(sec==61) sec=0;
    }
    TCNT0=0x83;     //TCNT0를 시작값으로 재설정
}
```

```
void main(void)
{
unsigned char i;
PORTA=0x00;
DDRA =0xFF;

// Timer/Counter 0 initialization
// Clock value: 15.625kHz(1024 분주 사용)
ASSR=0x00;
TCCR0=0x00; //TCCR0=0x07로 되면 처음에 자동으로 시작한다.
TCNT0=0x83;
OCR0=0x00;

// External Interrupt(s) initialization
// INT0,1,2 Mode: Falling Edge
EICRA=0x2A;
EICRB=0x00;
EIMSK=0x07;
EIFR=0x07;

// Timer(s)/Counter(s) Interrupt(s) initialization
TIMSK=0x01;
ETIMSK=0x00;
// Global enable interrupts
#asm("sei")

while (1)
      {
            Decimal_to_BCD(i);
            for(i=0;i<10;i++)
            {
                  PORTA=BCD1;
                  PORTA.4=1;
                  PORTA.5=0;
                  delay_ms(5);
                  PORTA=BCD10;
                  PORTA.4=0;
                  PORTA.5=1;
                  delay_ms(5);
            }

      };
}
```

4.4.4 A/D 변환기(A/D Converter)

A/D 변환기는 아날로그 신호를 디지털 값으로 변환하는 회로이다. 전압, 전류, 온도, 습도, 유량 등 우리 주위에 있는 연속적인 물리량의 아날로그 신호를 CPU가 처리하기 위해서는 이를 디지털 신호로 먼저 변환해야 한다. 이 때 중요한 3가지 관점이 있는데 몇 비트의 데이터로 변환하느냐가 분해능(Resolution)에 해당하고, 변환을 시작시켜 변환 종료까지 소요되는 시간이 변환시간이고, 입력되는 전압의 범위가 입력 전압 영역이다.

(1) 변환시간 또는 샘플링 속도

한번 A/D 변환을 수행하는 데 필요한 시간을 변환시간(Conversion Time)이라고 하며, 이는 초당 샘플링 속도(Sampling Rate)로 나타낸다.

병렬 비교형은 변환시간이 빠르고, 축차비교형은 중간 정도이고, 단순계수형, 적분형은 변환시간이 느리다. 대부분의 A/D 컨버터에는 변환이 완료되면 이를 외부에 알려주는 /EOC(End of Conversion) 또는 /INTR(Interrupt Request) 단자가 있어서, CPU는 이를 폴링(Polling)으로 확인하여 변환된 데이터를 읽어들이거나 또는 이를 인터럽트 요구 신호로 사용한다.

(2) 분해능

분해능(Resolution)이란 디지털 출력 값을 한 등급만큼 변화시키기 위한 아날로그 입력의 최소변화를 의미한다. 이것은 A/D 컨버터가 표현할 수 있는 최소 아날로그량을 나타내는데, n비트 A/D 컨버터의 경우 출력의 데이터 범위는 $0 \sim 2^n - 1$이 되며, 이때 분해능은 입력 아날로그량의 크기로 표시하여 $FS/2^n$ (V)로 나타내기도 하고, FS에 대한 비율로 표시하여 $1/2^n$로 나타내기도 한다.

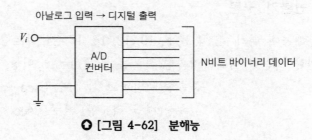

아날로그 입력 → 디지털 출력

V_i ○ — A/D 컨버터 — N비트 바이너리 데이터

○ [그림 4-62] 분해능

일반적으로 많이 사용하는 분해능은 8/10/12/14/16 등이 사용되고, 변환시간은 가급적 빠를수록 좋지만 고가가 되므로 적정한 변환속도를 가진 A/D 변환기를 사용하면 된다.

최근에는 ATmega128과 같이 마이크로컨트롤러 내부에 A/D 변환기를 기본 내장한 경우가 많은데, 경제적으로나 공간적으로 유리하다. 하지만 마이크로프로세서 내장 A/D 변환기는 입력전압 범위가 대부분 0~5V이고 분해능은 12비트 이하가 많다. 입력 범위가 더 넓어야 하는 경우나 더욱 분해능이 요구되는 시스템은 별도의 A/D를 장착하여 사용하면 된다.

0~5V의 아날로그 입력전압을 8비트의 디지털 값으로 분해해서 출력하는 경우에 8비트이기 때문에 0V일 경우에는 출력이 0x00이고, 5V일 경우는 0xff가 되는 것이다. 이때 아날로그 전압 2.5V는 8비트로 분해했을 경우 0x80이 된다.

(3) 샘플/홀드 또는 트랙/홀드

ADC가 아날로그 신호를 디지털 데이터로 변환하는 동안에 입력전압이 변동하면 출력에 불확실성이 발생한다. 이를 방지하기 위하여 ADC의 입력 단에는 샘플/홀드(S/H : Sample/Hold) 또는 트랙/홀드(T/H : Track/Hold)회로를 사용한다.

특히, 축차비교형 A/D Converter는 변환기간 중에 아날로그 입력전압이 일정하게 유지되어야 하므로 샘플/홀드 사용의 필요성이 높다. 이러한 샘플링 때문에 전체 변환시간이 길어지며, 멀티 채널형 A/D Converter의 경우에는 Analog Mux가 사용되므로 이것의 동작 및 안정시간으로 인하여 전체적인 변환시간은 훨씬 증가한다. 샘플/홀드 회로는 아날로그 스위치, 콘덴서, 버퍼 등으로 구성되고, 스위치는 샘플링 시간 동안 닫혀 있어서 콘덴서 전압이 입력전압과 동일하게 되도록 충전하고, 이후에는 스위치가 열려서 일정한 전압이 유지되면서 이 전압이 버퍼를 통하여 비교기로 입력되어 변환이 수행된다.

(4) A/D 변환기 구분

- 분해능에 따라 : 2, 4, 6, 8, 10, 12, 14, 16, 24 비트형
- 변환 시간에 따라 : 저속형(적분형) = 수 msec 이상,
  중속형(축차비교형) = 수 usec ~ 수십 usec,
  고속형(병렬 비교형) = 수 usec 이하

• 입력 전압 범위에 따라 : 단극성형(0～＋전압), 양극성형(－전압 ～＋전압)
• 데이터 출력 형태에 따라 : 병렬 출력형, 직렬 출력형, 주파수 출력형 등
• 입력 채널수에 따라 : Single-channel, Multi-channel (2, 4, 8, 16 등)

(5) ATmega128 내장 A/D 변환기

ATmega128 MCU는 10비트 분해능의 A/D 변환기 8채널이 내장되어 있으며, 내장된 A/D 변환기의 특징은 다음과 같다.

- 10비트 분해능
- 13～260usec 변환시간
- 8개의 단극성 입력채널, 22종의 차동입력
- Analog 입력신호 10배 또는 200배 증폭기능을 갖는 2개의 차동입력 채널
- 0～Vcc ADC 입력 전압 범위
- 선택 가능한 2.56V 내부 기준전압
- ADC 변환 완료 인터럽트

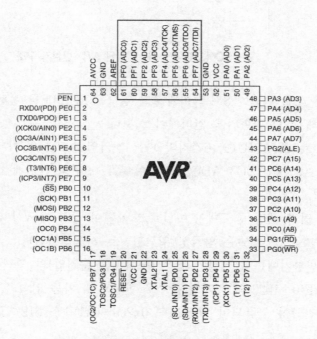

✿ [그림 4-63] A/D 변환기능을 갖는 PORTF

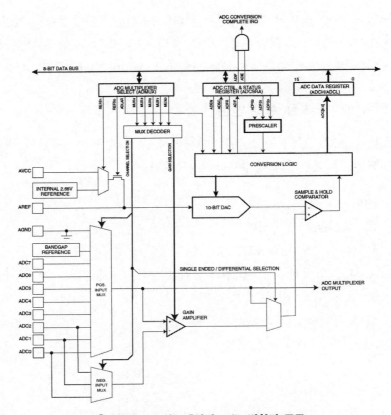

○ [그림 4-64] 내장된 A/D 변환기 구조

내장된 A/D 변환기 8채널 아날로그 입력은 PORTF를 통해 입력되며, 멀티플렉서에 의해 A/D 변환기에 인터페이스 된다.

ATmega128 MCU는 16가지의 다른 전압입력 조합을 가지며 2개의 차동 입력 (ADC1-ACD2, ADC3-ADC2) 전압이 A/D 변환되기 전에 10배 또는 200배로 증폭되어질 수 있다.

8개의 입력 채널 중 7개의 아날로그 채널이 공통 음극성 채널 ADC1을 공유하며, 나머지 입력 채널은 양극성 입력단자로 사용되어진다.

A/D 변환기에는 단극성인 경우 0~+V(기준전압)의 입력전압이 공급되어 0x00~0x3FF(0~1023)의 디지털 값으로 변환되며, 차동 입력의 경우에는 −V ~+V의 입력전압이 공급되어 2의 보수 0x200~0x1FF(−512~511)의 디지털 값으로 변환된다.

A/D 변환 결과는 16비트 A/D 변환 데이터 레지스터에 좌측이나 우측으로 정렬되어 저장된다.

그림 4-63의 우측을 보면 A/D 변환 채널이 0~7까지 8개가 있으며 MUX(멀티 플렉서)를 통해 A/D 변환기에 연결되는 것을 알 수 있다.

(6) A/D 변환기 레지스터

1) ADMUX(ADC Multiplexer Selection Register)

A/D 변환기의 기준전압을 선택하고, 변환결과의 저장 및 8개의 A/D 변환 채널 중 어떠한 채널을 변환시킬 것인지를 선택하는 레지스터이다.

Bit	7	6	5	4	3	2	1	0	
	REFS1	REFS0	ADLAR	MUX4	MUX3	MUX2	MUX1	MUX0	ADMUX
Read/Write	R/W	R/W	R/W	R/W	R/W	R/W	R/W	R/W	
Initial Value	0	0	0	0	0	0	0	0	

- 기준전압 설정 (BIT7, BIT6)

REFS1	REFS0	Voltage Reference Selection
0	0	AREF, Internal Vref turned off
0	1	AVCC with external capacitor at AREF pin
1	0	Reserved
1	1	Internal 2.56V Voltage Reference with external capacitor at AREF pin

- 저장방식 설정 (BIT5)

A/D 변환된 결과를 두 개의 8비트 레지스터(ADCH, ADCL)에 저장하는 형식을 말하며, "0"이면 하위부터 10비트를 저장하며, "1"이면 상위부터 10비트를 사용 한다는 의미를 가지고 있다.

- A/D 변환 채널선택 (BIT0~4)

MUX4..0	Single Ended Input
00000	ADC0
00001	ADC1
00010	ADC2
00011	ADC3
00100	ADC4
00101	ADC5
00110	ADC6
00111	ADC7

2) ADCSRA(ADC Control and Status Register A)

A/D 변환기의 동작을 제어하고 상태를 표시하는 기능을 갖는 레지스터이다.

Bit	7	6	5	4	3	2	1	0	
	ADEN	ADSC	ADFR	ADIF	ADIE	ADPS2	ADPS1	ADPS0	ADCSRA
Read/Write	R/W	R/W	R/W	R/W	R/W	R/W	R/W	R/W	
Initial Value	0	0	0	0	0	0	0	0	

- ADEN(ADC Enalbe)(BIT7)

A/D 변환기의 동작을 허용할 것이지 그렇지 않을 것인지를 결정짓는 비트로
"1"이면 A/D 변환을 허용하고, "0"이면 허용하지 않는다.

- ADSC(ADC Start Conversion)(BIT6)

단일 변환 모드에서 BIT6를 "1"로 하면 A/D 변환이 시작되고, 프리러닝(Free
Running) 모드에서 "1"로 하면 첫 번째 A/D 변환이 시작되고, 그 다음부터는 자
동적으로 변환이 반복된다. A/D 변환기가 허용되고 이 비트를 "1"로 하면 첫 번째
변환에서는 25개의 클록이 필요하며, 그 다음부터는 13개의 클록이 소요된다. 이
비트는 A/D 변환 중에는 "1"로 읽혀지며, 변환이 종료하면 "0"으로 읽혀진다.

- ADFR(ADC Free Running Select)(BIT5)

5번 비트를 "1"로 하게 되면 A/D 변환기는 프리러닝 모드로 동작하며, 이는
A/D 변환기를 반복적으로 수행하게 된다.

- ADIF(ADC Interrupt Flag)(BIT4)

A/D 변환이 완료되어 A/D 변환기 데이터 레지스터의 값이 갱신되면 셋 된다.
ADCE 비트와 SREG 레지스터의 I 비트가 "1"이면 A/D 변환 완료 인터럽트가
요구된다. 이 플래그 비트는 대응하는 인터럽트 서브루틴이 실행되면 자동 클리
어되며, 이비트에 "1"을 써 주어도 클리어된다.

- ADIE(ADC Interrupt Enable)(BIT3)

A/D 변환기의 인터럽트 허용 비트로 "1"로 설정하게 되면 인터럽트가 허용된다.

- ADPS(ADC Prescaler Bits)(BIT0~2)

A/D 변환기에 입력되는 시스템 클록에 대한 분주비 선택을 위한 비트

ADPS2	ADPS1	ADPS0	Division Factor
0	0	0	2
0	0	1	2
0	1	0	4
0	1	1	8
1	0	0	16
1	0	1	32
1	1	0	64
1	1	1	128

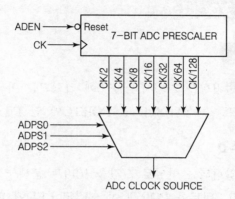

O [그림 4-65] ADC Prescaler

3) ADCH, ADCL(ADC Data Register)

A/D 변환된 결과를 저장하는 레지스터로 ADMUX 레지스터의 ADLAR 비트 값에 따라, ADCH 8비트와 ADCL 상위 2비트로 10비트로 저장할 것인지 ADCH 하위 2비트와 ADCL 8비트를 사용할 것인지를 결정하게 된다. 각각의 8비트를 묶어서 ADCW로도 사용이 가능하다.

- ADLAR=0일 경우

Bit	15	14	13	12	11	10	9	8	
	–	–	–	–	–	–	ADC9	ADC8	ADCH
	ADC7	ADC6	ADC5	ADC4	ADC3	ADC2	ADC1	ADC0	ADCL
	7	6	5	4	3	2	1	0	
Read/Write	R	R	R	R	R	R	R	R	
	R	R	R	R	R	R	R	R	
Initial Value	0	0	0	0	0	0	0	0	
	0	0	0	0	0	0	0	0	

- ADLAR=1일 경우

Bit	15	14	13	12	11	10	9	8	
	ADC9	ADC8	ADC7	ADC6	ADC5	ADC4	ADC3	ADC2	ADCH
	ADC1	ADC0	-	-	-	-	-	-	ADCL
	7	6	5	4	3	2	1	0	
Read/Write	R	R	R	R	R	R	R	R	
	R	R	R	R	R	R	R	R	
Initial Value	0	0	0	0	0	0	0	0	
	0	0	0	0	0	0	0	0	

• 〈 과제 1 : ADC1.c 〉 •

〈 실습 개요 〉

5V전류가 가변저항을 거쳐서 ADC0에 입력되는 아날로그 값을 10비트 A/D 변환한 후에 10비트 중 상위 8비트를 PORTC에 연결된 LED에 출력하는 실험이다.

[1] 제어동작 조건

① ADC0에 입력되는 아날로그 값을 10비트 분해능으로 A/D 변환한 후에 10비트 중 상위 8비트를 PORTC에 연결된 LED에 바로 출력한다.

[2] I/O PORT

PORTC에 LED 8개 연결한다.

[3] 구성 회로도

마이크로프로세서와 동일 전원으로 회로를 구성한다.

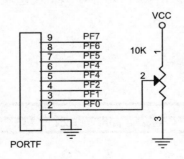

[4] 실습 순서

① 브레드보드에 회로를 꾸민 후 PORTF에 가변저항을, PORTC에 LED를 결선한다.

② CodeVisionAVR 컴파일러를 사용하여 프로젝트를 작성한다.

- 프로젝트명 : ADC1.prj
- 소스파일명 : ADC1.c

③ 소스 코딩

10비트 ADC는 0~1023까지 1024단계이다. VREF 전압이 5V이며 AGND는 GND이다. 먼저 포트와 ADC를 설정하고 코드를 자동으로 생성한다.

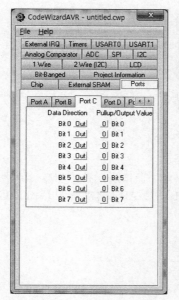

```
//ADC1.c
#include <mega128.h>
#include <delay.h>

#define ADC_VREF_TYPE 0x00
// Read the AD conversion result
unsigned int read_adc(unsigned char adc_input)
{
        ADMUX=adc_input | (ADC_VREF_TYPE & 0xff);
        // Delay needed for the stabilization of the ADC input voltage
        delay_us(10);
        // Start the AD conversion
        ADCSRA|=0x40;
```

```
        // Wait for the AD conversion to complete
        while ((ADCSRA & 0x10)==0);
        ADCSRA|=0x10;
        return ADCW;
}

void main(void)
{
int adc_val;

PORTC=0x00;
DDRC=0xFF;

// ADC initialization
ADMUX=ADC_VREF_TYPE & 0xff;
ADCSRA=0x84;

while (1)
    {
        adc_val = read_adc(0); //0번 채널의 AD변환 값을 읽어온다.
        PORTC = adc_val / 4; //10비트 ADC 결과를 8비트 LED로 출력하기 위해서
        delay_ms(100);
    };
}
```

4.4.5 시리얼 통신

시리얼 통신은 정보를 비트 단위로 분해해서 1개의 전송선에 1 또는 0의 비트 데이터를 차례대로 보내고, 수신측에서는 이 비트 데이터를 조합하여 통신하는 방식이다. 마이크로프로세서간이나 PC와의 통신에는 몇 가지의 통신 방식이 있는데 그 중에 시리얼 통신이 많이 사용되고 있으며, 시리얼 통신 중에는 RS-232C와 485통신이 대표적으로 많이 사용된다.

(1) RS-232C 통신

RS-232C는 비동기식 UART(Universal Asynchronous Receiver/ Transmitter) 통신 방식이다. 직렬 통신은 송거리가 짧고(15m이하), 전송속도(20Kbit/s)가 늦으며,

내 잡음성이 좋지 않다는 단점을 가지고 있다. 하지만 통신에 필요한 배선수가 적고, 사용이 간단하기 때문에 표준 통신 인터페이스로 많이 사용되고 있다. 연결방식이나 기본적인 내용은 앞에서 살펴본 3장과 같다.

 PC와 PC간의 통신에는 그림 4-66과 같이 연결할 수 있으나, 통신 전압레벨이 같기 때문에 일반적으로 MAX232 IC를 사용하지 않고 PC의 RS-232C 포트간에 케이블로 다이렉트로 연결하여 사용한다.

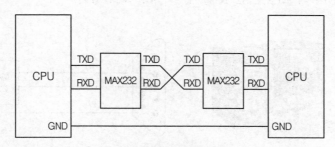

○ [그림 4-66] PC와 PC 간의 RS232C 통신 결선도

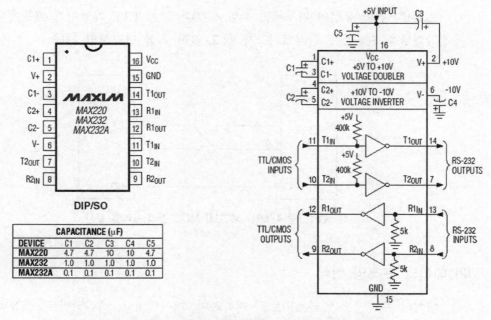

○ [그림 4-67] MAX232 IC의 핀 구성과 내부구조도

PC와 MCU 간의 통신에서는 PC는 ±12V 레벨을 마이크로프로세서는 5V 레벨을 사용하여 서로간의 통신 전압레벨이 다르기 때문에 그림 4-67과 같이 중간에 MAX232 IC를 사용해야 한다.

대부분의 마이크로프로세서나 AVR 계열에서 출력되는 시리얼 데이터가 TTL 레벨을 가지고 있고, PC는 ±12V 레벨로 통신하기 때문에 중간에 전압레벨을 변환하는 인터페이스가 필요하다. 이렇게 전압레벨을 맞추는 인터페이스에 보통은 MAXIM사의 MAX232 IC를 많이 사용하고 있다.

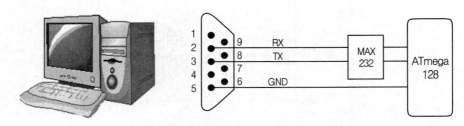

○ [그림 4-68] PC와 MCU 간의 시리얼 통신

프로세서간의 통신일 경우에는 그림 4-69와 같이 TTL 레벨이기 때문에 중간에 전압레벨을 변환하는 인터페이스가 필요 없이 직접 연결하면 된다.

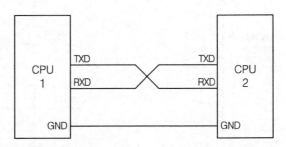

○ [그림 4-69] MCU와 MCU 간의 시리얼 통신

(2) 데이터 프레임 형식

데이터 프레임은 스타트비트로 시작하며, 데이터비트, 패리티비트, 스톱비트 들로 다음 그림 4-70과 같이 구상된다. 프레임이 전송되고 나면 다음 프레임을 전송하거나 아이들 상태가 된다.

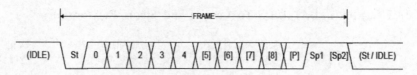

St   Start bit, always low.

(n)   Data bits (0 to 8).

P   Parity bit. Can be odd or even.

Sp   Stop bit, always high.

IDLE   No transfers on the communication line (RxD or TxD). An IDLE line must be
        high.

○ [그림 4-70] 데이터 프레임 형식

(3) 시리얼 통신 관련 레지스터

ATmega128에는 RXD0, TXD0과 RXD1, TXD1의 시리얼 통신 포트가 두 개가
내장되어 있다. 그렇기 때문에 레지스터 또한 "0"과 "1"로 반복된다.

1) UDRn (USART0 I/O Data Register) : USART0 I/O 데이터 레지스터 n=0,1

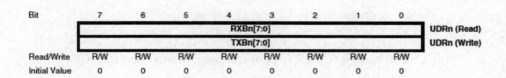

USART 송신 데이터 버퍼 레지스터와 수신 데이터 버퍼 레지스터는 UDRn(n=
0,1)이라고 하는 같은 이름의 USART 데이터 레지스터를 공유한다.

UDRn 레지스터는 동일한 I/O번지를 갖지만, 내부적으로는 서로 분리되어 있다.

UDRn 레지스터에 데이터를 쓰면 송신 데이터 버퍼 TXBn에 값이 써지고,
UDRn 레지스터를 읽으면 데이터 버퍼 RXBn에 들어 있는 내용이 읽혀진다.

데이터를 수신할 경우에 UDRn 레지스터의 데이터를 읽으면 되고, 송신할 경우
에는 UDRn 레지스터에 데이터를 쓰면 시리얼 포트 단자로 데이터가 출력된다.

2) UCSRnA(n=0,1) (USARTn Control and Status Register A)

송신 준비완료 플래그비트		데이터 오버런에러		송신속도 2배설정
↑		↑		↑

7	6	5	4	3	2	1	0
RXcn	TXcn	UDREn	FEn	DORn	UPEn	U2Xn	MPCMn

| ↓ | ↓ | | ↓ | | ↓ | | ↓ |

수신완료   송신완료   프레임 에러   패리티 에러   멀티프로세서
플래그비트 플래그비트   통신모드

3) UCSRnB(n=0,1) (USARTn Control and Status Register B)

송신 레지스터 준비 완료 인터럽트 Enable		송신기 Enable		수신데이터 비트 8
↑		↑		↑

7	6	5	4	3	2	1	0
RXCIEn	TXCIEn	UDRIEn	RXENn	TXENn	UCSZn2	RXB8n	TXB8n

| ↓ | ↓ | | ↓ | | ↓ | | ↓ |

수신완료   송신완료   수신기   전송데이터   송신데이터
인터럽트 인터럽트   Enable   길이선택   비트 8
Enable   Enable

4) UCSRnC(n=0,1) (USARTn Control and Status Register C)

7	6	5	4	3	2	1	0
–	UMSELn	UPMn1	UPMn0	USBSn	UCSZn1	UCSZn0	UCPOLn

| | ↓ | ⌣ | | ↓ | ⌣ | | ↓ |

UART모드   패리티 모드   정지비트   전송데이터   클록극성
설정비트   설정비트   선택   비트 수 설정

- BIT 6이 "0"이면 비동기모드, "1"이면 동기모드로 설정된다.

- BIT 5, BIT 4

UPMn1	UPMn0	Parity Mode
0	0	Disabled
0	1	(Reserved)
1	0	Enabled, Even Parity
1	1	Enabled, Odd Parity

- 정지비트(BIT 3) : 정지비트를 "0" 또는 "1"로 할지를 결정한다.

- BIT 2, BIT 1 : 전송데이터 비트 수 결정
UCSRnB의 2번 비트인 UCSZ2n과 같이 송수신 데이터의 비트수를 결정한다.

UCSZn2	UCSZn1	UCSZn0	Character Size
0	0	0	5-bit
0	0	1	6-bit
0	1	0	7-bit
0	1	1	8-bit
1	0	0	Reserved
1	0	1	Reserved
1	1	0	Reserved
1	1	1	9-bit

- UCPOLn(BIT0) : 동기모드에서 사용되며, "1"인 경우는 상승에지에서, "0"이면 하강에지에서 데이터를 송·수신한다.

5) UBRRnH, UBRRnL (USARTn Baud Rate Register)

Bit	15	14	13	12	11	10	9	8	
	–	–	–	–	UBRRn[11:8]				UBRRnH
	UBRRn[7:0]								UBRRnL
	7	6	5	4	3	2	1	0	
Read/Write	R	R	R	R	R/W	R/W	R/W	R/W	
	R/W	R/W	R/W	R/W	R/W	R/W	R/W	R/W	
Initial Value	0	0	0	0	0	0	0	0	
	0	0	0	0	0	0	0	0	

UBRRnH와 UBRRnL 16비트의 레지스터는 시리얼 통신의 속도를 결정짓는 레지스터이다. 통신 대상체들간의 통신속도가 맞지 않으면 통신이 되지 않기 때문에 유의해야 한다.
표 4-4는 16MHz 시스템 클록에서 전송속도에 따른 UBRRn 레지스터의 설정값을 나타낸다.

○ [표 4-3] 자주 사용하는 주파수에 대한 UBRR 값

Baud Rate (bps)	f_{osc} = 1.0000MHz				f_{osc} = 1.8432MHz				f_{osc} = 2.0000MHz			
	U2X = 0		U2X = 1		U2X = 0		U2X = 1		U2X = 0		U2X = 1	
	UBRR	Error	UBRR	Error	UBRR	Error	UBRR	Error	UBRR	Error	UBRR	Error
2400	25	0.2%	51	0.2%	47	0.0%	95	0.0%	51	0.2%	103	0.2%
4800	12	0.2%	25	0.2%	23	0.0%	47	0.0%	25	0.2%	51	0.2%
9600	6	-7.0%	12	0.2%	11	0.0%	23	0.0%	12	0.2%	25	0.2%
14.4k	3	8.5%	8	-3.5%	7	0.0%	15	0.0%	8	-3.5%	16	2.1%
19.2k	2	8.5%	6	-7.0%	5	0.0%	11	0.0%	6	-7.0%	12	0.2%
28.8k	1	8.5%	3	8.5%	3	0.0%	7	0.0%	3	8.5%	8	-3.5%
38.4k	1	-18.6%	2	8.5%	2	0.0%	5	0.0%	2	8.5%	6	-7.0%
57.6k	0	8.5%	1	8.5%	1	0.0%	3	0.0%	1	8.5%	3	8.5%
76.8k	–	–	1	-18.6%	1	-25.0%	2	0.0%	1	-18.6%	2	8.5%
115.2k	–	–	0	8.5%	0	0.0%	1	0.0%	0	8.5%	1	8.5%
230.4k	–	–	–	–	–	–	0	0.0%	–	–	–	–
250k	–	–	–	–	–	–	–	–	–	–	0	0.0%
Max [1]	62.5Kbps		125Kbps		115.2Kbps		230.4Kbps		125Kbps		250Kbps	

1.　　　UBRR = 0, Error = 0.0%

○ [표 4-3] 자주 사용하는 주파수에 대한 UBRR 값(계속)

Baud Rate (bps)	f_{osc} = 3.6864MHz				f_{osc} = 4.0000MHz				f_{osc} = 7.3728MHz			
	U2X = 0		U2X = 1		U2X = 0		U2X = 1		U2X = 0		U2X = 1	
	UBRR	Error	UBRR	Error	UBRR	Error	UBRR	Error	UBRR	Error	UBRR	Error
2400	95	0.0%	191	0.0%	103	0.2%	207	0.2%	191	0.0%	383	0.0%
4800	47	0.0%	95	0.0%	51	0.2%	103	0.2%	95	0.0%	191	0.0%
9600	23	0.0%	47	0.0%	25	0.2%	51	0.2%	47	0.0%	95	0.0%
14.4k	15	0.0%	31	0.0%	16	2.1%	34	-0.8%	31	0.0%	63	0.0%
19.2k	11	0.0%	23	0.0%	12	0.2%	25	0.2%	23	0.0%	47	0.0%
28.8k	7	0.0%	15	0.0%	8	-3.5%	16	2.1%	15	0.0%	31	0.0%
38.4k	5	0.0%	11	0.0%	6	-7.0%	12	0.2%	11	0.0%	23	0.0%
57.6k	3	0.0%	7	0.0%	3	8.5%	8	-3.5%	7	0.0%	15	0.0%
76.8k	2	0.0%	5	0.0%	2	8.5%	6	-7.0%	5	0.0%	11	0.0%
115.2k	1	0.0%	3	0.0%	1	8.5%	3	8.5%	3	0.0%	7	0.0%
230.4k	0	0.0%	1	0.0%	0	8.5%	1	8.5%	1	0.0%	3	0.0%
250k	0	-7.8%	1	-7.8%	0	0.0%	1	0.0%	1	-7.8%	3	-7.8%
0.5M	–	–	0	-7.8%	–	–	0	0.0%	0	-7.8%	1	-7.8%
1M	–	–	–	–	–	–	–	–	–	–	0	-7.8%
Max [1]	230.4Kbps		460.8Kbps		250Kbps		0.5Mbps		460.8Kbps		921.6Kbps	

● [표 4-3]   자주 사용하는 주파수에 대한 UBRR 값(계속)

| Baud Rate (bps) | f_{osc} = 8.0000MHz | | | | f_{osc} = 11.0592MHz | | | | f_{osc} = 14.7456MHz | | | |
| | U2X = 0 | | U2X = 1 | | U2X = 0 | | U2X = 1 | | U2X = 0 | | U2X = 1 | |
	UBRR	Error	UBRR	Error	UBRR	Error	UBRR	Error	UBRR	Error	UBRR	Error
2400	207	0.2%	416	-0.1%	287	0.0%	575	0.0%	383	0.0%	767	0.0%
4800	103	0.2%	207	0.2%	143	0.0%	287	0.0%	191	0.0%	383	0.0%
9600	51	0.2%	103	0.2%	71	0.0%	143	0.0%	95	0.0%	191	0.0%
14.4k	34	-0.8%	68	0.6%	47	0.0%	95	0.0%	63	0.0%	127	0.0%
19.2k	25	0.2%	51	0.2%	35	0.0%	71	0.0%	47	0.0%	95	0.0%
28.8k	16	2.1%	34	-0.8%	23	0.0%	47	0.0%	31	0.0%	63	0.0%
38.4k	12	0.2%	25	0.2%	17	0.0%	35	0.0%	23	0.0%	47	0.0%
57.6k	8	-3.5%	16	2.1%	11	0.0%	23	0.0%	15	0.0%	31	0.0%
76.8k	6	-7.0%	12	0.2%	8	0.0%	17	0.0%	11	0.0%	23	0.0%
115.2k	3	8.5%	8	-3.5%	5	0.0%	11	0.0%	7	0.0%	15	0.0%
230.4k	1	8.5%	3	8.5%	2	0.0%	5	0.0%	3	0.0%	7	0.0%
250k	1	0.0%	3	0.0%	2	-7.8%	5	-7.8%	3	-7.8%	6	5.3%
0.5M	0	0.0%	1	0.0%	–	–	2	-7.8%	1	-7.8%	3	-7.8%
1M	–		0	0.0%	–	–	–	–	–	–	0	-7.8%	1	-7.8%
Max [1]	0.5Mbps		1Mbps		691.2Kbps		1.3824Mbps		921.6Kbps		1.8432Mbps	

● [표 4-3]   자주 사용하는 주파수에 대한 UBRR 값(계속)

| Baud Rate (bps) | f_{osc} = 16.0000MHz | | | |
| | U2X = 0 | | U2X = 1 | |
	UBRR	Error	UBRR	Error
2400	416	-0.1%	832	0.0%
4800	207	0.2%	416	-0.1%
9600	103	0.2%	207	0.2%
14.4k	68	0.6%	138	-0.1%
19.2k	51	0.2%	103	0.2%
28.8k	34	-0.8%	68	0.6%
38.4k	25	0.2%	51	0.2%
57.6k	16	2.1%	34	-0.8%
76.8k	12	0.2%	25	0.2%
115.2k	8	-3.5%	16	2.1%
230.4k	3	8.5%	8	-3.5%
250k	3	0.0%	7	0.0%
0.5M	1	0.0%	3	0.0%
1M	0	0.0%	1	0.0%
Max [1]	1Mbps		2Mbps	

❂ [표 4-4] 16MHz 시스템 클록에서 전송속도에 따른 UBRRn 레지스터의 설정 값

전송속도 (Baud Rate : bps)	비동기 일반 모드		비동기식 2배속 모드	
	UBRR	에러	UBRR	에러
2400	416	−0.1%	832	+0.0%
4800	207	+0.2%	416	−0.1%
9,600	103	+0.2%	207	+0.2%
14.4K	68	+0.6%	138	−0.1%
19.2K	51	+0.2%	103	+0.2%
28.8K	34	−0.8%	68	+0.6%
38.4K	25	+0.2%	51	+0.2%
57.6K	16	+2.1%	34	−0.8%
76.8K	12	+0.2%	25	+0.2%
115.2K	8	−3.5%	16	+2.1%
230.4K	3	+8.5%	8	−3.5%
250K	3	+0.0%	7	+0.0%
0.5M	1	+0.0%	3	+0.0%
1M	0	+0.0%	1	+0.0%

(4) 시리얼 통신에서 사용하는 입출력 함수

UART의 통신속도, 전송 및 수신 Enable을 한 후에 다음의 함수들을 사용하여 데이터를 송수신할 수 있다.

1) getchar() 함수

UART에서 수신한 문자를 리턴 받는다.

2) putchar() 함수

UART에서 문자를 송신한다.

3) puts() 함수

외부로 SRAM의 문자열을 출력하는 기능을 가진다. 문자열 끝에는 null(0x0A)가 추가 된다. null문자는 터미널 화면에서는 줄바꾸기를 한다.

4) putsf() 함수

외부로 Flash의 문자열을 출력하는 기능을 가진다. 문자열 끝에는 null(0x0A)가 추가된다. null문자는 터미널 화면에서는 줄바꾸기를 한다.

○ **[표 4-5] 제어문자**

제어문자	기능 및 ASCII 코드 값
\n	줄 바꾸기 / 0x0A
\r	커서를 맨 앞으로 이동 + 줄 바꾸기 / 0x0D+0x0A

• 〈 과제 1 : serial1.c 〉 •

〈 실습 개요 〉

  시리얼 통신을 이용해 PC에서 MCU 보드로 데이터를 전송하면 MCU 보드에서는 수신된 데이터에 상수 '1'을 더하여 재전송한다.

[1] 제어동작 조건

  ① PC의 CodevisionAVR 프로그램의 터미널에서 MCU 보드로 데이터를 전송하면 MCU 보드에서는 수신된 데이터에 상수 '1'을 더하여 재전송한다. 시리얼 통신을 하지만 인터럽트는 사용하지 않고 플래그만을 이용해 통신을 하도록 프로그래밍한다.

[2] null 모뎀 케이블로 ATmega128 보드의 시리얼 포트와 PC의 시리얼 포트를 연결한다.

[3] 시리얼 통신 포트 연결과 통신 동작상태도

  ATmega128 보드의 시리얼 포트의 2번은 MAX232의 14번 핀으로, 시리얼 포트의 3번 핀은 MAX232의 13번 핀으로 연결되어 있고, MAX232의 11번 핀은 J10 커넥터의 TX로, 12번 핀은 J10 커넥터의 RX로 연결되어 있다. J10 커넥터와 PORTE.0(RX), PORTE.1(TX)핀과 연결하여 사용해야 한다.

  프로그램의 동작 결과는 그림과 같이 수신한 ASCII 문자에 1을 더하여(다음 문자) 컴퓨터로 전송하게 된다.

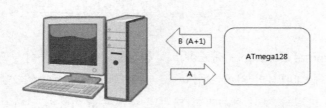

[4] 실습 순서

① CodeVisionAVR 컴파일러를 사용하여 프로젝트를 작성한다.
  - 프로젝트명 : Serial1.prj
  - 소스파일명 : Serial1.c

② 3장에서 살펴본 하이퍼터미널과 같은 기능을 하는 CodevisionAVR 프로그램의 터미널을 설정한다.

CodevisionAVR 프로그램에서는 시리얼 통신이 가능하도록 터미널 기능을 지원해주는 기능이 있다. [etting → Terminal] 메뉴를 선택하면 시리얼 통신을 설정해주는 창이 활성화된다.

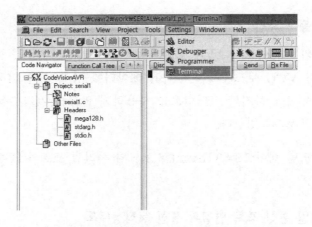

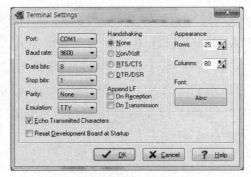

Terminal Setting은 대표적으로 통신포트 번호와 통신 속도를 결정할 수 있고, 그밖에 데이터의 길이, Stop비트, 패리티 등을 설정할 수 있다. 설정이 완료되면 다음 그림과 같이 메뉴바의 터미널 아이콘을 이용해 터미널 창을 활성화시킨다.

활성화된 터미널 창에 키보드를 이용해 데이터를 입력시키게 되면, 입력된 데이터는 설정된 포트 번호와 속도로 시리얼 포트로 데이터가 출력되게 된다.

③ 프로그램 코드

```
//serial1.c
#include <mega128.h>

void putch(char data)
{
    while(!(UCSR0A & 0x20)) ; //UCSR0A & 0x20 비트연산은 5번 비트가 1인지
                              //확인, ;은 아무것도 수행하지 않아 대기하는 의미
    UDR0=data;       //결국 UCSR0A 레지스터 5번 비트가 1이 될 때까지 대기한다.
}

char getch(void)
{
    while(!(UCSR0A & 0x80)) ;
    return UDR0;
}

void main()
{
    UCSR0A=0x00;
    UCSR0B=0b00011000; //통신관련 포트를 I/O가 아닌 송수신기로 사용
    UCSR0C=0b00000110; //송수신 데이터 비트의 길이는 8비트(1바이트)
```

```
    UBRR0H=0;              // 통신속도인 보레이트를 9600bps
    UBRR0L=103;

    while(1)
    {
       putch(getch()+1);   //만약 'A' 문자를 수신하면 'B' 문자를 PC로 전송한다.
    }
}
```

< 함수 설명 >

- 송신함수 putch(char data)에서 UCSR0A 레지스터의 5번 비트는 송신 데이터 준비완료 플래그 비트로, 송신할 준비가 되었다면 while( ) 함수가 참이 되고 "!" 로 인해 거짓이 되어 반복문을 벗어나 "data"를 송수신 버퍼에 입력시켜 데이터 를 송신하게 되는 의미를 가지고 있다.

- 수신함수 getch(void)에서 송신함수와는 반대로 데이터를 받는 함수로 UCSR0A 의 7번 비트가 참이 되면, 즉 데이터가 수신되어 7번 비트가 참이 되면 UDR0 버퍼 로 입력된 가지고 함수를 호출한 main( )함수로 되돌아간다.

• 〈 과제 2 : serial2.c 〉 •

[1] 제어동작 조건

① 먼저 MCU에서 PC로 "1~8 INPUT" 메시지를 보내면 PC의 CodevisionAVR 프로그램의 터미널에서 MCU 보드로 1~8 사이의 숫자데이터를 전송한다. MCU 보드에서는 수신된 숫자데이터에 해당하는 LED를 ON시킨다. 시리얼 통신을 하지만 인터럽트는 사용하지 않고 플래그만을 이용해 통신을 하도록 프 로그래밍한다.

[2] null 모뎀 케이블로 ATmega128 보드의 시리얼 포트와 PC의 시리얼 포트를 연결 한다.(과제 1과 동일한 결선)

[3] 구성 회로도

ATmega128 보드의 A포트와 LED 보드를 연결한다.

[4] 실습 순서

① CodeVisionAVR 컴파일러를 사용하여 프로젝트를 작성한다.

- 프로젝트명 : serial2.prj
- 소스파일명 : serial2.c

② CodeWizardAVR을 실행하고 송신, 수신 항목을 체크(인터럽트는 선택하지 않음)하여 코드를 생성한다.

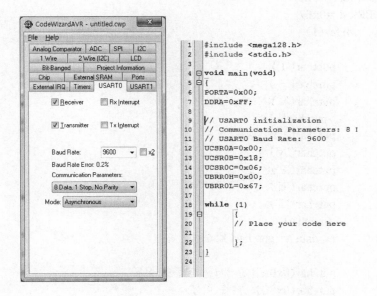

③ 앞의 과제와 같이 PC측에서 통신할 수 있도록 CodevisionAVR 프로그램의 터미널을 설정한다.

④ 프로그램 코드

```
//serial2.c
#include <mega128.h>
#include <stdio.h>

void main(void)
{
unsigned char rx_data;
```

```
PORTA=0x00;
DDRA=0xFF;

//USART0 initialization
//Communication Parameters: 8 Data, 1 Stop, No Parity
//USART0 Baud Rate: 9600
UCSR0A=0x00;
UCSR0B=0x18;
UCSR0C=0x06;
UBRR0H=0x00;
UBRR0L=0x67;
    while (1)
    {
        putchar('1');
        putchar('~');
        putchar('8');
         putchar(' ');
        putchar('I');
        putchar('N');
        putchar('P');
        putchar('U');
        putchar('T');
         putchar(' ');
        rx_data = getchar(); //문자 수신

        putchar(0x0A); //커서를 앞줄로 이동
        putchar(0x0D); //1줄 이동

        switch(rx_data) //수신데이터 비교
        {
            case 0x31:
                PORTA = 0x01;
                break;
            case 0x32:
                PORTA = 0x02;
                break;
            case 0x33:
                PORTA = 0x04;
                break;
            case 0x34:
                PORTA = 0x08;
                break;
```

```
                case 0x35:
                    PORTA = 0x10;
                    break;
                case 0x36:
                    PORTA = 0x20;
                    break;
                case 0x37:
                    PORTA = 0x40;
                    break;
                case 0x38:
                    PORTA = 0x80;
                    break;
                default:
                    PORTA = 0x00;
            };
        }
}
```

• 〈 과제 3 : serial_int.c 〉 •

[1] 제어동작 조건

① 'F'문자를 MCU가 수신하면 DC 모터를 정회전시키고, 'S'가 수신되면 모터를
  정지, 'R'이 수신되면 모터를 역회전시키면서 각각의 경우에 LED에 변수 값
  을 출력시킨다.

[2] null 모뎀 케이블로 ATmega128 보드의 시리얼 포트와 PC의 시리얼 포트를 연결
한다.

[3] 구성 회로도

ATmega128 보드의 A포트와 LED보드를, B포트와 DC모터보드를 연결한다.

[4] 실습 순서

① CodeVisionAVR 컴파일러를 사용하여 프로젝트를 작성한다.

  • 프로젝트명 : serial_int.prj
  • 소스파일명 : serial_int.c

② CodeWizardAVR을 실행하고 송신, 수신 항목을 체크하고 인터럽트를 선택
하여 코드를 생성한다.

③ 앞의 과제와 같이 PC측에서 통신할 수 있도록 CodevisionAVR 프로그램의
터미널을 설정한다.

④ 프로그램 코드

```c
//Serial 통신을 이용한 DC 모터 방향제어
//serial_int.c
#include <mega128.h>
#include <delay.h>

unsigned char rx;
interrupt [USART0_RXC] void RX_interrupt(void)
{
        rx=UDR0;
        PORTA=rx;
        UCSR0B |= 0x20;
}
interrupt [USART0_DRE] void TX_interrupt(void)
{
        UDR0=rx;
        UCSR0B &= 0xDF;
}

void main()
{
   DDRA=0xff;
   DDRB=0xff;

   UCSR0A=0X0;
   UCSR0B=0b11011000;
   UCSR0C=0b00000110;
   UBRR0H=0;
   UBRR0L=103;

   SREG=0x80;

       while(1)
       {
```

```
            if(rx=='F')  {PORTB=0x40;}
            if(rx=='S')  {PORTB=0x00;}
            if(rx=='R')  {PORTB=0x20;}
        }
    }
```

serial_int.c 프로그램은 PC에서 한 바이트의 데이터를 전송하면, ATmega128 MCU가 데이터를 수신하고 수신된 데이터가 예약된 값이면 그 값에 따라 모터를 회전하도록 하였다. 또한, serial2.c와는 달리 송신 및 수신 인터럽트를 이용해 데이터를 PC와 주고받도록 하였다.

< 인터럽트 벡터 설명 >

- 수신 인터럽트 벡터

```
interrupt [USART0_RXC] void RX_interrupt(void)
{
        rx=UDR0;
        PORTA=rx;
        UCSR0B |= 0x20;
}
```

데이터가 수신되면 자동으로 인터럽트가 발생해 인터럽트 벡터의 내용을 수행하게 된다. UDR0 버퍼에 수신된 데이터를 rx 변수에 입력하고, 입력된 변수를 PORTA에 연결된 LED에 디스플레이한다. 이는 수신된 데이터를 눈으로 확인하기 위해서 표현하였다.

아스키 코드 값과 비교해 보면 수신된 데이터의 16진수 값을 확인할 수 있을 것이다. UCSR0B |= 0x20; 구문은 UCSR0B레지스터의 5번 비트, 즉 UDRIE0을 "1"로 만들어 송신 인터럽트를 발생시킨다는 표현이다.

- 송신 인터럽트 벡터

```
interrupt [USART0_DRE] void TX_interrupt(void)
{
        UDR0=rx;
        UCSR0B &= 0xDF;
}
```

수신 인터럽트 벡터의 UCSR0B |= 0x20;에 의해 송신 인터럽트가 발생되면 rx 변수의 데이터 값을 UDR0 버퍼에 입력해 시리얼 포트로 데이터를 송신한다. 송신한 후에는 UCSR0B &= 0xDF; UDRIE0을 다시 "0"으로 만들어 송신 인터럽트 벡터를 벗어나게 되는 것이다.

※ ASCII Table

아스키 코드		대응문자	아스키 코드		대응문자
16진수	10진수		16진수	10진수	
00	000	NULL	20	032	(space)
01	001	SOH	21	033	!
02	002	STX	22	034	"
03	003	ETX	23	035	#
04	004	EQT	24	036	$
05	005	ENQ	25	037	%
06	006	ACK	26	038	&
07	007	BEL	27	039	'
08	008	BS	28	040	(
09	009	HT	29	041	)
0A	010	LF	2A	042	*
0B	011	VT	2B	043	+
0C	012	FF	2C	044	
0D	013	CR	2D	045	−
0E	014	SO	2E	046	.
0F	015	SI	2F	047	/
10	016	DLE	30	048	0
11	017	DC1	31	049	1
12	018	DC2	32	050	2
13	019	DC3	33	051	3
14	020	DC4	34	052	4
15	021	NAK	35	053	5
16	022	SYN	36	054	6
17	023	ETB	37	055	7
18	024	CAN	38	056	8
19	025	EM	39	057	9
1A	026	SUB	3A	058	:
1B	027	ESC	3B	059	;
1C	028	FS	3C	060	<
1D	029	GS	3D	061	=
1E	030	RS	3E	062	>
1F	031	US	3F	063	?

아스키 코드		대응문자	아스키 코드		대응문자
16진수	10진수		16진수	10진수	
40	064	@	60	096	`
41	065	A	61	097	a
42	066	B	62	098	b
43	067	C	63	099	c
44	068	D	64	100	d
45	069	E	65	101	e
46	070	F	66	102	f
47	071	G	67	103	g
48	072	H	68	104	h
49	073	I	69	105	i
4A	074	J	6A	106	j
4B	075	K	6B	107	k
4C	076	L	6C	108	l
4D	077	M	6D	109	m
4E	078	N	6E	110	n
4F	079	O	6F	111	o
50	080	P	70	112	p
51	081	Q	71	113	q
52	082	R	72	114	r
53	083	S	73	115	s
54	084	T	74	116	t
55	085	U	75	117	u
56	086	V	76	118	v
57	087	W	77	119	w
58	088	X	78	120	x
59	089	Y	79	121	y
5A	090	Z	7A	122	z
5B	091	[	7B	123	{
5C	092	\	7C	124		
5D	093	]	7D	125	}
5E	094	^	7E	126	~
5F	095	_	7F	127	&127;

4.4.6 모터 제어

모터에는 다양한 종류와 그에 따른 제어 방법이 있다. 이 장에서는 다양한 모터 중 대표적인 DC 모터와 STEP 모터의 구동 방법을 알아보고, 이러한 방법을 프로그램으로 구현해 동작시켜보자.

(1) DC Motor

1) DC Motor 구동방법

DC모터는 전압을 인가하면 회전하게 된다. 또한 극성이 바뀌게 되면 모터의 회전방향은 반대방향으로 회전하게 된다. 일반적으로 On/Off 방식으로 모터를 제어한다. 모터를 On/Off 제어할 때의 기본 회로는 다음과 같다.

① 트랜지스터 구동 : 에미터 부하(Emitter Load) 및 컬렉터 부하(Collector Load)

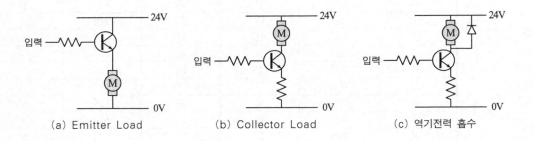

(a) Emitter Load   (b) Collector Load   (c) 역기전력 흡수

(a)번 회로는 베이스에 전압을 가하여 트랜지스터를 On/Off함으로써 모터를 제어한다. 이 회로는 동작이 안정적이나, 트랜지스터에서의 전력 손실이 그대로 열화되기 때문에 트랜지스터에 열이 많이 발생하는 단점이 있다.

(b)번 회로 역시 베이스에 전압을 가하여 트랜지스터를 On/Off함으로써 모터를 제어한다. 이 회로는 에미터 부하회로에 비해 전류 드라이브 능력이 크고 전압 손실도 적게 할 수 있다. 그러나 트랜지스터가 On으로 되어 모터가 회전하고 있는 동안에는 모터의 코일에 에너지가 축적되어 있다. 그리고 트랜지스터가 Off로 되면 그 에너지를 방출하려고 하기 때문에, 모터 코일의 양단에는 플러스, 마이너스의 역기전력이 발생한다. 이 전압은 매우 크기 때문에 그대로는 트랜지스터가 파괴되어 버리는 경우도 있다.

이를 방지하기 위해서는 (c)번 그림과 같이 코일을 쇼트(Short)시켜 남아 있는 에너지를 순간적으로 전류로 흘려버려 역기전력을 억제하도록 해야 한다. 이때 다이오드를 사용하면 역기전력만 통과시키고, 통상적인 전압에 대해서는 역방향으로 전류가 흐르지 않게 된다.

② 트랜지스터 구동 : H 브리지 제어회로

앞에서 살펴본 모터의 On/Off 제어는 위의 회로를 사용할 수 있으나 회전의 방향 전환과 정지는 하지 못한다. 위의 회로에서는 모터의 한쪽 단자가 24V에 연결되어 있어서 모터는 정지하거나 한쪽 방향으로만 돌게 된다. 하지만 H 브리지 회로를 사용하면 단일전원으로 모터에 가하는 전압의 방향을 바꿀 수 있다.

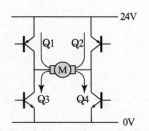

○ [그림 4-71] H 브리지 제어회로

동작 원리는 Q1과 Q4의 트랜지스터만 동시에 On으로 하면 Q1 → 모터 → Q4로 전류가 흐르므로 모터는 정회전한다. 반대로 Q2와 Q3만 On으로 하면 Q2 → 모터 → Q3로 전류가 흐르고, 모터는 역회전하게 된다. 그리고 Q3과 Q4만 동시에 On으로 하면 모터는 정지하게 된다.

③ DC 모터의 속도 제어(펄스 폭 변조 방식)

PWM(Pulse Width Modulation) 변조라고도 부르는 이 제어방법은 DC Motor의 속도를 제어하는 방법이다. 일반적으로 DC 모터를 제어할 때 H 브리지 회로를 사용하여, PWM 변조 방식으로 속도제어를 한다.

트랜지스터의 베이스에 일정 주기로 On/Off 하는 펄스를 인가한다. 그리고 모터의 속도는 펄스의 Duty비를 변화시켜서 제어한다. DC 모터는 인가되는 전류에 대하여 빠른 주파수에서 기계적인 반응을 하지 않기 때문에 인가하는 펄스의 평균전압이 모터에 인가된다.

2) DC Motor 구동회로

그림 4-72의 회로도 중 위쪽의 회로는 H Bridge 회로로 앞에서 살펴본 회로와 동일하다. CON2에는 24V DC모터를 연결하고 바로 역기전력을 흡수하는 다이오드가 연결되어 있다. 구동신호는 CON4에 5V로 제어한다.

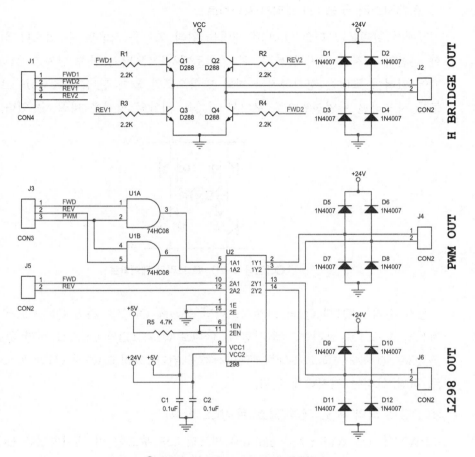

○ [그림 4-72] DC모터 구동 회로도

그림 4-72의 아래쪽 회로도는 L298 IC를 사용한 회로로써 PWM 구동과 H 브리지 회로를 하나의 칩 안에 내장시키고 가격도 저렴하며, 전력 소비가 그다지 크지 않은 DC모터를 제어할 때는 자주 사용한다.

L298은 바이폴러 구동을 위한 두 개의 브리지 드라이버가 내장되어 있는 모터구동 전용 칩이다.

L298은 모터 두 조를 사용할 수 있으며 1조당 2A까지 전류를 흘릴 수 있다. 2조를 병렬로 연결하면 4A까지도 가능하다. 또한 L298은 L297과 함께 스테핑 모터 드라이버로 사용되기도 한다. 역기전력 흡수를 위한 다이오드는 모터 연결 단자인 CON2 앞에 회로도처럼 배열되어 있다.

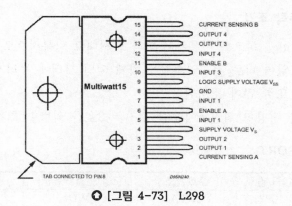

◆ [그림 4-73] L298

L298의 사용법은 표 4-6과 같이 Enable 입력에 따라 input의 입력의 조합에 따라 모터의 회전 방향이 결정된다.

◆ [표 4-6] L298 사용법

입 력	기 능	
Enable1 = 5V	Input1=5V, Input2=0V	정방향 회전
	Input1=0V, Input2=5V	역방향 회전
	Input1=Input2=0V 또는 5V	빠른 정지
Enable1 = 0V	입력에 관계없이	천천히 정지
Enable2 = 5V	Input3=5V, Input4=0V	정방향 회전
	Input3=0V, Input4=5V	역방향 회전
	Input3=Input4=0V 또는 5V	빠른 정지
Enable2 = 0V	입력에 관계없이	천천히 정지

3) H Bridge 회로 이용 DC Motor 구동

· 〈 과제 1 : DC Motor 구동 〉·

〈 실습 개요 〉

H Bridge 회로를 이용하여 DC모터를 정회전, 정지, 역회전시킨다.

[1] 제어동작 조건

① H Bridge 회로를 이용하여 다음 순서대로 반복적으로 회전시킨다. DC모터를 정지 없이 바로 정·역회전을 하게 되면 모터에 무리가 생길 뿐 아니라 순간 전류 또한 많이 소비된다.

3초간 정방향 회전⇒1초간 정지⇒3초간 역방향 회전⇒1초간 정지

[2] I/O PORT

순번	입력/출력	포트번호	모듈 연결 커넥터	비고(용도)
1	출력	PORTA.0	FWD1	정회전시 5V 출력
2	출력	PORTA.1	FWD2	정회전시 5V 출력
3	출력	PORTA.2	REV1	역회전시 5V 출력
4	출력	PORTA.3	REV2	역회전시 5V 출력

[3] 구성 회로도 : 그림 4-72 참조.

[4] 실습 순서

① MCU 보드와 DC모터 보드를 결선하고 전원을 연결한다.

② CodevisionAVR 컴파일러를 사용하여 프로젝트를 작성한다.

- 프로젝트명 : DC_Motor1.prj
- 소스파일명 : DC_Motor1.c

③ 프로그램 코드

INPUT(L298)				회전방향(16진수)
FWD1	FWD2	REV1	REV2	
1	1	0	0	정방향
0	0	1	1	역방향
0	0	0	0	정 지
1	0	0	1	

```
//DC_Motor1.c
#include <mega128.h>
#include <delay.h>

void main()
{
  DDRA=0xff;

  while(1)
  {
    PORTA = 0x03;
    delay_ms(3000);

    PORTA = 0x00;
    delay_ms(1000);

    PORTA = 0x0C;
    delay_ms(3000);

    PORTA = 0x00;
    delay_ms(1000);
  }
}
```

4) PWM 이용 DC Motor 구동

① PWM 관련 레지스터

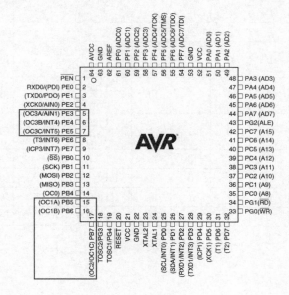

ATmega128 컨트롤러에는 6개의 PWM이 내장되어 있으며, 이 PWM들은 타이머/카운터 레지스터에서 관리한다. OC1A, OC1B, OC1C는 타이머/카운터1 제어 레지스터를 이용해 설정하고, OC3A, OC3B, OC3C은 타이머/카운터3 제어 레지스터를 이용해 설정하여 제어할 수 있다.

② TCCR1A(Timer/Counter1 Control Register A), TCCR3A 레지스터

Bit	7	6	5	4	3	2	1	0	
	COM1A1	COM1A0	COM1B1	COM1B0	COM1C1	COM1C0	WGM11	WGM10	TCCR1A
Read/Write	R/W	R/W	R/W	R/W	R/W	R/W	R/W	R/W	
Initial Value	0	0	0	0	0	0	0	0	

Bit	7	6	5	4	3	2	1	0	
	COM3A1	COM3A0	COM3B1	COM3B0	COM3C1	COM3C0	WGM31	WGM30	TCCR3A
Read/Write	R/W	R/W	R/W	R/W	R/W	R/W	R/W	R/W	
Initial Value	0	0	0	0	0	0	0	0	

- Bit 1..0 - WGMn1, WGMn0 : 파형 발생 모드(Waveform Generation Mode)
  TCCRnB 레지스터의 WGMn3, WGMn2비트와 함께 타이머/카운터1과 3의 동작모드를 다음 표와 같이 설정한다.

○ [표 4-7] 타이머/카운터1과 3의 동작모드

모드	WGMn3	WGMn2	WGMn1	WGMn0	동작모드	TOP	OCRnx의 업데이트 시점	TOV0 플래그 셋 시점
0	0	0	0	0	일반모드	0xFFFF	설정 즉시	0xFFFF
1	0	0	0	1	Phase Correct PWM(8비트)	0x00FF	TOP	0x0000
2	0	0	1	0	Phase Correct PWM(9비트)	0x01FF	TOP	0x0000
3	0	0	1	1	Phase Correct PWM(10비트)	0x03FF	TOP	0x0000
4	0	1	0	0	CTC	OCRnA	설정 즉시	0xFFFF
5	0	1	0	1	Fast PWM(8비트)	0x00FF	TOP	TOP
6	0	1	1	0	Fast PWM(9비트)	0x01FF	TOP	TOP
7	0	1	1	1	Fast PWM(10비트)	0x03FF	TOP	TOP

모드	WGMn3	WGMn2	WGMn1	WGMn0	동작모드	TOP	OCRnx의 업데이트 시점	TOV0 플래그 셋 시점
8	1	0	0	0	Phase and Frequency Correct PWM	ICRn	0x00	0x0000
9	1	0	0	1	Phase and Frequency Correct PWM	OCRnA	0x00	0x0000
10	1	0	1	0	Phase Correct PWM	ICRn	TOP	0x0000
11	1	0	1	1	Phase Correct PWM	OCRnA	TOP	0x0000
12	1	1	0	0	CTC	ICRn	설정 즉시	0xFFFF
13	1	1	0	1	reserved	-	-	-
14	1	1	1	0	Fast PWM	ICRn	TOP	TOP
15	1	1	1	1	Fast PWM	OCRnA	TOP	TOP

- Bit 7..0 - COMnx1, COMnx0 : OCnx 핀의 출력 모드 선택 비트
  (n=1,3, x=A, B, C)

COMnx1과 COMnx0 제어비트는 타이머/카운터1과 3에서 비교 매치 동작에 따른 출력 핀의 1동작을 결정하며 다음 표와 같다. 출력 핀의 동작은 출력 비교 x핀 OCnx에 영향을 주며, 이 핀에 대응되는 비트는 출력으로 설정되어야 한다. 타이머/카운터 제어 레지스터는 6개의 PWM 기능 중 어떠한 PWM를 사용할 것이며 어떠한 동작을 가지도록 설정할 것인가를 결정하는 부분이다. OCnX(n=123) (X=ABC)는 6개의 PWM를 선택하는 비트이고, WGM10.11.30.31은 동작모드를 선택하는 비트이다.

<Phase(and Frequency) Correct PWM 동작모드에서 OCnx 핀의 출력동작>

COMnx1	COMnx0	OCnx 핀의 출력값
0	0	일반 I/O 포트 동작(OCnx 핀 차단)
0	1	모드 9, 11인 경우에만 비교 매치에서 OCnA 출력을 토글하며, OCnB 핀은 차단된다. 그 밖의 모드에서는 일반 I/O 포트로 사용(OCnA/OCnB 출력 차단)
1	0	업 카운트 중의 비교 매치에서는 OCnx 출력 클리어, 다운 카운트 중의 비교 매치에서 OCnx 출력 셋
1	1	업 카운트 중의 비교 매치에서는 OCnx 출력 셋, 다운 카운트 중의 비교 매치에서 OCnx 출력 클리어

③ TCCR1B(Timer/Counter1 Control Register B), TCCR3B 레지스터

Bit	7	6	5	4	3	2	1	0	
	ICNC1	ICES1	–	WGM13	WGM12	CS12	CS11	CS10	TCCR1B
Read/Write	R/W	R/W	R	R/W	R/W	R/W	R/W	R/W	
Initial Value	0	0	0	0	0	0	0	0	

Bit	7	6	5	4	3	2	1	0	
	ICNC3	ICES3	–	WGM33	WGM32	CS32	CS31	CS30	TCCR3B
Read/Write	R/W	R/W	R	R/W	R/W	R/W	R/W	R/W	
Initial Value	0	0	0	0	0	0	0		

이 레지스터의 가장 큰 기능은 클록 소스를 결정하는 부분으로 카운트할 때 사용하는 클록을 결정하는 부분이다.

- Bit 7 - ICNCn : 입력 캡처 n 노이즈 제거기(Input Capture Noise Canceler)
  비트가 1이면, 입력 캡처 노이즈 제거기가 동작하여 ICn(n=1,3) 핀으로 입력되는 신호가 필터링된다. 이 필터에는 출력이 변화하는 데 있어 같은 입력 신호 값이 4클록 동안 지속되는 것이 요구되며, 이에 따라 입력 캡처는 4클록만큼 지연되어 동작하게 된다.

- Bit 6 - ICESn : 입력 캡처 에지 선택(Input Capture Edge Select)
  비트가 0이면, 입력 캡처 핀 ICn에 입력되는 신호의 하강 에지에서 타이머/카운터 n의 값이 입력 캡처 레지스터 ICRn에 전달된다. 반면에 이 비트가 1이면, ICn에 입력되는 신호의 상승 에지에서 타이머/카운터n의 값이 입력 캡처 레지스터 ICRn에 전달된다. ICESn의 설정에 따라 캡처 신호가 입력되면 타이머/카운터n의 값이 ICRn에 저장되며, 입력 캡처 인터럽트 플래그 ICFn이 1이 되어 인터럽트가 발생하게 된다. 그러나, 레지스터 ICRn이 타이머/카운터1의 최댓값(TOP)을 저장하는 레지스터로 사용하는 동작모드에서는 ICn 핀은 차단되고 입력 캡처 기능은 사용할 수 없게 된다.

- Bit 4, Bit 3 – WGMn3, WGMn2 : 파형 발생 모드
  이 비트들은 TCCRnA 레지스터의 WGMn1, WGMn0 비트와 함께 타이머/카운트 n의 동작모드를 표 4-7과 같이 설정한다.

- Bit 2, Bit 1, Bit 0 – CSn2, CSn1, CSn0 : 클록 선택(Clock Select)
  타이머/카운터n의 클록 소스를 선택하며, 다음 표와 같다.

CSn2	CSn1	CSn0	클록 소스
0	0	0	타이머/카운터n 정지
0	0	1	$clk_{I/O}$ / 1 ($clk_{I/O}$는 시스템 주파수와 같음)
0	1	0	$clk_{I/O}$ / 8
0	1	1	$clk_{I/O}$ / 64
1	0	0	$clk_{I/O}$ / 256
1	0	1	$clk_{I/O}$ / 1024
1	1	0	Tn 핀에 입력되는 외부 클럽(하강 에지에서 동작)
1	1	1	Tn 핀에 입력되는 외부 클럽(하강 에지에서 동작)

④ TCNT(Timer/Counter1 Register)와 OCR(Output Compare Register) 레지스터

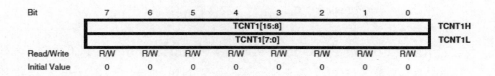

TCNT1이나 3은 16비트 레지스터 값을 저장하는 부분으로, I/O 영역에 각기 다른 어드레스를 가지고 있는 8비트 레지스터 TCN1H와 TCNT1L, TCN1H와 TCNT1L 2개로 각각 구성되어 있다.

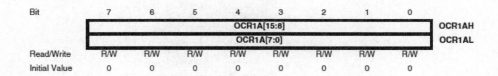

OCR1A나 OCR3A 레지스터는 출력비교 레지스터로, TCNT1과 계속적으로 비교되는 레지스터이며 TCNT1와 OCR1A 레지스터 값이 일치될 경우에 OC1A로 출력파형이 발생하게 되는 것이다.

• 응용과제 •

다음 과제를 스스로 프로그램을 완성하여 동작시키시오.

[1] 타이머/카운터0에서 PWM 출력

Phase Correct PWM Mode로 OC0 핀에 출력되는 PWM 파형은 245Hz, 듀티비는 0, 20, 40, 60, 80, 100%를 갖는 파형을 출력시키시고 LED에 출력하여 밝기를 변경하시오.

먼저 프리스케일러를 128로 하면 프로그래밍 시에 CodeWizardAVR을 사용하면 주파수를 125 kHz를 선택해야 한다. 즉 16,000,000Hz ÷ 128분주 = 125 kHz이다. 그러므로 125 kHz마다 TCNT0를 1씩 증가하게 된다. 그리고 OC0 핀에 출력되는 PWM 파형의 주파수를 계산하면 ATmega128의 매뉴얼에 정의된 공식에 의해서 다음과 같이 계산한다.

$$F_{OCnPCPWM} = \frac{F_{clk\_I/O}}{N * 510} = \frac{16 \times 10^6}{128 \times 510} = 245\text{Hz}$$

Phase Correct PWM mode이고 주파수는 245Hz이므로 TCCR0는 0x65로 초기화되어야 한다. 모터의 속도를 결정하는 듀티비 계산은 다음 공식과 같이 계산한다.

OCR0 = duty; //duty ratio = duty * 2 / 510

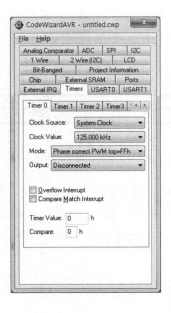

< 프로그램 예 >

```
{
        OCR0 = 0x00;
        TCCR0=0x65; //Phase Correct PWM mode, F= 16㎒/128/510 = 245Hz
        ASSR=0x00;

        while(1)
        {
                for(i=0,duty=0; i<6; I++, duty += 51)
                {
                        OCR0=duty; //듀티비가 점차 증가시킨다.(0~255)
                        .......................
                        delay_ms(3000);
                }
```

[2] 타이머/카운터1에서 PWM 출력

Phase Correct PWM Mode로 OC1A 핀에 출력되는 PWM 파형은 100Hz, 듀티비는 0, 20, 40, 60, 80, 100%를 갖는 파형을 출력시키고 LED에 출력하여 밝기를 변경하시오.

먼저 프리스케일러를 64로 하면 프로그래밍 시에 CodeWizardAVR을 사용하면 주파수를 250 kHz를 선택해야 한다. 즉 16,000,000Hz ÷ 64분주 = 250,000Hz이다.

프리스케일러를 64로 하여 주파수를 계산하면 ATmega128의 매뉴얼에 정의된 공식에 의해서 다음과 같이 계산한다.

$$F_{OCnPCPWM} = \frac{F_{clk\_I/O}}{2 \times N \times ICRI} = \frac{16 \times 10^6}{2 \times 64 \times 1250} ≒ 100Hz$$

모터의 속도를 결정하는 듀티비 계산은 다음 공식과 같이 계산한다.

OCR1A = duty; //duty ratio = duty/1250

< 프로그램 예 >

```
{
        TCCR1A=0x82; //Phase Correct PWM mode
        TCCR1B=0x13; //F=16㎒/64/2/1250 = 100Hz
                     //F=16㎒/8/2/1250 = 800Hz(TCCR1B=0x12)
```

```
           TCCR1C=0x00;
           ICR1=1250;        //Timer/Counter1 Input Capture Register
           while(1)
           {
                   for(i=0,duty=0; i<6; I++, duty += 250)
                   {
                           OCR1A=duty; //듀티비가 점차 증가한다.
                   .....................
                           delay_ms(3000);
                   }
```

· 〈 과제 2 : DC Motor PWM 구동 〉·

〈 실습 개요 〉

L298 IC를 이용하고 타이머/카운터1의 PWM 출력으로 4개의 스위치 입력에 따라 DC모터의 속도를 변경하여 회전시킨다.

[1] 제어동작 조건

① 실렉트 스위치1이 ON이면 정회전, OFF이면 역회전한다.
② 실렉트 스위치2가 ON이면 운전, OFF이면 정지한다.
③ 실렉트 스위치3이 ON이면 저속운전으로 PWM Value 750
④ 실렉트 스위치3이 ON이면 고속운전으로 PWM Value 1250

[2] I/O PORT

PWM출력이 PORTB.5(OC1A)로 사용된다. 이때 DDRB를 출력으로 설정해야 한다.

순번	입력/출력	포트번호	모듈 연결 커넥터	비고(용도)
1	출력	PORTA.0	FWD	정회전
2	출력	PORTA.1	REV	역회전
3	출력	PORTB.5	PWM	OC1A, PWM Value 출력
4	입력	PORTC.0	실렉트스위치1	ON : 정회전, OFF : 역회전
5	입력	PORTC.1	실렉트스위치2	ON : 정지
6	입력	PORTC.2	실렉트스위치3	저속 : PWM Value 750
7	입력	PORTC.3	실렉트스위치4	고속 : PWM Value 1250

[3] 구성 회로도 : 그림 4-72 참조.

[4] 실습 순서

① MCU 보드와 DC모터 보드를 결선하고 전원을 연결한다. C포트의 0번 핀~
3번 핀까지 실렉트 스위치 연결하고 컨베이어 모터를 모터보드의 PWM과
PORTB.5를 결선한다.

② CodevisionAVR 컴파일러를 사용하여 프로젝트를 작성한다.
- 프로젝트명 : DC_Motor2.prj
- 소스파일명 : DC_Motor2.c

③ 프로그램 코드

CodeWizardAVR을 사용 시 16MHz 시스템 클록소스를 사용하여 8분주하여
사용할 것이므로 16 MHz ÷ 8로 계산하면 클록은 2,000 kHz을 선택해야 한다.

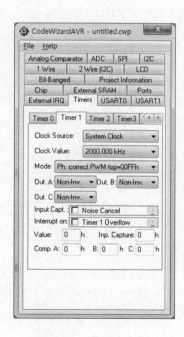

```
//DC_Motor2.c
#include <mega128.h>
unsigned int speed;
void main()
{
    DDRA=0xff;
    DDRB=0xff;
    PORTC=0xFF; //내부 풀업 사용
    DDRC=0x00;  //0번 핀 ~ 3번 핀까지 실렉트 스위치 연결

    TCCR1A=0b10000010; //Phase Correct PWM mode
    TCCR1B=0x12;        //F=16㎒/8/2/1250 = 800Hz
    TCCR1C=0x00;
    TCNT1=0x0000;
    ICR1=1250;
    SREG=0x80;

    while(1) {
        OCR1A=speed;

            if(PINC.0) {  //정회전
                    speed=500;
                    PORTA.0=1;
                    PORTA.1=0;
                }
            if(!PINC.0) {  //역회전
                    speed=500;
                    PORTA.0=0;
                    PORTA.1=1;
                }
            if(PINC.1) {  //정지
                    speed=0;
                    PORTA.0=0;
                    PORTA.1=0;
                }
            if(PINC.2) speed=750;  //저속 듀티비(모터 속도 결정)
            if(PINC.3) speed=1250; //고속 듀티비(최대 속도)
            else speed=0;
    }
}
```

∙⟨ 과제 3 : DC Motor PWM 가감속 구동 ⟩∙

⟨ 실습 개요 ⟩

L298 IC를 이용하고 타이머/카운터0의 PWM 출력으로 1개의 스위치 입력에 따라 DC모터를 회전/정지 시킨다. 스위치를 ON하면 모터의 속도를 점차 가속한 후 3초간 최대 속도로 정회전시키고 점차 감속하여 1초간 정지 한 후에 다시 가속하여 역회전 시키고 3초간 최대속도로 역회전 한 후에 점차 감속하여 정지시키는 순서로 계속하여 회전 시킨다. 이때 회전 구간마다 FND에 지정된 숫자를 출력시킨다.

[1] 제어동작 조건

① 실렉트 스위치1이 ON이면 정회전시키고 FND에 1을 출력한다.
② 약 13초 동안에 점차 최대로 가속하고 FND에는 1을 출력한다.
③ 3초 동안에 최대속도로 정회전하고 FND에는 2를 출력한다.
④ 약 13초 동안에 정지할 때 까지 점차 감속하고 FND에는 1을 출력한다.
⑤ 정지하면 FND에는 0을 출력하고 1초간 대기한다.
⑥ 역회전으로 약 13초 동안에 점차 최대로 가속하고 FND에는 5를 출력한다.
⑦ 3초 동안에 최대속도로 역회전하고 FND에는 6을 출력한다.
⑧ 약 13초 동안에 정지할 때 까지 점차 감속하고 FND에는 5를 출력한다.
⑨ 실렉트 스위치1이 OFF이면 모터는 정지하고 FND에 0을 출력한다.

[2] I/O PORT

순번	입력/출력	포트번호	모듈 연결 커넥터	비고(용도)
1	출력	PORTA.0	FWD	정회전
2	출력	PORTA.1	REV	역회전
3	출력	PORTB.4	PWM	OC0, PWM Value 출력
4	입력	PORTC.0	실렉트스위치1	ON : 회전, OFF : 정지
5	출력	PORTD.0~3	FND	0~7까지 가감속, 회전속도 표시

[3] 구성 회로도 : 그림 4-72 참조.

[4] 실습순서

① MCU 보드와 DC모터 보드를 결선하고 전원을 연결한다. C포트의 0번 핀을

실렉트 스위치 연결하고, DC모터와 PORTB.4를 모터보드에 결선한다.

② CodevisionAVR 컴파일러를 사용하여 프로젝트를 작성한다.

- 프로젝트명 : DC_Motor3.prj
- 소스파일명 : DC_Motor3.c

③ 프로그램 코드

CodeWizard를 사용시 16 MHz 시스템 클럭소스를 128분주 하여 사용할 것이므로 16 MHz÷128로 계산하면 클럭은 125 kHz을 선택해야 한다.

```c
//DC_Motor3.c
#include <mega128.h>
#include <delay.h>
unsigned char i, duty;

void main()
{
    DDRA=0xFF;
    PORTA=0x00;
    DDRB=0xFF;  //PWM 출력시 출력으로 설정한다.(PB.4)
    PORTB=0x00;
    DDRC=0x00;  //0번 핀 실렉트 스위치 연결
    PORTC=0xFF; //내부 풀업사용
    DDRD=0xFF;
    PORTD=0x00;

    ASSR=0x00;
    TCCR0=0x65;
    TCNT0=0x00;
    OCR0=0x00;

    while(1)
     {
        if(PINC.0)
        {
            PORTA.0=1;  //정회전
            PORTA.1=0;
            PORTD=1;
            for(i=0,duty=0; i<255; i++,duty++)
```

```
        {   //가속
            OCR0=duty;
            delay_ms(50);
        }
        PORTD=2;
        delay_ms(3000); //최고속도로 3초간 회전
        PORTD=1;
        for(i=255,duty=255; i>0; i--,duty--)
        {   //감속
            OCR0=duty;
            delay_ms(50);
        }
        PORTA.0=0;  //정지
        PORTA.1=0;
        PORTD=1;
        delay_ms(1000); //1초간 정지

        PORTA.0=0;  //역회전
        PORTA.1=1;
        PORTD=5;
        for(i=0,duty=0; i<255; i++,duty++)
        {   //가속
            OCR0=duty;
            delay_ms(50);
        }
        PORTD=6;
        delay_ms(3000); //최고속도로 3초간 회전
        PORTD=51;
        for(i=255,duty=255; i>0; i--,duty--)
        {   //감속
            OCR0=duty;
            delay_ms(50);
        }
        PORTA.0=0;  //정지
        PORTA.1=0;
        PORTD=1;
        delay_ms(1000); //1초간 정지
    }
    else PORTA=0x00;
  }
}
```

(2) STEP Motor

스텝모터는 외부의 DC전압 또는 전류를 모터의 각 상에 스위칭 방식으로 입력시켜줌에 따라 일정한 각도의 회전을 하는 모터이다. 따라서 이는 일종의 디지털 제어방식의 기기로서 일반적인 아날로그 전원보다는 디지털 펄스 형식의 제어에 적합하다. 즉, 디지털 펄스 1개에 한 번의 스텝에 해당하는 회전각만큼 정확한 회전운동을 하게 되며, 입력펄스의 수와 단위시간당 펄스입력속도에 정확히 비례하여 연속운동을 하게 된다. 이때의 연속운동이란 불연속운동이 펄스입력속도가 증가함에 따라 마치 연속운동의 효과를 내는 것처럼 보일 뿐이다. 따라서 사용자가 원하는 위치를 컨트롤하고 싶다면 그 위치에 대한 펄스의 수를 내보내줌으로써 위치 제어가 가능하다.

DC모터가 전압으로 속도제어를 한다면 스텝모터는 스텝을 얼마나 빨리 가해 주는가에 따라 속도제어를 한다.

스텝모터는 DC모터와 구조적으로 다르다. 스텝모터를 보면, 어떤 것은 선이 4개고, 어떤 것은 6개이다. 색깔도 가지각색이고 스텝모터가 있는 사람은 손으로 한번 돌려보면 딸각딸각 하면서 걸리는 느낌이 든다. 딱딱 걸리는 느낌이 바로 한 스텝이다. 50스텝이면 딱딱 걸리는 느낌이 50번 느껴지는 것이다. 따라서 정확한 위치 제어가 가능하기 때문에 많이 들어본 마이크로마우스나 프린터의 종이출력장치, 플로피디스켓의 head, 팩시밀리, 산업용 로봇의 팔 등 많은 곳에서 정밀한 위치제어에 쓰이고 있다.

1) STEP Motor 구동 원리

단순화된 스텝모터를 살펴보면 그림 4-74와 같다. 여기서 그림 4-74 (a)와 같이 Φ1의 코일에 전류를 흘려주면 고정자의 아래 부분이 N극으로 여자되고, 따라서 회전자의 S극이 자성에 의해 끌려 시계방향 90도만큼 회전하고 정지한다. 다시 그림 4-74 (b)에서와 같이 Φ2 코일에 전류를 흘려주면 회전자의 극은 또 다시 같은 방향으로 90도만큼 회전하고 정지하게 된다. 마찬가지로 계속해서 코일 Φ3, Φ4에 차례대로 전류를 흘려주면 회전자는 한 스텝씩 돌아가게 되는 것이다.

그렇다면 그림 4-74에서 한 스텝의 각도는 다음 식처럼 쉽게 계산되어 구할 수 있다.

$$360° / 4 = 90° \text{ (스텝 각 = } 360° / \text{ (상 수 × 회전자의 톱니 수))}$$

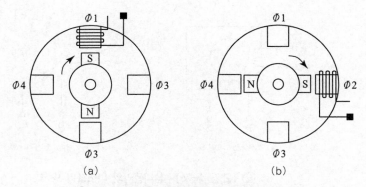

○ [그림 4-74] STEP Motor의 구동 원리

따라서 톱니 수가 많을수록 스텝 각은 당연히 작게 되고 작게 된다는 것은 더 정밀한 위치제어가 가능하다는 것이다.

그림 4-74에서 회전자가 영구자석으로 PM(Permanent Magnet)형이라 하고 회전자의 단면이 톱니모양인 것은 VR(Variable Reluctance)형이라고 한다. 일반적으로 VR+PM의 혼합형인 HB(Hybrid)형이 가장 많다. 그림 4-75는 많이 사용되는 스텝 모터의 외형을 보여주고 있다.

○ [그림 4-75] STEP Motor의 외형

① 유니폴라(Unipolar)와 바이폴라(Bipolar)

유니폴라와 바이폴라를 쉽게 설명하자면 한 상을 기준으로 전류가 유니폴라는 한쪽방향으로만 흐르고, 반대로 바이폴라는 양방향으로 흐른다는 것을 의미한다. 그림 4-76은 스텝모터를 간결화시킨 것이다. (a)그림을 보면 스텝모터를 중심으로 총 6개의 선이 있고 각각의 중심은 전원과 연결되어 있다. 각 상에는 Ground를 주어야 전류가 흐른다. 전류의 방향을 잘 생각해보면 모든 상이 같은 방향의 전류로만 흐른다. 이를 유니폴라 방식이라 한다.

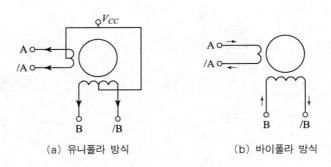

(a) 유니폴라 방식　　　(b) 바이폴라 방식

○ [그림 4-76]　유니폴라와 바이폴라 방식

　　다음 (b)그림에서는 가운데 선을 쓰지 않고 4선으로만 쓴다. 그림에서는 전류방향이 나타나 있지만 어느 쪽으로 주던지 상관은 없다. 즉 A상에 1을 주고 /A상에 0을 주던가 A상에 0을 주고 /A상에 1을 주던지, 그러면 전류가 양방향으로 흐르게 된다. B나 /B상도 마찬가지이다. 이 방식을 바이폴라 방식이라 한다. 따라서 유니폴라 방식을 쓸 경우 외부 선은 전원 2선과 신호선 4개가 되어 총 6개가 되며, 바이폴라 방식을 쓸 경우 4개의 선만 필요하게 된다.

2) STEP Motor 구동 방법

① 구동 방식에 따른 분류

　　스텝모터의 구동 방식은 1상 여자 방식, 2상 여자 방식, 1-2상 여자 방식으로 크게 3가지로 나눌 수 있다.

[1상 여자 방식]

1상 방식은 스텝모터의 각 신호에 하나의 펄스를 상 순서에 맞게 순차적으로 가하여 회전시키는 방법으로 다음 그림과 같다.

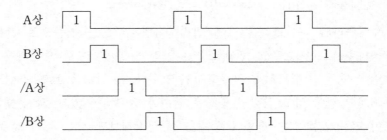

스텝모터의 고정자의 1개 코일만을 차례로 여자하여 회전 자계를 만드는 방법
이다. 이 여자법에서는 회전자가 정지하는 위치(안정점)가 고정자와 회전자가
일치하는 점이 된다. 이 방법은 효율은 좋으나 Damping 특성이 나쁘기 때문에
일정한 펄스 비로 사용할 때에는 진동이 발생하기 쉽다. 상은 위부터 A, B, /A,
/B상이다.

[2상 여자 방식]
2상 여자 방식은 말 그대로 2개의 펄스를 가해 회전시키는 방법으로 다음 그림
과 같다.
모터에 있는 2개의 고정자가 코일을 동시에 여자하고 각 권선 사이에 발생한
자계를 이용하여 회전시키는 방법이다. 이 여자법에서 회전자의 안정점은 고정
자의 사이에 있게 된다. 이 방법은 1상 여자에 비해 2배의 입력신호를 필요로
하게 되어 효율은 저하되지만 Damping 특성이 양호하므로 가장 널리 이용되
는 방식이다.

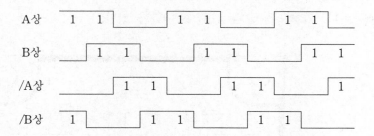

[1-2상 여자 방식]
1상 여자와 2상 여자를 교대로 행하는 것으로 1펄스에 대한 스텝 각은 1상 여
자와 2상 여자에 의한 스텝 각의 반이 된다. 이를 하프스텝이라 하며 만일 스텝
각이 3.6°의 모터를 1-2상 여자법으로 구동시키면 1.8°의 스텝 각을 얻을 수 있
는 것이다. 이 여자법은 고 분해능을 요구하는 위치결정 제어에 사용될 수 있으
며 진동과 소음을 줄일 수 있으나 스텝의 정확도는 떨어진다.

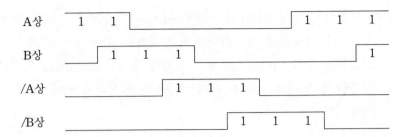

② 스텝모터 구동 IC

SLA7024는 N CHANNEL MOSFET로 되어 있어 DRAIN과 BODY 사이에 구조적으로 DIODE가 생성되므로 모터의 인덕터에서 발생하는 역기전압 제거용 DIODE가 필요 없어서, 외부에서 달아 주어야 하는 TTL구조의 L298에 비해 유리하다.

작동 원리는 L298과 같이 초핑(CHOPPING) 구동을 한다. 내부적으로는 1 OHM의 저항에서 측정된 전류의 양을 피드백시켜 PWM을 해서 고속회전 시 전류를 충분히 공급할 수 있게 한다. 이런 회로를 사용하는 이유는 모터가 인덕터로 되어 있기 때문이다. 외형도는 그림 4-77에 나타나 있다.

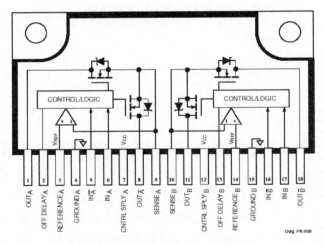

◐ [그림 4-77] SLA7024 외형도

3) STEP Motor 구동 회로

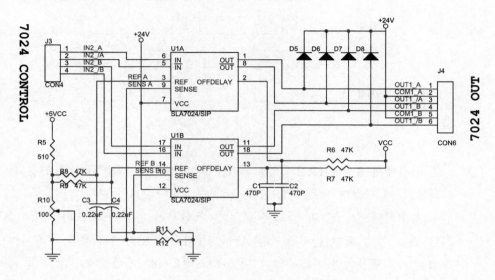

SLA7024 입력부에서 스텝모터 구동 데이터를 주면 출력부분의 증폭된 신호가 커넥터에 연결된 스텝모터에 전달되어 모터가 회전하게 된다.

4) STEP Motor 구동 실험

유니폴라 스텝모터를 ATmega126의 PORTB.0~PORTB.0.3까지 컨트롤 신호로 사용하도록 위의 회로도와 표 4-8과 같이 연결하여 다음의 여러 가지 여자방식과 정회전과 역회전을 하는 예제를 살펴본다.

○ [표 4-8] SLA7024 입출력 핀 번호

CON4에 연결포트	입 력	출 력
PORTB.0	IN A (6번)	OUT A (1번)
PORTB.1	IN /A (5번)	OUT /A (8번)
PORTB.2	IN B (17번)	OUT B (11번)
PORTB.3	IN /B (16번)	OUT /B (18번)
	24V	COMMON 단자 (7번)
		COMMON 단자 (12번)

〔1상 여자 방식을 이용한 스텝모터 구동〕

1상 여자 방식은 각 신호에 하나의 펄스만 가하여 회전시키는 방법이다.

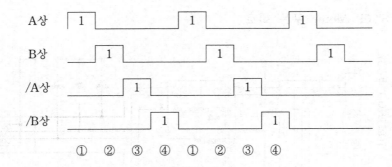

① 구간에서 A상에 H('1')의 값이 들어간다. A상은 PORTB.0에 연결되어 있다. 그러므로 이 구간의 펄스 신호 값은 16진수 값인 0x01이 된다. 다른 구간도 위 그림을 참고하여 각 구간의 펄스 신호 값을 계산하면 된다. 스텝모터의 상이 맞지 않거나 펄스 신호 값이 틀리면 스텝모터는 동작하지 않거나 진동을 하게 된다. 프로그램에서 스텝을 4번 가해주었기 때문에 스텝모터는 정해진 각도로 4번 움직인다. 하지만 계속 반복해서 값을 입력한다면 한 주기인 4개의 스텝을 반복적으로 입력해 회전시킬 수 있다.

```c
#include <mega128.h>
#include <delay.h>

void main()
{
    DDRB=0xff;

    while(1){

            PORTB=0x01;        /* ① 구간 펄스 신호 */
            delay_ms(10);
            PORTB=0x04;        /* ② 구간 펄스 신호 */
            delay_ms(10);
            PORTB=0x02;        /* ③ 구간 펄스 신호 */
            delay_ms(10);
            PORTB=0x08;        /* ④ 구간 펄스 신호 */
            delay_ms(10);
        }
}
```

〔2상 여자 방식을 이용한 스텝 모터 구동〕

　2상 여자 방식은 2개의 펄스를 동시에 가해 회전시키는 방법으로, 2상 여자 방식
은 1상 여자에 비해 2배의 입력신호를 필요로 하게 되어 효율은 저하되지만
Damping 특성이 양호하므로 가장 널리 이용되는 방식이다.

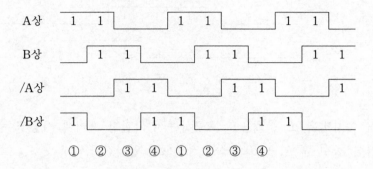

```
#include <mega128.h>
#include <delay.h>

void main()
{
    DDRB=0xff;

    while(1){
            PORTB=0x09;         /* ① 구간 펄스 신호 */
            delay_ms(10);
            PORTB=0x054;        /* ② 구간 펄스 신호 */
            delay_ms(10);
            PORTB=0x06;         /* ③ 구간 펄스 신호 */
            delay_ms(10);
            PORTB=0x0a;         /* ④ 구간 펄스 신호 */
            delay_ms(10);
    }
}
```

〔1-2상 여자 방식을 이용한 스텝 모터 구동〕

　1-2상 여자 방식은 1상 여자와 2상 여자를 교대로 행하는 것으로 1펄스에 대한
스텝 각은 1상 여자와 2상 여자에 의한 스텝 각의 반이 된다. 이를 하프스텝이라
하며 만일 스텝 각이 3.6°의 모터를 1-2상 여자법으로 구동시키면 1.8°의 스텝 각을

얻을 수 있는 것이다.

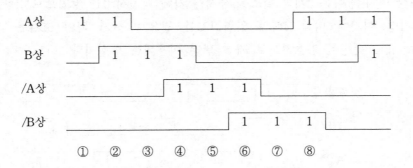

이 여자법은 고 분해능을 요구하는 위치결정 제어에 사용될 수 있으며 진동과 소음을 줄일 수 있으나 스텝의 정확도는 떨어진다.

```c
#include <mega128.h>
#include <delay.h>

unsigned char STEP[8]={0x01, 0x05, 0x04, 0x06, 0x02, 0x0a,0x08, 0x09};

void main()
{
 unsigned char a=0;
 DDRB=0xff;

  while(1)
     {
             PORTB=STEP[a];
         delay_ms(10);

         if(a==7){ a=0; }
         else { a++; }
     }
}
```

[1상 여자 방식을 이용한 스텝 모터 정역회전 실험]

스텝모터를 정방향과 역방향으로 회전하도록 하는 것으로, 정방향으로 정확히 한 바퀴 회전 후 다시 역방향으로 한 바퀴회전을 반복하는 프로그램이다.

스텝모터의 스텝 각이 1.8도이고, 제어 방식이 1상 방식이라면 프로그램은 4개의 스텝인 한 주기를 얼마나 반복시켜야 할까? 한 주기가 끝날 때마다 모터는 [1.8×4 =7.2]도씩 회전하게 된다. 그렇기 때문에 모터가 한 바퀴 회전하기 위해서는 1상 구동 방식의 1주기를 50번 반복하게 되면 360도 회전이 되어 모터 축이 한 바퀴 회전하게 될 것이다.

```c
#include <mega128.h>
#include <delay.h>

void main()
{
  unsigned char i;
  DDRB=0xff;

  while(1)
  {
    for(i=0;i<50;i++)          // 1.8 * 4 * 50 =360
    {
        PORTB=0x01;
        delay_ms(10);
        PORTB=0x04;
        delay_ms(10);
        PORTB=0x02;
        delay_ms(10);
        PORTB=0x08;
        delay_ms(10);
    }
    for(i=0;i<50;i++)          // 1.8 * 4 * 50 =360
    {
        PORTB=0x08;
        delay_ms(10);
        PORTB=0x02;
        delay_ms(10);
        PORTB=0x04;
        delay_ms(10);
        PORTB=0x01;
        delay_ms(10);
    }
  }
}
```

•〈 과제 1 : STEP Motor 구동 〉•

〈 실습 개요 〉

SLA7024를 이용하고 1개의 스위치 입력에 따라 스텝모터를 회전/정지 시킨다. 스위치를 ON하면 모터를 360도 정회전 시킨 후에 0.5초 정지하고, 다시 360도 역회전 시킨 후에 0.5초 정지시킨다. 이와 같은 회전을 스위치가 ON인 경우에는 계속 반복한다.

[1] 제어동작 조건

① 실렉트 스위치1이 ON이면 360도 정회전 시킨 후에 0.5초 정지하고, 다시 360도 역회전 시킨 후에 0.5초 정지시킨다.

② 실렉트 스위치1이 OFF이면 모터를 정지한다.

※ 각 상을 여자 시킬 때 delay 시간을 변경하여 부드러운 회전과 회전속도 변경을 경험해본다.

[2] I/O PORT

순번	입력/출력	포트번호	모듈 연결 커넥터	비고(용도)
1	출력	PORTA.0	IN A	STEP MOTOR 결선
2	출력	PORTA.1	IN/A	STEP MOTOR 결선
3	출력	PORTA.2	IN B	STEP MOTOR 결선
4	출력	PORTA.3	IN/B	STEP MOTOR 결선
5	입력	PORTC.0	실렉트스위치1	ON : 회전, OFF : 정지

[3] 실습순서

① MCU 보드와 STEP모터 보드를 결선하고 전원을 연결한다. C포트의 0번 핀을 실렉트 스위치 연결하고, STEP모터와 스텝모터보드를 결선한다.

② CodevisionAVR 컴파일러를 사용하여 프로젝트를 작성한다.

• 프로젝트명 : STEP_Motor1.prj

• 소스파일명 : STEP_Motor1.c

③ 프로그램 코드

```c
//STEP_Motor1.c
#include <mega128.h>
#include <delay.h>

void main()
{
    DDRA=0xFF;
    PORTA=0x00;
    DDRC=0x00;                    //0번 핀 실렉트 스위치 연결
    PORTC=0x01; //내부 풀업사용

    while(1)
    {
        if(PINC.0)
        {
            for(i=0; i<50; i++)     //정회전
            {
                PORTA=0x01;         //A
                delay_ms(5);        //delay 시간을 변경해본다.
                PORTA=0x04;         //B
                delay_ms(5);
                PORTA=0x02;         // /A
                delay_ms(5);
                PORTA=0x08;         // /B
                delay_ms(5);
            }
            PORTA=0x00;             //정지
            delay_ms(500); //0.5초 정지

            for(i=0; i<50; i++)     //역회전
            {
                PORTA=0x08;         // /B
                delay_ms(5);
                PORTA=0x02;         // /A
                delay_ms(5);
                PORTA=0x04;         //B
                delay_ms(5);
                PORTA=0x01;         // /A
                delay_ms(5);
            }
```

```
            PORTA=0x00;              //정지
            delay_ms(500);           //0.5초 정지
        }
        else PORTA=0x00;
    }
}
```

4.5 Atmega128을 이용한 MPS 구동 실습

그림 4-78과 같은 미니 MPS(Modular Production System) 장치는 산업현장의
생산 공정을 모듈별로 축소하여 실습이 가능하게 제작된 장비를 말한다.

실제 현장에서 사용되는 장비와 같은 센서와 구동장치들로 구성되어 있어서 PC
기반 제어, PLC 기반 제어, 마이크로프로세서 제어 등의 실습 교육에 활용할 수
있는 장비이다.

MPS는 공급부, 컨베이어부, 센서부, 스토퍼부, 흡착 이동부, 적재부 등 여러 모
듈로 구성된 실제 현장에서 사용되는 생산 시스템을 축소한 자동화 시스템이다.
MPS는 공장의 생산과정에서 실행되는 물품 공급과 검사, 적재와 배출 등의 공정
을 기본으로 제작되었으며, 이러한 기본적인 공정들을 조합하거나 응용함으로써
여러 가지 다른 공정들의 구현 가능하다.

이번 절에서는 생산 공정에서 기본적으로 사용되는 공정들을 마이크로프로컨트
롤러로 제어조건에 맞게 제어해보도록 한다.

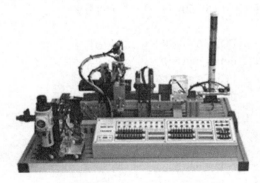

❍ [그림 4-78] 미니 MPS

4.5.1 MPS 구동을 위한 프로그래밍 방법

MPS를 구동하는 과정을 살펴보면 순차적인 동작을 하며 앞의 동작이 완료된 후 다음동작을 진행하는 형태로 동작한다. 이와 같은 동작을 step sequence라고 한다. 전통적인 PLC 프로그램인 래더 프로그램을 작성할 때 많이 사용되는 step 단위 프로그래밍이다.

마이크로컨트롤러로 프로그래밍할 때에도 PLC 프로그래밍 방법과 같이 앞의 동작이 완료된 것을 확인 후에 다음 동작을 진행하도록 프로그래밍해야 한다.

2개의 공압 실린더를 구동할 때 step sequence는 다음과 같이 동작을 표시할 경우에 여러 가지 경우가 있을 수 있다.

A+는 A실린더 전진, A−는 A실린더 후진, B+는 B실린더 전진, B−는 B실린더 후진 동작으로 표시할 경우, A+ → B+ → B− → A−의 순서로 동작을 하는 경우에 PLC 프로그래밍 방법과 C언어 프로그래밍 방법을 비교해보기로 한다.

(1) PLC 프로그래밍 방법

A+ → B+ → B− → A−의 순서로 동작을 하는 프로그램은 4개의 동작 중 첫 번째 동작이 끝나면 두 번째, 두 번째 동작이 끝나면 세 번째 동작, 세 번째 동작이 끝나면 네 번째 동작을 순서대로 실행해야 한다.

공압실린더의 리드센서를 입력받아서 확실하게 실린더의 끝에 도달하였음을 확인한 후에 다음 동작을 실행해야 한다. 공압실린더 이외의 경우에도 각 단위동작 완료 시점에서 센서의 값을 입력받아서 처리해야 한다. 이와 같이 센서나 스위치로부터 단위동작 완료 신호를 받아 앞의 동작을 거슬러 올라가 체크하는 것을 Check Back 신호라고 하며, 검정문제에서도 반드시 Check Back 신호를 받아서 다음 동작을 진행하도록 해야 한다.

PLC 동작과정을 살펴보면 다음 그림과 같이 입력모듈로부터 입력된 신호를 입력 레지스터에 저장하여 일괄 입력하여 CPU가 처리하고 처리한 결과를 출력 레지스터에 저장한 후 일괄 출력모듈에 출력하게 된다. 이와 같은 동작을 SCAN이라고 한다.

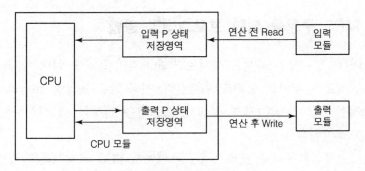

○ [그림 4-79]　PLC의 SCAN 동작

이 같은 SCAN 동작은 굉장히 속도가 빠르므로 동시에 2개의 STEP 단위동작
이 처리되지 않도록 프로그래밍하는 것이 중요한 일이다.

다음 프로그램을 보면 다음 동작의 출력이 현재 동작의 B접점으로 입력되어서
현재의 동작이 끝나야 다음 동작을 진행하도록, 즉 STEP 단위로 동작하도록 되어
있다. 한 번의 SCAN 동안 동시에 2개의 단위 동작이 이루어지지 않도록 하며 순
차적으로 반복하는 프로그램 예이다.

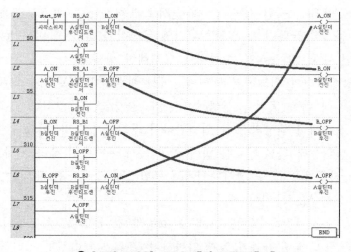

○ [그림 4-80]　PLC 래더 프로그램 예

(2) C언어 프로그래밍 방법

A+ → B+ → B- → A-의 순서로 동작을 하는 프로그램을 C언어로 작성해
야 한다. 순차적인 프로그램 작성은 switch~case문을 사용하여 스위치 변수 값을

갖는 변수를 사용하고 이 변수 값을 순서대로 변경해 가면서 순차적으로 케이스문을 실행하도록 하는 방법이 유용하다. 즉 다음의 프로그램 구조처럼 각 단계별로 수행할 내용을 케이스문 안에 넣고 이 문장들이 끝나면 다음 케이스를 수행하도록 스위치 변수값을 변경해주면 된다.

```
switch(ORDER)
{
    case 0:
    {
        if(A실린더 후진해 있으면)
        {
            A실린더 전진(A+)
            다음에는 두 번째 케이스를 실행(B+)하도록 ORDER값을 1로 변경
        }
    }
    break;

    case 1:
    {
        if(A실린더 전진했으면)
        {
            B실린더 전진(B+)
            다음에는 두 번째 케이스를 실행(B-)하도록 ORDER값을 2로 변경
        }
    }
    break;

    case 2:
    {
        if(B실린더 전진해 있으면)
        {
            B실린더 후진(B-)
            다음에는 세 번째 케이스를 실행(A-)하도록 ORDER값을 3으로 변경
        }
    }
    break;

    case 3:
    {
        if(B실린더 후진해 있으면)
```

```
                {
                    A실린더 후진(A-)
                    다시 처음부터 반복하도록(A+) ORDER값을 0으로 변경
                }
            }
        break;
    }
```

실제 프로그램의 예를 들면 다음과 같다.

 START 함수의 수행 속도가 빠른 속도로 실행하겠지만 이와 같은 구조에서는 START 함수가 한 번 수행할 때에 반드시 순차적으로 1개의 케이스만 실행하게 하고 다음에 수행할 때에는 다음 케이스가 실행하여 순차적으로 실행되도록 구성되어 있다.

```
#include <mega128.h>
#include <delay.h>
#define SOL_A_RS1      PINA.0    //SOL_A실린더 전진 Leed Switch1
#define SOL_A_RS2      PINA.1    //SOL_A실린더 후진 Leed Switch2
#define SOL_B_RS1      PINA.2    //SOL_B실린더 전진 Leed Switch1
#define SOL_B_RS2      PINA.3    //SOL_B실린더 후진 Leed Switch2
#define START_SW       PINA.4    //시작스위치
#define SOL_A          PORTC.1   //SOL_A실린더
#define SOL_B          PORTC.2   //SOL_B실린더

unsigned char ORDER = 0;
void START();

void main(void)
{
//생략 /////////////////////////////////////////
    while(1)
    {
        if(START_SW == 1) START(); //시작 스위치가 ON이면
    }
}
void START()
{
    switch(ORDER)
    {
```

```
        case 0:
        {
            if(SOL_A_RS2 == 0) //A실린더 후진해 있으면
            {
                SOL_A = 1;      //A실린더 전진(A+)
                delay_ms(1000); //A실린더 전진 완료 시까지 기다림
                ORDER = 1;      //다음에는 두 번째 케이스를 실행(B+)
            }
        }
        break;
        case 1:
        {
            if(SOL_A_RS1 == 0) //A실린더 전진해 있으면
            {
                SOL_B = 1;      //B실린더 전진(B+)
                delay_ms(1000); //B실린더 전진 완료 시까지 기다림
                ORDER = 2;      //다음에는 두 번째 케이스를 실행(B-)
            }
        }
        break;
        case 2:
        {
            if(SOL_B_RS1 == 0) //B실린더 전진해 있으면
            {
                SOL_B = 0;      //B실린더 후진(B-)
                delay_ms(1000); //B실린더 후진 완료 시까지 기다림
                ORDER = 3;      //다음에는 세 번째 케이스를 실행(A-)
            }
        }
        break;
        case 3:
        {
            if(SOL_B_RS2 == 0) //B실린더 후진해 있으면
            {
                SOL_A = 0;      //A실린더 후진(A-)
                delay_ms(1000); //A실린더 후진 완료 시까지 기다림
                ORDER = 0;      //다음에는 첫 번째 케이스를 반복(A+)
            }
        }
        break;
    }
}
```

4.5.2 MPS 공정별 기본 구동

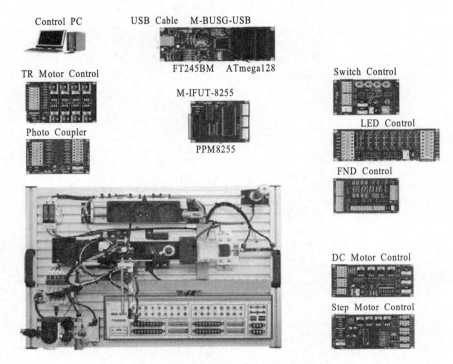

○ [그림 4-81] 미니 MPS와 인터페이스 모듈

MPS는 ① 공급 공정(Supply Process), ② 검사 공정(Inspection Process), ③ 적재 공정(Load Process), ④ 배출 공정(Discharge Process) 등 4가지 공정으로 구성되어 있다.

이 MPS를 MCU로 제어하고자 할 때에는 제어신호를 입출력할 인터페이스 모듈들이 필요하게 된다. 즉 마이크로프로세서는 5V 레벨의 TTL 신호를 사용한다. 반면에 실제 장비인 MPS는 24V로 구동된다. 따라서 5V 레벨을 24V로 또는 24V를 5V로 변환해주어야 한다. 이러한 신호를 인터페이스 해주는 것이 장비를 제어하여 구동할 때에 아주 중요한 일이다. 각종 액추에이터들을 구동하기 위한 인터페이스 모듈의 종류는 LED Control, FND Control, Photo Coupler, Switch Control, DC Motor Control, Step Motor Control 보드들로 구성되어 있다.

MPS를 제어할 때 MPS의 단자대와 MCU의 포트와 배선을 하고 프로그래밍을 해야 하는데, 이때 다음과 같이 배선할 포트들을 상수로 정의하면 프로그래밍이 효율적이고 유지보수가 간결하여 효율적인 프로그램을 만들 수 있다. 각 공정마다 다음에 정의한 상수를 #define문으로 정의하여 프로그래밍하기로 한다.

　다음의 표는 MPS 단자대의 명칭으로서 각종 센서와 액추에이터가 순서대로 연결되어 있다.

< Mini MPS 단자대 구성표 >

컨베이어모터+	컨베이어모터-	창고모터+	창고모터-	24V	24V	GND	GND	GND	GND	GND	GND	공급후진센서	공급전진센서	Y축전진센서	Y축후진센서	X축전진센서	X축후진센서	스토퍼후진센서	스토퍼전진센서	스토퍼감지센서	물품판별센서	창고1센서	창고2센서	창고3센서	물품판별센서	금속판별센서	엔코더센서	공급전진SOL	흡착SOL	X축전진SOL	Y축전진SOL	스토퍼전진SOL	스토퍼후진SOL	24V	24V	24V	램프1	램프2	램프3
1	2	3	4	5	6	7	8	9	10	11	12	13	14	15	16	17	18	19	20	21	22	23	24	25	26	27	28	29	30	31	32	33	34	35	36	37	38	39	40

< MPS 단자대 구성 순서에 따른 상수 정의 >

입출력 구분	상수명	비　　　고
입력	SUPPLY_RS1	공급실린더 후진 리드스위치 (Backward Reed switch of Supply Cylinder)
입력	SUPPLY_RS2	공급실린더 전진 리드스위치 (Forward Reed switch of Supply Cylinder)
입력	Y_AXIS_RS1	Y축 실린더 후진 리드스위치 (Backward Reed Switch of Y AXIS Cylinder)
입력	Y_AXIS_RS2	Y축 실린더 전진 리드스위치 (Forward Reed Switch of Y AXIS Cylinder)
입력	X_AXIS_RS1	X축 실린더 후진 리드스위치 (Backward Reed Switch of X AXIS Cylinder)
입력	X_AXIS_RS2	X축 실린더 전진 리드스위치 (Forward Reed Switch of X AXIS Cylinder)
입력	STOPPER_RS1	스토퍼실린더 후진 리드스위치 (Backward Reed Switch of STOPPER Cylinder)
입력	STOPPER_RS2	스토퍼실린더 전진 리드스위치 (Forward Reed Switch of STOPPER Cylinder)
입력	STOPPER_OS	스토퍼 감지 광센서 (Optical Sensor of STOPPER)
입력	MAGAZINE_OS	공급용 매거진의 물품감지 광센서 (Optical Sensor of MAGAZINE)
입력	STORAGE_LS1	창고 리미트 스위치1
입력	STORAGE_LS2	창고 리미트 스위치2
입력	STORAGE_LS3	창고 리미트 스위치3
입력	CAPACITIVE_PS	용량형 근접센서 물체 접근 판별 (Capacitive Proximity Sensor)
입력	INDUCTIVE_PS	유도형 근접센서 금속 접근 판별 (Inductive Proximity Sensor)
입력	START_SW	시작 스위치(푸시버튼 스위치)

입출력 구분	상수명	비 고
출력	SUPPLY_SOL	공급실린더 솔레노이드 (Solenoid of SUPPLY Cylinder)
출력	VACUUM_SOL	진공발생실린더 솔레노이드 (Solenoid of Vacuum Generator Cylinder)
출력	X_AXIS_SOL	X축 실린더 솔레노이드 (Solenoid of X AXIS Cylinder)
출력	Y_AXIS_SOL	Y축 실린더 솔레노이드 (Solenoid of Y AXIS Cylinder)
출력	STOPPER_SOL1	스토퍼실린더 전진솔레노이드(양 솔)
출력	STOPPER_SOL2	스토퍼실린더 후진솔레노이드(양 솔)
출력	CONVEYOR_MO1	컨베이어 모터 방향1(Conveyer Motor +)
출력	CONVEYOR_MO2	컨베이어 모터 방향2(Conveyer Motor −)
출력	STORAGE_MO1	창고 모터 방향1(Storage Motor +)
출력	STORAGE_MO2	창고 모터 방향2(Storage Motor −)
출력	STORAGE_MO_PWM	창고 모터 PWM

(1) 물품 공급 공정(Supply Process)

〈 실습 개요 〉

매거진에 공급할 물품을 넣고 시작 푸시버튼 스위치를 ON 하면 공급실린더가 전진하여 컨베이어 위로 물품을 공급하고 공급실린더가 전진을 완료하면 공급실린더를 후진을 하는 공급 공정이다.

1) 제어동작 조건

① 시작 푸시버튼 스위치를 ON하면 매거진에 공급할 물품이 감지됐을 때에만 공급실린더가 전진하여 컨베이어 위로 물품을 공급한다.
② 공급실린더가 전진을 완료하면, 다음 공급을 위하여 공급실린더를 다시 후진한다.

2) I/O PORT

순번	입력/출력	MCU의 포트번호	MPS 모듈	인터페이스 모듈
1	입력	PINA.0	공급실린더 후진 리드스위치	포토커플러 보드
2	입력	PINA.1	공급실린더 전진 리드스위치	포토커플러 보드
3	입력	PINC.1	공급용 매거진의 물품감지 광센서	포토커플러 보드
4	입력	PINC.7	시작 스위치(푸시버튼)	스위치 보드
5	출력	PORTD.0	공급실린더 솔레노이드	TR 보드

3) 실습 순서

① 인터페이스 보드와 MPS 장비의 배선 작업

② Flow Chart

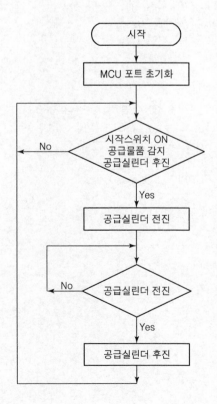

③ CodeVisionAVR 컴파일러를 사용한 프로젝트 작성
- 프로젝트명 : supply.prj / supply.c

④ 소스 코딩

```
//공급공정 supply.c
#include <mega128.h>
#include <delay.h>

#define SUPPLY_RS1    PINA.0    //공급실린더 후진 리드스위치
#define SUPPLY_RS2    PINA.1    //공급실린더 전진 리드스위치
#define MAGAZINE_OS   PINA.2    //공급용 매거진의 물품감지 광센서
#define START_SW      PINC.7    //시작 스위치
#define SUPPLY_SOL    PORTD.0   //공급실린더 솔레노이드

void main(void)
{
    PORTA=0x0F;  //입력시 내부 풀업 사용
    DDRA=0xF0;   //하위 4비트 입력
    PORTC=0xFF;  //입력시 내부 풀업 사용
    DDRC=0x00;   //8비트 입력
    PORTD=0x00;  //초깃값 0V
    DDRD=0x0F;   //하위 4비트 출력

    while(1)
    {    //START_SW는 ON이면 0, 실린더 리드센서는 ON이면 0
        if(START_SW == 0 && SUPPLY_RS1 == 0 && MAGAZINE_OS == 0)
                SUPPLY_SOL = 1;
        if(SUPPLY_RS2 == 0)
                SUPPLY_SOL = 0;
        delay_ms(500);
    }
}
```

이 프로그램은 스위치보드의 푸시버튼이 시작스위치 역할을 한다. 푸시버튼을 누르지 않으면 5V가 입력되고 누르면 0V가 C포트의 7번 핀(PINC.7)에 입력되도록 회로가 구성되어 있다. 만약 실렉트 스위치를 사용할 경우에는 위로 올려서 ON시키면 5V가 입력되고 아래로 내려서 OFF시키면 0V가 입력된다. 회로 구성상 푸시버튼과 실렉트 스위치의 입력 값은 서로 반대가 되므로 프로그래밍 시에 주의해야 한다.

공급 실린더가 전진 동작을 하여 공급하기 위해서는 공급 솔레노이드가 ON 되어야 하는데 3가지 조건이 모두 만족해야 한다. 첫째 시작스위치가 ON이고, 둘째 공급실린더가 후진해 있어서 리드스위치가 ON 되어 있는 상태이어야 하며, 셋째 매거진에 재료가 들어 있어서 광센서가 ON이어야 한다. 이 3가지 조건이 만족하면 첫 번째 if문에서 참(TRUE)이 되어 SUPPLY_SOL = 1; 문장이 실행된다.

SUPPLY_RS1는 포트 A의 0번 핀으로 입력으로 동작하며, 공급실린더 후진 리드스위치를 나타내는 상수로 정의되어 있다. 공급실린더가 후진해 있으면 SUPPLY_RS1는 0이 입력된다.

3가지 조건이 모두 만족하면 공급실린더를 전진해야 하는데 SUPPLY_SOL (PORTD.0)에 1을 대입하면 포트 D의 0번 핀에 5V가 출력하게 되고 포토커플러의 인터페이스를 거쳐서 24V로 변환된 다음에 공급 솔레노이드 밸브가 동작하여 공급실린더가 전진 동작을 하게 된다.

공급실린더가 전진하여 전진 리드스위치(SUPPLY_RS2)가 ON이 되면 포토커플러의 포토TR이 ON되어 0V가 포토커플러에서 출력하여 MCU의 PINA.1에 0으로 입력된다. 그러므로 SUPPLY_RS2가 0인지 if문으로 비교하면 공급실린더가 전진했는지 알 수 있다. 공급실린더가 전진했다면 SUPPLY_SOL = 0; 문장에 의해서 후진하게 된다.

(2) 검사 공정(Inspection Process) 1

〈 실습 개요 〉

공급실린더가 전진을 하여 공급 공정이 완료하면 컨베이어를 동작시키고 유도형 근접센서에 의해 금속을 검출하고, 용량형 근접센서에 의해 부품이 스토퍼에 접근함을 감지한다. 금속물품을 검출할 때와 비금속물품을 검출할 때 FND에 각각 숫자를 다르게 출력시킨다.

1) 제어동작 조건

① 시작 푸시버튼 스위치를 ON 하면 매거진에 공급할 물품이 감지됐을 때에만 공급실린더가 전진하여 컨베이어 위로 물품을 공급한다.

② 공급실린더가 전진을 완료하면, 다음 공급을 위하여 공급실린더를 다시 후진한다.

③ 물품을 공급하면 컨베이어를 동작시키고 유도형 근접센서에 의해 금속이 검출된 후 용량형 근접센서에 의해 부품이 스토퍼에 접근을 감지하면 FND에 1을 출력시킨다.

④ 또한, 유도형 근접센서에 의해 비금속이 검출된 후 용량형 근접센서에 의해 부품이 스토퍼에 접근을 감지하면 FND에 2를 출력시킨다.

2) I/O PORT

순번	입력/출력	MCU의 포트번호	MPS 모듈	인터페이스 모듈
1	입력	PINA.0	공급실린더 후진 리드스위치	포토커플러 보드
2	입력	PINA.1	공급실린더 전진 리드스위치	포토커플러 보드
3	입력	PINA.2	공급용 매거진의 물품감지 광센서	포토커플러 보드
4	입력	PINA.3	시작 실렉트 스위치	스위치 보드
5	입력	PINA.4	용량형 근접센서(물체 접근)	포토커플러 보드
6	입력	PINA.5	유도형 근접센서(금속 판별)	포토커플러 보드
7	출력	PORTC.0	공급실린더 솔레노이드	TR 보드
8	출력	PORTC.1	컨베이어 모터 방향(EWD)	DC모터 보드
9	출력	PORTC.2	컨베이어 모터 방향(REV)	DC모터 보드
10	출력	PORTD.0 ~ PORTD.3	금속이면 1, 비금속이면 2를 출력	FND 보드의 BCD

3) 실습 순서

① 인터페이스 보드와 MPS 장비의 배선 작업

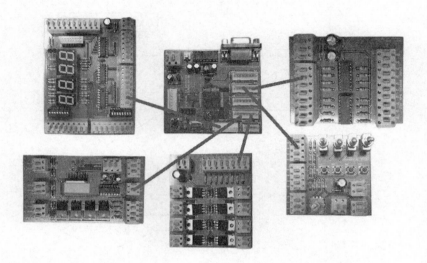

② Timing Chart

[금속을 감지했을 때 Timing Chart]

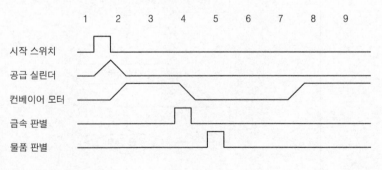

[비금속을 감지했을 때 Timing Chart]

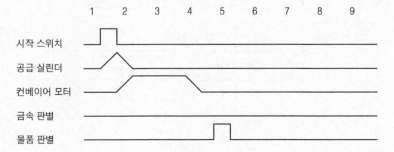

③ Flow Chart

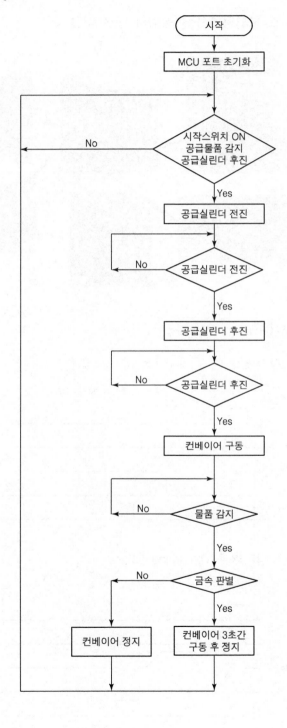

④ CodeVisionAVR 컴파일러를 사용한 프로젝트 작성

• 프로젝트명 : inspection1.prj / inspection1.c

⑤ 소스 코딩

```
//공정(금속, 비금속 판별) inspection1.c
//금속이면 FND에 1을 비금속이면 2를 출력한다.
#include <mega128.h>
#include <delay.h>

#define SUPPLY_RS1      PINA.0      //공급실린더 전진 Leed Switch1
#define SUPPLY_RS2      PINA.1      //공급실린더 후진 Leed Switch2
#define MAGAZINE_OS     PINA.2      //공급스테커 Optical Switch
#define START_SW        PINA.3      //시작스위치
#define CAPA_PS         PINA.4      //용량형 근접센서, 물품 판별
#define INDU_PS         PINA.5      //유도형 근접센서, 금속 판별
#define SUPPLY_SOL      PORTC.0     //공급실린더 Solenoid
#define CONVEYOR_MO1    PORTC.1     //컨베이어 모터+
#define CONVEYOR_MO2    PORTC.2     //컨베이어 모터-

bit GO = 0;
bit METAL = 0;
bit NONMETAL = 0;
unsigned char ORDER = 0;

void START();

void main(void)
{
    PORTA=0xFF;
    DDRA=0x00;
    PORTC=0x00;
    DDRC=0xFF;
    PORTD=0x00;
    DDRD=0xFF;
```

```
    while(1)
    {
        if(START_SW == 1) GO = 1; //실렉트 스위치가 ON이면 5V이므로
        if(GO == 1)  START();
    }
}

void START()
{
    switch(ORDER)
    {
        case 0:
        {   //공급실린더 후진해 있고 매거진에 재료가 있으면
            if(SUPPLY_RS2 == 0 && MAGAZINE_OS == 0){
                SUPPLY_SOL = 1;
                delay_ms(500);}
            else if(SUPPLY_RS1 == 0) //공급실린더 전진해 있으면
            {
                SUPPLY_SOL = 0;
                ORDER = 1;
                CONVEYOR_MO1 = 1;  //컨베이어 정회전
                CONVEYOR_MO2 = 0;
            }
        }
        break;

        case 1:
        {
            delay_ms(1000);
            if(INDU_PS == 0) //금속 감지는 0V
            {
                METAL = 1;
            }
            if(CAPA_PS == 0) //물체 감지는 0V
            {
                if(METAL == 0)
                {
```

```
                    NONMETAL = 1;
                    ORDER = 2;
                }
                else
                {
                    NONMETAL = 0;
                    ORDER = 2;
                }
            }
        }
        break;

        case 2:
        {
            if(METAL == 1)
            {
                PORTD = 1; //FND에 1을 출력
                ORDER = 0;
                METAL = 0;
                GO = 0;
            }
            else
            {
                PORTD = 2; //FND에 2를 출력
                ORDER = 0;
                NONMETAL = 0;
                GO = 0;
            }

        }
        delay_ms(500);
        break;
    }
}
```

이 프로그램은 순차적인 구조를 이해하는 것이 가장 중요하다. main 함수 안에 while문이 무한루프로 실행한다. 이때 시작스위치가 ON 되었으면 START( ) 함수를 호출하여 실행한다. 한번 스위치를 ON하면 계속적으로 START( ) 함수를 호출할 것이다. 호출할 때마다 각기 다른 동작을 순차적으로 수행해야 한다.

스위치 케이스문의 ORDER 변수 값에 의해서 케이스 문이 순차적으로 선택된다. 이러한 프로그램의 실행 구조를 파악하고 응용할 수 있어야 한다.

ORDER 변수 값의 초기 값은 0이다. 이 변수의 값에 따라 실행하는 동작을 살펴보면 다음과 같다.

- ORDER가 0일 때 : 공급실린더 전진(재료 공급) ⇒ 컨베이어 동작 및 공급실린더 후진

  다음 동작을 지정하기 위하여 ORDER = 1;
- ORDER가 1일 때 : 금속감지 또는 비금속 감지 ⇒ 물체 감지

  다음 동작을 지정하기 위하여 ORDER = 2;
- ORDER가 2일 때 : 금속을 감지했으면 FND에 1을 출력, 비금속을 감지했으면 FND에 2를 출력한다. 다음 동작을 처음부터 반복하게 하기 위하여 ORDER = 0;

위의 문장들은 while문에 의해 START()함수가 계속적으로 반복 실행하고 매번 실행될 때마다 ORDER 변수 값에 의해서 수행하는 문장들이 매번 순차적으로 실행하는 구조를 가지고 있다.

기타 인터페이스하는 신호들의 처리는 앞의 과제와 동일하다.

(3) 검사 공정(Inspection Process) 2

〈 실습 개요 〉

앞의 검사 공정 1에 스토퍼실린더 동작을 추가하여 동작시킨다. 물품을 컨베이어에 공급하고 금속으로 판별되면 컨베이어를 3초 동안 계속 회전시키고 2초 동안 정지한다. 비금속물품을 검출하면 스토퍼 실린더를 전진하고 스토퍼센서가 물품을 감지하면 컨베이어를 정지하고 스토퍼실린더를 후진한다.

1) 제어동작 조건

① 시작 푸시버튼 스위치를 ON하면 매거진에 공급할 물품이 감지됐을 때에만 공급실린더가 전진하여 컨베이어 위로 물품을 공급한다.

② 공급실린더가 전진을 완료하면, 다음 공급을 위하여 공급실린더를 다시 후진한다.

③ 물품을 공급하면 컨베이어를 동작시키고 유도형 근접센서에 의해 금속을 검출하고 용량형 근접센서에 의해 부품이 스토퍼에 접근을 감지하면 컨베이어를 3초 동안 계속 회전시키고 2초 동안 정지한다.

④ 비금속물품을 검출하면 스토퍼 실린더를 전진하고 스토퍼센서가 물품을 감지하면 컨베이어를 정지하고 스토퍼실린더를 후진한다. 다시 처음부터 반복적으로 동작한다.

2) I/O PORT

순번	입력/출력	MCU의 포트번호	MPS 모듈	인터페이스 모듈
1	입력	PINA.0	공급실린더 전진 리드스위치	포토커플러 보드
2	입력	PINA.1	공급실린더 후진 리드스위치	포토커플러 보드
3	입력	PINA.2	스토퍼 전진 리드스위치	포토커플러 보드
4	입력	PINA.3	스토퍼 후진 리드스위치	포토커플러 보드
5	입력	PINA.4	스토퍼 감지 광센서	포토커플러 보드
6	입력	PINA.5	공급용 매거진의 물품감지 광센서	포토커플러 보드
7	입력	PINA.6	용량형 근접센서(물체 접근)	포토커플러 보드
8	입력	PINA.7	유도형 근접센서(금속 판별)	포토커플러 보드
9	입력	PINC.0	시작 스위치(셀렉트 스위치)	스위치 보드
10	출력	PORTD.0	공급실린더 솔레노이드	TR 보드
11	출력	PORTD.1	스토퍼실린더 전진 솔레노이드	TR 보드
12	출력	PORTD.2	스토퍼실린더 후진 솔레노이드	TR 보드
13	출력	PORTD.3	컨베이어 모터 H브리지회로 정회전1	모터보드
14	출력	PORTD.4	컨베이어 모터 H브리지회로 정회전2	모터보드
15	출력	PORTD.5	컨베이어 모터 H브리지회로 역회전1	모터보드
16	출력	PORTD.6	컨베이어 모터 H브리지회로 역회전2	모터보드

3) 실습 순서

① Flow Chart

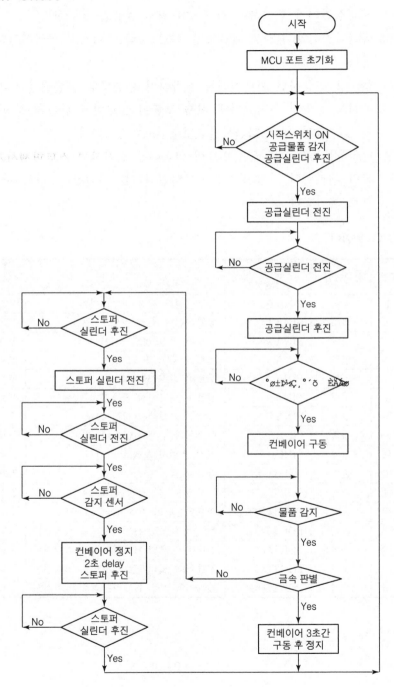

② Timing Chart

비금속을 판별한 경우의 타이밍 차트는 다음 그림과 같다. 비금속을 판별하고 스토퍼실린더가 전진하여 내려오면 스토퍼 감지센서가 물건을 감지하고 2초간 컨베이어가 정지했다가 동작한다.

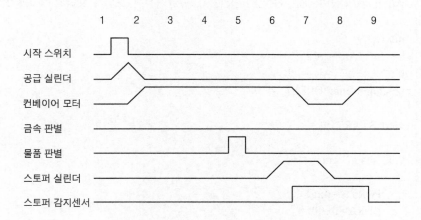

③ 인터페이스 보드와 MPS 장비의 배선 작업

앞의 과제에서 스토퍼 추가하여 배선작업을 완료한다.

④ 소스 코딩

• 프로젝트명 : inspection2.prj / inspection2.c

```
//검사공정(금속, 비금속 판별) inspection2.c
//컨베이어 H브리지회로 이용
//금속이면 컨베이어 정지 후 배출, 비금속이면 스토퍼 전진 후 배출
#include <mega128.h>
#include <delay.h>


#define SUPPLY_RS1      PINA.0    //공급실린더 전진 Leed Switch1
#define SUPPLY_RS2      PINA.1    //공급실린더 후진 Leed Switch2
#define STOPPER_RS1     PINA.2    //스토퍼실린더 전진 Leed Switch1
#define STOPPER_RS2     PINA.3    //스토퍼실린더 후진 Leed Switch2
#define STOPPER_OS      PINA.4    //스토퍼 감지 광센서
#define MAGAZINE_OS     PINA.5    //공급스테커 Optical Switch
#define CAPA_PS         PINA.6    //용량형 근접센서, 물품 판별
#define INDU_PS         PINA.7    //유도형 근접센서, 금속 판별
#define START_SW        PINC.0    //시작스위치
#define SUPPLY_SOL      PORTD.0   //공급실린더 Solenoid
```

```
#define STOPPER_SOL1    PORTD.1   //스토퍼 전진 솔레노이드
#define STOPPER_SOL2    PORTD.2   //스토퍼 후진 솔레노이드
#define CONVEYOR_FWD1 PORTD.3    //컨베이어 모터 H브리지 정회전1
#define CONVEYOR_FWD2 PORTD.4    //컨베이어 모터 H브리지 정회전2
#define CONVEYOR_REV1 PORTD.5    //컨베이어 모터 H브리지 역회전1
#define CONVEYOR_REV2 PORTD.6    //컨베이어 모터 H브리지 역회전2

bit GO = 0;
bit METAL = 0;
bit NONMETAL = 0;
unsigned char ORDER = 0;

void START();

void main(void)
{
    PORTA=0xFF;
    DDRA=0x00;
    PORTC=0xFF;
    DDRC=0x00;
    PORTD=0x00;
    DDRD=0xFF;

    while(1)
    {
        if(START_SW == 1) GO = 1;
        if(GO == 1)       START();
    }
}

void START()
{
    switch(ORDER)
    {
        case 0:
        {   //공급실린더 후진해 있고 매거진에 재료가 있으면
            if(SUPPLY_RS2 == 0 && MAGAZINE_OS == 0){
                SUPPLY_SOL = 1;
                delay_ms(500);}
            else if(SUPPLY_RS1 == 0)//공급실린더 전진해 있으면
            {
                SUPPLY_SOL = 0;
```

```
            ORDER = 1;
            CONVEYOR_FWD1 = 1;  //컨베이어 정회전
            CONVEYOR_FWD2 = 1;
        }
    }
    break;

    case 1:
    {
        delay_ms(1000);
        if(INDU_PS == 0)//금속 감지는 0V
        {
            METAL = 1;
        }
        if(CAPA_PS == 0)//물체 감지는 0V
        {
            if(METAL == 0)
            {
                NONMETAL = 1;
                ORDER = 2;
            }
            else
            {
                NONMETAL = 0;
                ORDER = 2;
            }
        }
    }
    break;

    case 2:
    {
        if(METAL == 1)
        {
            delay_ms(3000);         //3초간 지연
            CONVEYOR_FWD1 = 0;  //금속이면 컨베이어 정지
            CONVEYOR_FWD2 = 0;
            delay_ms(2000);
            ORDER = 0;
            METAL = 0;
            GO = 0;
        }
```

```
            else
            {
                ORDER = 3;
            }
        }
        break;

        case 3:
        {
            if(STOPPER_RS2 == 0)
            {
                STOPPER_SOL1 = 1; //스토퍼 전진
                STOPPER_SOL2 = 0;
            }
             //스토퍼 실린더 전진 상태에서 스토퍼 광센서 물품 감지
            if(STOPPER_RS1 == 0 && STOPPER_OS == 0)
            {
                CONVEYOR_FWD1 = 0; //컨베이어 정지
                CONVEYOR_FWD2 = 0;
                delay_ms(1000);
                STOPPER_SOL1 = 0; //스토퍼 후진
                STOPPER_SOL2 = 1;
                ORDER = 0;
                NONMETAL = 0;
                GO = 0;
            }
        }
        break;
    }
}
```

인터페이스하는 신호들의 처리와 프로그램의 순차적인 실행 구조는 앞의 과제와 동일하다. 다만 컨베이어 모터를 DC모터 보드의 H브리지회로를 사용하도록 결선하였으므로 PORTD.3~PORTD.6까지 4Pin을 사용하여 컨베이어를 구동하는 특징이 있다.

(4) 적재 공정(Load Process) 1 : DC 모터 창고 위치제어

〈 실습 개요 〉

적재부의 DC Motor와 리미트 스위치를 이용하여 창고의 원점 이동을 한 후 다음

에 스위치 입력으로 이동할 창고번호가 입력되면 정해진 위치로 창고를 이동시킨다.

1) 제어동작 조건

① 시작 푸시버튼 스위치를 ON하면 적재부의 창고를 원점(창고1 리미트 스위치)으로 이동한 후 정지한다. 창고 모터는 주파수는 245Hz, 듀티비는 60%를 갖는 PWM 파형으로 구동한다.

② 1번 창고 이동스위치(푸시버튼), 2번 창고 이동스위치, 3번 창고 이동스위치의 입력에 따라 인터럽트4~6 동작에 의해 각각의 위치로 이동한다.

③ 이동을 완료하면 창고모터를 정지하고 다시 시작버튼의 입력을 기다린다.

2) I/O PORT

순번	입력/출력	MCU의 포트번호	MPS 모듈	인터페이스 모듈
1	입력	PINA.0	창고1 리미트 스위치	포토커플러 보드
2	입력	PINA.1	창고2 리미트 스위치	포토커플러 보드
3	입력	PINA.2	창고3 리미트 스위치	포토커플러 보드
4	입력	PINA.3	시작 실렉트 스위치	스위치 보드
5	출력	PORTC.0	창고 모터 방향1(EWD)	DC모터 보드
6	출력	PORTC.1	창고 모터 방향2(REV)	DC모터 보드
7	출력	PORTB.4	창고 모터 PWM(타이머/카운터0)	DC모터 보드
8	입력	PORTE.4	1번 창고로 이동스위치(푸시) INT4	스위치 보드
9	입력	PORTE.5	2번 창고로 이동스위치(푸시) INT5	스위치 보드
10	입력	PORTE.6	3번 창고로 이동스위치(푸시) INT6	스위치 보드

3) 실습 순서

① 인터페이스 보드와 MPS 장비의 배선 작업

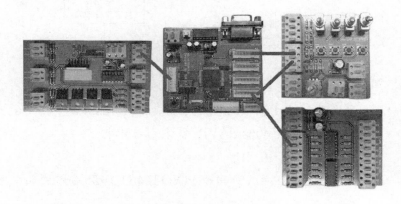

② Flow Chart

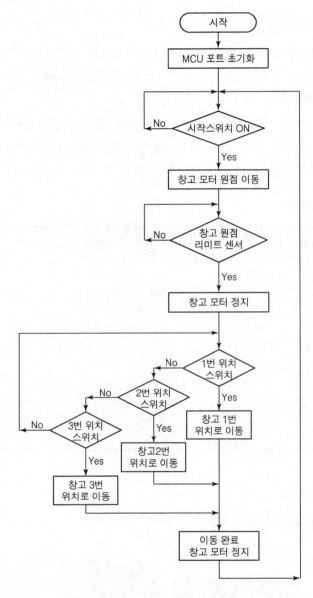

③ 소스 코딩

- 프로젝트명 : Load_Process1.prj / Load_Process1.c
- 다음과 같이 CodeWizardAVR 설정 실행한다.
  - 외부 인터럽트4~6 설정
  - 타이머/카운터0으로 PWM을 PORTB.4(OC0)로 출력(주파수는 245Hz, 듀티

비는 60%)

MODE : Phase correct PWM 선택

Output : Non-Inverted PWM 선택

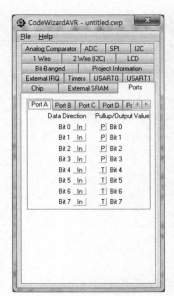  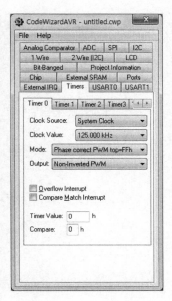

```
//DC Motor  창고제어
//PORTB.4 : 창고 모터 PWM(타이머/카운터0 사용) 연결
//PORTE.4 : 1번 창고로 이동시키는 푸시 스위치(INT4 사용) 연결
//PORTE.5 : 2번 창고로 이동시키는 푸시 스위치(INT5 사용) 연결
//PORTE.6 : 3번 창고로 이동시키는 푸시 스위치(INT6 사용) 연결하여 사용한다.
//MPS에 창고 모터 홈 광센서가 없는 경우 1번 창고 리미트 스위치가 대신한다.


#include <mega128.h>
#include <delay.h>


#define STORAGE_LS1        PINA.0    //창고1 리미트 스위치
#define STORAGE_LS2        PINA.1    //창고2 리미트 스위치
#define STORAGE_LS3        PINA.2    //창고3 리미트 스위치
#define START_SW           PINA.3    //시작 스위치
#define STORAGE_MO1        PORTC.0   //창고 모터 방향1(Storage Motor +)
#define STORAGE_MO2        PORTC.1   //창고 모터 방향2(Storage Motor -)
```

```c
bit Home=0;                        //홈에 도착 여부
bit Origin_RunMode=0;              //홈으로 이동 동작 실행 여부
unsigned char Storage_INT=0;       //이동할 창고 번호(인터럽트 스위치)
unsigned char Storage_Number=0;    //현재의 창고 번호

interrupt [EXT_INT4] void ext_int4_isr(void)
{
    Storage_INT=1;
}

interrupt [EXT_INT5] void ext_int5_isr(void)
{
    Storage_INT=2;
}

interrupt [EXT_INT6] void ext_int6_isr(void)
{
    Storage_INT=3;
}

void Origin_Run() //원점(1번 창고)으로 이동
{
    STORAGE_MO1 = 1;
    STORAGE_MO2 = 0;
    if(STORAGE_LS1 == 0)  //1번 창고 도착
    {
        STORAGE_MO1 = 0;  //모터정지
        STORAGE_MO2 = 0;
        delay_ms(500);
        STORAGE_MO1 = 0;  //반대방향으로 이동(리미트 스위치에 걸려 있지 않게)
        STORAGE_MO2 = 1;
        delay_ms(1000);
        //원점에 도착
        Home=1;
    }
}

void main(void)
{
```

```
PORTA=0x0F;
DDRA=0x00;
PORTB=0x00;
DDRB=0x10;
PORTC=0x00;
DDRC=0x03;
// Timer/Counter 0 initialization
// Clock value: 125.000 kHz, Phase correct PWM top=FFh
ASSR=0x00;
TCCR0=0x65;  //주파수를 125㎑
TCNT0=0x00;
OCR0=0x153;  //듀티비 60% 속도로 동작
// External Interrupt(s) initialization
EICRA=0x00;
EICRB=0x2A;
EIMSK=0x70;
EIFR=0x70;

// Timer(s)/Counter(s) Interrupt(s) initialization
TIMSK=0x00;
ETIMSK=0x00;
// Global enable interrupts
#asm("sei")

while (1)
    {   //항상 원점인 1번 창고로 먼저 이동
        if(START_SW == 1 && Origin_RunMode == 0) Origin_Run();
        if(Home == 1)
        {
            Origin_RunMode = 1;      //이미 원점에 도착해 있으므로

            if(Storage_INT==1)       //1번 창고로 이동 인터럽트가 걸리면
            { //위에서 이미 원점인 1번 창고로 이동 완료
                Storage_Number=1;
            }
            else if(Storage_INT==2)  //2번 창고로 이동 인터럽트가 걸리면
            {
                STORAGE_MO1 = 0;  //2번 창고 방향으로 이동
                STORAGE_MO2 = 1;
```

```
                    if(STORAGE_LS2 == 0)    //2번 창고 리미트 스위치가 감지하면
                    {
                        STORAGE_MO1 = 0;    //모터 정지
                        STORAGE_MO2 = 0;
                        delay_ms(500);
                        STORAGE_MO1 = 0;    //3번 창고 방향으로 이동
                        STORAGE_MO2 = 1;    //(리미트 스위치에 걸려 있지 않게)
                        delay_ms(1000);
                        //2번 창고로 이동 완료
                        Storage_Number=2;
                        Home=0;              //다시 홈으로 이동해야 하므로
                        Origin_RunMode=0;
                    }
                }
                else if(Storage_INT==3)      //3번 창고로 이동 인터럽트가 걸리면
                {
                    STORAGE_MO1 = 0;         //3번 창고 방향으로 이동
                    STORAGE_MO2 = 1;

                    if(STORAGE_LS3 == 0)     //3번 창고 리미트 스위치가 감지하면
                    {
                        STORAGE_MO1 = 0;    //모터 정지
                        STORAGE_MO2 = 0;
                        delay_ms(500);
                        STORAGE_MO1 = 1;    //2번 창고 방향으로 이동
                                            //(맨 마지막은 반대방향으로)
                        STORAGE_MO2 = 0;    //(리미트 스위치에 걸려 있지 않게)
                        delay_ms(1000);
                        //3번 창고로 이동 완료
                        Storage_Number=3;
                        Home=0;              //다시 홈으로 이동해야 하므로
                        Origin_RunMode=0;
                    }
                }
            }
        }
    }
}
```

적재 공정에서 창고용 DC모터를 구동할 때에는 PWM 파형을 출력시켜서 동작시켜야 한다. 주파수는 245Hz, 듀티비는 60%를 갖는 Phase Correct PWM Mode로 OC0 핀에 PWM 파형을 출력시켜서 DC모터를 구동시켜야 한다.

CodeWizardAVR 설정시에 프리스케일러를 128로 하면 주파수를 125 kHz를 선택해야 한다. 즉 16,000,000Hz ÷ 128분주 = 125 kHz이다. 그러므로 125 kHz마다 TCNT0를 1씩 증가하게 된다. 그리고 OC0 핀에 출력되는 PWM 파형의 주파수를 계산하면 ATmega128의 매뉴얼에 정의된 공식에 의해서 다음과 같이 계산한다.

$$F_{OCnPCPWM} = \frac{F_{clk\_I/O}}{N*510} = \frac{16 \times 10^6}{128 \times 510} ≒ 245Hz$$

Phase Correct PWM mode이고 주파수는 245Hz이므로 TCCR0는 0x65로 초기화되어야 한다. 모터의 속도를 결정하는 듀티비 계산은 다음 공식과 같이 계산한다.

$$\text{duty ratio} = \frac{duty \times 2}{510} \times 100 \text{이므로} \quad 60\% = \frac{153 \times 2}{510} \times 100$$

OCR0 레지스터에 153을 대입해주면 듀티비가 60%의 회전속도로 동작한다. 모터의 속도를 감속하려면 듀티비를 낮추고 속도를 높이려면 듀티비를 올리면 된다.

모터의 속도를 결정하는 것은 주파수와는 관계없이 듀티비의 크기와 관계가 있다. 듀티비가 크면 평균전류량이 많아지므로 DC모터가 고속으로 회전하고 듀티비가 적으면 평균전류량이 적으므로 속도가 떨어지게 된다.

본 과제에서는 일정한 속도로 구동하였지만 모터를 구동할 때에는 처음에는 서서히 가속했다가 정속을 유지한 다음, 정지할 때에는 서서히 감속하는 방법으로 운전하는 것이 바람직하다.

다음 그림은 OC0 핀에 출력되는 듀티비가 60%인 PWM 파형을 오실로스코프로 측정한 그림이다. 1개의 주기는 가로로 1칸이 100μs인 5칸을 차지한다. 이때 High일 때 3칸을 차지하여 300μs이다. 다음과 같은 계산에 의해 듀티비를 확인할 수 있다.

$$\text{duty ratio} = \frac{\text{High 시간}}{\text{1주기 시간}} \times 100 \text{이므로} \quad \frac{307}{512} \times 100 ≒ 60\%$$

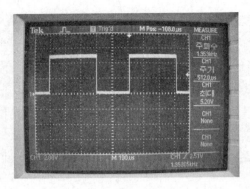

○ [그림 4-82] PWM 파형 측정 화면

(5) 적재 공정(Load Process) 2 : 창고에 비금속 물품 적재

《 실습 개요 》

공급 공정을 거쳐서 분류 공정에서 금속 물품을 감지하면 컨베이어를 3초 동안 회전 후 정지하여 적재시키지 않고, 비금속 물품을 감지하면 스토퍼를 전진하고 흡착 컵으로 물품을 흡착하여 적재부의 정해진 위치의 창고로 적재시킨다.

1) 제어동작 조건

① 시작 푸시버튼 스위치를 ON하면 매거진에 공급할 물품이 감지됐을 때에만 공급실린더가 전진하여 컨베이어 위로 물품을 공급한다.

② 공급실린더가 전진을 완료하면, 다음 공급을 위하여 공급실린더를 다시 후진 한다.

③ 물품을 공급하면 컨베이어를 동작시키고 유도형 근접센서에 의해 금속물품이 검출된 후 용량형 근접센서에 의해 부품이 스토퍼에 접근을 감지하면 컨베이어를 3초간 회전 후에 정지시킨다.(금속물품을 컨베이어에서 낙하)

④ 유도형 근접센서에 의해 비금속물품이 검출된 후 용량형 근접센서에 의해 부품이 스토퍼에 접근을 감지하면 스토퍼실린더를 전진하고, 스토퍼 광센서가 물품을 감지하면 컨베이어를 즉시 정지시키고 2초 후에 스토퍼를 후진시킨다.

⑤ Y실린더를 전진시켜서 흡착 컵으로 물품을 흡착한 후 Y실린더는 후진한 다음 X실린더가 전진하고, 끝에 도달하면 Y실린더가 다시 전진하여 창고 위에 물품을 놓고 흡착을 해제한다.

⑥ Y실린더를 후진시키고 다시 X실린더를 후진하여 공정을 완료한다.

⑦ 적재를 완료하면 다시 시작버튼의 입력을 기다린다.

2) I/O PORT

순번	입력/출력	MCU의 포트번호	MPS 모듈	인터페이스 모듈
1	×	PINA.0	공급실린더 후진 리드스위치	생략(커플러 부족)
2	입력	PINA.1	공급실린더 전진 리드스위치	포토커플러 보드
3	×	PINE.2	Y축 실린더 후진 리드스위치	생략(커플러 부족)
4	입력	PINA.3	Y축 실린더 전진 리드스위치	포토커플러 보드
5	×	PINA.4	X축 실린더 후진 리드스위치	생략(커플러 부족)
6	입력	PINA.5	X축 실린더 전진 리드스위치	포토커플러 보드
7	×	PINA.6	스토퍼실린더 후진 리드스위치	생략(커플러 부족)
8	입력	PINA.7	스토퍼실린더 전진 리드스위치	포토커플러 보드
9	입력	PINC.0	스토퍼 감지 광센서	포토커플러 보드
10	입력	PINC.1	매거진의 물품감지 광센서	포토커플러 보드
11	×	PINC.2	창고 리미트스위치1	
12	×	PINC.3	창고 리미트스위치2	
13	×	PINC.4	창고 리미트스위치3	
14	입력	PINC.5	용량형 근접센서 물체 접근 판별	포토커플러 보드
15	입력	PINC.6	유도형 근접센서 금속 접근 판별	포토커플러 보드
16	입력	PINC.7	시작 스위치(푸시버튼 스위치)	스위치 보드
17	출력	PORTD.0	공급실린더 솔레노이드	TR 보드
18	출력	PORTD.1	진공발생실린더 솔레노이드	TR 보드
19	출력	PORTD.2	X축 실린더 솔레노이드	TR 보드
20	출력	PORTD.3	Y축 실린더 솔레노이드	TR 보드
21	출력	PORTD.4	스토퍼실린더 전진 솔레노이드	TR 보드
22	출력	PORTD.5	스토퍼실린더 후진 솔레노이드	TR 보드
23	출력	PORTD.6	컨베이어 모터 방향1	DC모터 보드
24	출력	PORTD.7	컨베이어 모터 방향2	DC모터 보드
25	×	PORTE.2	창고 모터 방향1	
26	×	PORTE.3	창고 모터 방향2	
27	×	PORTE.4	창고 모터 PWM	

3) 실습 순서

① 인터페이스 보드와 MPS 장비의 배선 작업

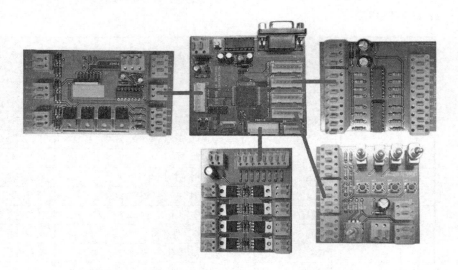

② Timing Chart

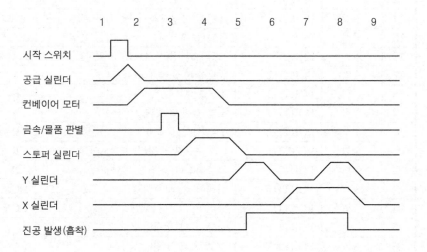

< <u>Timing Chart</u> >

I/O명칭	T1	T2	T3	T4	T5	T6	T7	T8	T9	T10

③ Flow Chart

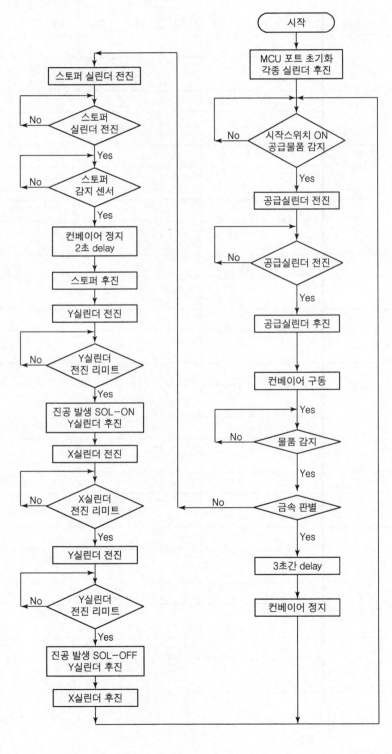

④ 소스 코딩

```c
//프로젝트명 : Load_Process2.prj / Load_Process2.c
#include <mega128.h>
#include <delay.h>


#define SUPPLY_RS2      PINA.1  //공급실린더 전진 리드스위치
#define Y_AXIS_RS2      PINA.3  //Y축 실린더 전진 리드스위치
#define X_AXIS_RS2      PINA.5  //X축 실린더 전진 리드스위치
#define STOPPER_RS2     PINA.7  //스토퍼실린더 전진 리드스위치
#define STOPPER_OS      PINC.0  //스토퍼 감지 광센서
#define MAGAZINE_OS     PINC.1  //공급용 매거진의 물품 감지 광센서
#define CAPACITIVE_PS   PINC.5  //용량형 근접센서 물체 접근 판별
#define INDUCTIVE_PS    PINC.6  //유도형 근접센서 금속 접근 판별
#define START_SW        PINC.7  //시작 스위치


#define SUPPLY_SOL      PORTD.0 //공급실린더 솔레노이드
#define VACUUM_SOL      PORTD.1 //진공발생실린더 솔레노이드
#define X_AXIS_SOL      PORTD.2 //X축 실린더 솔레노이드
#define Y_AXIS_SOL      PORTD.3 //Y축 실린더 솔레노이드
#define STOPPER_SOL1    PORTD.4 //스토퍼실린더 전진 솔레노이드
#define STOPPER_SOL2    PORTD.5 //스토퍼실린더 후진 솔레노이드
#define CONVEYOR_MO1    PORTD.6 //컨베이어 모터 +
#define CONVEYOR_MO2    PORTD.7 //컨베이어 모터 -


bit Start=0;
bit Metal=0;
bit Nonmetal=0;
int Run_mode=0, C_mode=0, T_mode=0;

void transfer_process() //적재 공정
{
    switch(T_mode)
    {
        case 0: //Y축이 전진이 아니면 전진시킨다.
            if(Y_AXIS_RS2==0) T_mode=1;
            else
            {
                Y_AXIS_SOL=1;
                delay_ms(500);
            }
```

```
                break;
        case 1: //진공 흡착하고 Y실린더 후진
            VACUUM_SOL=1; //단솔 흡착
            delay_ms(200);
            Y_AXIS_SOL=0;
            T_mode=2;
            break;
        case 2: //창고에 물건을 내려놓는다.
            X_AXIS_SOL=1;
            delay_ms(500);
            if(X_AXIS_RS2==0)
            {
                Y_AXIS_SOL=1;
                delay_ms(500);
                if(Y_AXIS_RS2==0)
                {
                    delay_ms(200);
                    VACUUM_SOL=0; //흡착 해제
                    Y_AXIS_SOL=0;    //Y축 후진
                    delay_ms(500);
                    T_mode=3;
                }
            }
            break;
        case 3: //X축 후진으로 처음 상태로 복귀
            X_AXIS_SOL=0;  //X축 후진
            delay_ms(500);
            Run_mode=0;
            T_mode=0;
            Start=0;
            break;
    }
}

void check_process()
{
    switch(C_mode)
    {
        case 0:  //공급 공정
            if(MAGAZINE_OS==0)       //공급실린더 후진해 있다고 가정하고 전진
                SUPPLY_SOL=1;
```

```
        else if(SUPPLY_RS2==0) //공급실린더 전진해 있으면 후진시킨다.
        {
            SUPPLY_SOL=0;
            C_mode=1;
        }
        break;
    case 1:  //판별 공정
        CONVEYOR_MO1=1;
        CONVEYOR_MO2=0;
        if(INDUCTIVE_PS==0)  Metal=1;
        if(CAPACITIVE_PS==0)
        {
            if(Metal==0)
            {
                Nonmetal=1;
                C_mode=2;
            }
        }
        break;
    case 2:  //금속이면 3초 후에 컨베이어 정지
        if(Metal==1)
        {
            delay_ms(3000);
            CONVEYOR_MO1=0;
            CONVEYOR_MO2=0;
            C_mode=0;
            Start=0;
            Metal=0;
        }
        else C_mode=3;
        break;
    case 3:  //비금속이면 스토퍼 전진, 컨베이어 정지 후
        STOPPER_SOL1=1; //스토퍼가 후진해 있다는 가정 하에 전진(양솔)
        STOPPER_SOL2=0;
        if(STOPPER_RS2==0 && STOPPER_OS==0)
        {
            CONVEYOR_MO1=0;
            CONVEYOR_MO2=0;
            delay_ms(1000);
            STOPPER_SOL1=0;
            STOPPER_SOL2=1;
            Nonmetal=0;
```

```
                    C_mode=0;
                    Run_mode=1;
                }
            break;
        }
}

void run()
{
    switch(Run_mode)
    {
        case 0:
            check_process();
            break;
        case 1:
            transfer_process();
            break;
    }
}

void main()
{
    PORTA=0xFF;
    DDRA=0x00;
    PORTC=0xFF;
    DDRC=0x00;
    PORTD=0x00;
    DDRD=0xFF;

    while(1)
    {
        if(START_SW==0) Start=1;
        if(Start==1) run();
    }
}
```

인터페이스하는 신호들의 처리와 프로그램의 순차적인 실행 구조는 앞의 과제와 동일하다. 창고용 DC모터를 구동하는데 PWM DC모터 보드의 H브리지회로를 사용하도록 결선하였으므로 PORTD.3~PORTD.6까지 4Pin을 사용하여 컨베이어를 구동하는 특징이 있다.

4.5.3 MPS 종합 구동

(1) 전체 공정제어

〈 실습 개요 〉

창고를 원점으로 이동한 후 공급 공정을 거쳐서 분류 공정에서 금속물품을 감지하면 컨베이어를 3초 동안 회전 후 정지하여 적재시키지 않고, 비금속 물품을 감지하면 스토퍼를 전진하고 흡착 컵으로 물품을 흡착하여 적재부의 1번 창고, 2번 창고, 3번 창고 순서대로 적재시킨다. 이때 적재한 창고 번호를 FND에 출력한다.

1) 제어동작 조건

① 시작 푸시버튼 스위치를 ON하면 창고모터가 원점으로 이동한다. 창고가 원점으로 이동한 후 매거진에 공급할 물품이 감지됐을 때에만 공급실린더가 전진하여 컨베이어 위로 물품을 공급한다.

② 공급실린더가 전진을 완료하면, 다음 공급을 위하여 공급실린더를 다시 후진한다.

③ 물품을 공급하면 컨베이어를 동작시키고 유도형 근접센서에 의해 금속물품이 검출된 후 용량형 근접센서에 의해 부품이 스토퍼에 접근을 감지하면 컨베이어를 3초간 회전 후에 정지시킨다.(금속물품은 컨베이어에서 낙하)

④ 유도형 근접센서에 의해 비금속물품이 검출된 후 용량형 근접센서에 의해 부품이 스토퍼에 접근을 감지하면 스토퍼실린더를 전진하고, 스토퍼 광센서가 물품을 감지하면 컨베이어를 즉시 정지시키고 2초 후에 스토퍼를 후진시킨다.

⑤ 1번 창고부터 3번 창고까지 순서대로 적재한다. 창고위치는 엔코더의 입력을 받아 창고 위치를 인식한다.

⑥ 적재할 창고의 이동이 끝났으면 Y실린더를 전진시켜서 흡착 컵으로 물품을 흡착한 후 Y실린더는 후진한 다음 X실린더가 전진하고, 끝에 도달하면 Y실린더가 다시 전진하여 창고 위에 물품을 놓고 흡착을 해제한다. 이때 FND에 방금 적재한 창고 번호를 출력한다.

⑦ Y실린더를 후진시키고 다시 X실린더를 후진하여 공정을 완료한다.

⑧ 적재를 완료하면 다시 시작버튼의 입력을 기다린다.

2) I/O PORT

순번	입력/출력	MCU의 포트번호	MPS 모듈	인터페이스 모듈
1	입력	PINA.0	공급실린더 후진 리드스위치	포토커플러 보드
2	입력	PINA.1	공급실린더 전진 리드스위치	포토커플러 보드
3	입력	PINE.2	Y축 실린더 후진 리드스위치	포토커플러 보드
4	입력	PINA.3	Y축 실린더 전진 리드스위치	포토커플러 보드
5	입력	PINA.4	X축 실린더 후진 리드스위치	포토커플러 보드
6	입력	PINA.5	X축 실린더 전진 리드스위치	포토커플러 보드
7	입력	PINA.6	스토퍼실린더 후진 리드스위치	포토커플러 보드
8	입력	PINA.7	스토퍼실린더 전진 리드스위치	포토커플러 보드
9	입력	PINC.0	스토퍼 감지 광센서	포토커플러 보드
10	입력	PINC.1	매거진의 물품 감지 광센서	포토커플러 보드
11	입력	PINC.2	창고 리미트스위치1	포토커플러 보드
12	입력	PINC.3	창고 리미트스위치2	포토커플러 보드
13	입력	PINC.4	창고 리미트스위치3	포토커플러 보드
14	입력	PINC.5	용량형 근접센서 물체 접근 판별	포토커플러 보드
15	입력	PINC.6	유도형 근접센서 금속 접근 판별	포토커플러 보드
16	입력	PINC.7	시작 스위치(푸시버튼 스위치)	스위치 보드
17	출력	PORTD.0	공급실린더 솔레노이드	TR 보드
18	출력	PORTD.1	진공발생실린더 솔레노이드	TR 보드
19	출력	PORTD.2	X축 실린더 솔레노이드	TR 보드
20	출력	PORTD.3	Y축 실린더 솔레노이드	TR 보드
21	출력	PORTD.4	스토퍼실린더 전진 솔레노이드	TR 보드
22	출력	PORTD.5	스토퍼실린더 후진 솔레노이드	TR 보드
23	출력	PORTD.6	컨베이어 모터 ON/OFF	TR 보드
24	출력	PORTE.0	BCD 0번 비트(창고번호 출력)	FND 보드
25	출력	PORTE.1	BCD 1번 비트	FND 보드
26	출력	PORTE.2	BCD 2번 비트	FND 보드
27	출력	PORTE.3	BCD 3번 비트	FND 보드
28	출력	PORTE.4	창고 모터 방향1	DC모터 보드
29	출력	PORTE.5	창고 모터 방향2	DC모터 보드
30	출력	PINE.6	창고 모터 홈 광센서	포토커플러 보드
31	출력	PINE.7	창고 엔코더(인터럽트 입력)	포토커플러 보드

3) 실습 순서

① 인터페이스 보드와 MPS 장비의 배선 작업

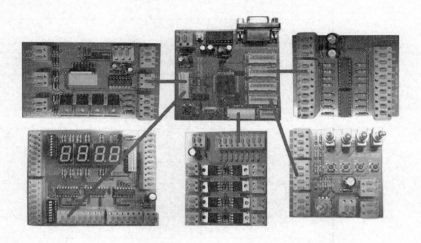

② Timing Chart(비금속 물품의 경우)

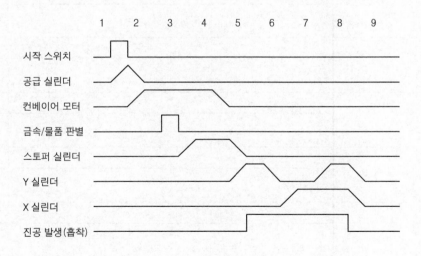

다음의 타이밍 차트를 직접 그려보기 바란다. 모두 표현은 할 수 없으나 센서 입력도 같이 표시하여 출력이 어떻게 순차적으로 동작해야 하는지 프로그램 설계를 연습해보자.

< Timing Chart >

I/O명칭	T1	T2	T3	T4	T5	T6	T7	T8	T9	T10

③ Flow Chart

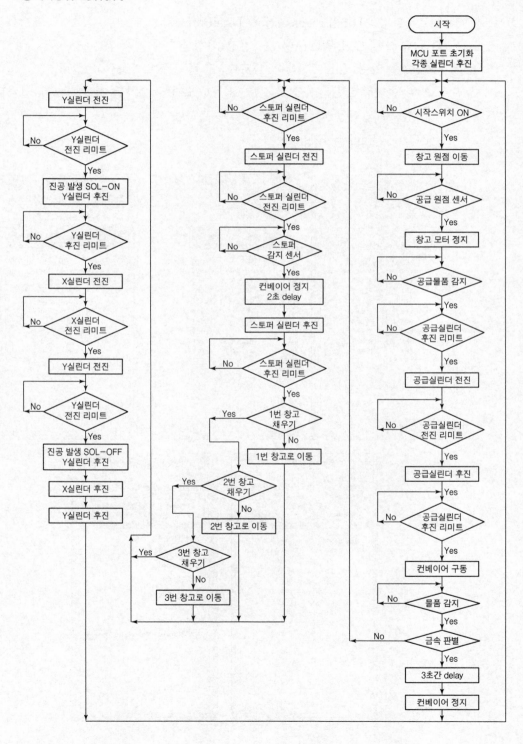

④ 소스 코딩

- 프로젝트명 : TotalProcess.prj / TotalProcess.c
- 다음과 같이 CodeWizardAVR 설정 실행한다.
  - A포트 : 입력, C포트 : 입력, D포트 : 출력, E포트 : 출력과 입력
  - 외부 인터럽트 INT7 설정 : 창고의 DC모터에 부착된 엔코더에서 입력되는 구형파가 입력될 때마다 펄스를 카운트하는 역할을 한다.

    MODE : Falling Edge 선택

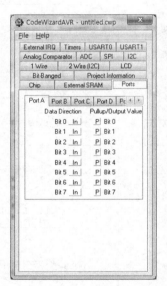
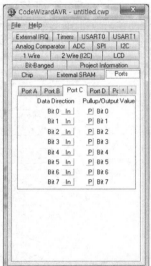
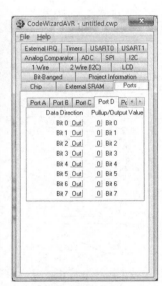

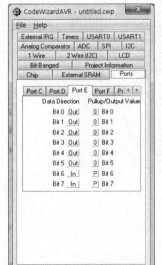

```
//MPS 종합구동
#include <mega128.h>
#include <delay.h>


#define SUPPLY_RS1      PINA.0      //공급실린더 후진 리드스위치
#define SUPPLY_RS2      PINA.1      //공급실린더 전진 리드스위치
#define Y_AXIS_RS1      PINA.2      //Y축 실린더 후진 리드스위치
#define Y_AXIS_RS2      PINA.3      //Y축 실린더 전진 리드스위치
#define X_AXIS_RS1      PINA.4      //X축 실린더 후진 리드스위치
#define X_AXIS_RS2      PINA.5      //X축 실린더 전진 리드스위치
#define STOPPER_RS1     PINA.6      //스토퍼실린더 후진 리드스위치
#define STOPPER_RS2     PINA.7      //스토퍼실린더 전진 리드스위치


#define STOPPER_OS      PINC.0      //스토퍼 물품 감지 광센서
#define MAGAZINE_OS     PINC.1      //공급용 매거진의 물품 감지 광센서
#define STORAGE_LS1     PINC.2      //창고1 리미트 스위치
#define STORAGE_LS2     PINC.3      //창고2 리미트 스위치
#define STORAGE_LS3     PINC.4      //창고3 리미트 스위치
#define CAPACITIVE_PS   PINC.5      //용량형 근접센서 물체 접근 판별
#define INDUCTIVE_PS    PINC.6      //유도형 근접센서 금속 접근 판별
#define START_SW        PINC.7      //시작 스위치


#define SUPPLY_SOL      PORTD.0     //공급실린더 솔레노이드
#define VACUUM_SOL      PORTD.1     //진공발생실린더 솔레노이드
#define X_AXIS_SOL      PORTD.2     //X축 실린더 솔레노이드
#define Y_AXIS_SOL      PORTD.3     //Y축 실린더 솔레노이드
#define STOPPER_SOL1    PORTD.4     //스토퍼실린더 전진 솔레노이드
#define STOPPER_SOL2    PORTD.5     //스토퍼실린더 후진 솔레노이드
#define CONVEYOR_MO     PORTD.6     //컨베이어 모터 동작


//FND에 창고번호 출력용 BCD0~3은 PORTE.0~PORTE.3 사용
#define STORAGE_MO1     PORTE.4     //창고 모터 방향1(Storage Motor +)
#define STORAGE_MO2     PORTE.5     //창고 모터 방향2(Storage Motor -)
#define STORAGE_OS      PINE.6      //창고 홈 광센서(MPS에 없으면 생략)
//엔코더 입력을 EXT_INT7(PINE.7) 외부 인터럽트로 입력하여 창고 DC모터 회전 정도를
카운트하여 창고1~3까지 이동시키는 데 사용한다.

bit Start=0;
bit Metal=0;                    //금속
bit Nonmetal=0;                 //비금속
//0:창고원점 이동, 1:공급/분류(금속, 비금속), 2:저장창고 이동, 3:적재
```

```
int R_ORDER=0;
//0:공급공정, 1:분류공정, 2:금속일 때, 3:비금속일 때
int C_ORDER=0;
//0:Y축 전진, 1:흡착ON/Y축 후진, 2:X축 전진/Y축전진/흡착OFF, 3:처음으로 복귀
int T_ORDER=0;
int ENCODER=0;          //창고모터 엔코더 카운터수
int COUNT=0;            //엔코더 카운터 수(창고번호 지정용)
int STORAGE_NUM=0;      //0: 1번창고, 1: 2번 창고, 기타: 3번 창고

interrupt [EXT_INT7] void ext_int7_isr(void)
{       //R_ORDER가 2일 때(저장창고 이동)만 엔코더 카운트한다.
        if(R_ORDER==2) ENCODER++;
}


void motor_origin_run()    //창고 원점으로 이동
{
        STORAGE_MO1=1;          //창고 모터 좌회전//창고 모터 ON
        STORAGE_MO2=0;
        if(STORAGE_OS==0)
        {
                STORAGE_MO1=0;          //창고 모터 OFF
                STORAGE_MO2=0;
                R_ORDER=1;
        }
}


void transfer_motor_run()          //창고1, 2, 3으로 이동
{
        STORAGE_MO1=0;          //창고모터 우회전//창고모터 ON
        STORAGE_MO2=1;
        if(ENCODER >= COUNT) //창고번호에 맞는 엔코더 카운터 수만큼 이동
        {       //PORTE에 창고번호 출력(FND에 출력)
                PORTE = (STORAGE_NUM + 1);
                STORAGE_MO1=0;          //창고 모터 OFF
                STORAGE_MO2=0;
                COUNT=0;                //다음 동작 위해 초기화
                ENCODER=0;
                R_ORDER=3;
        }
}
```

```
void transfer_process() //적재 공정
{
    switch(T_ORDER)
    {
        case 0: //Y축이 전진이 아니면 전진시킨다.
            if(Y_AXIS_RS1==0) Y_AXIS_SOL=1;      //Y축이 후진해 있으면 전진
            else if(Y_AXIS_RS2 == 0) T_ORDER=1; //Y축이 전진해 있으면 다음 단계
            break;

        case 1: //진공흡착하고 Y실린더 후진
            VACUUM_SOL=1; //단솔 흡착
            delay_ms(200);
            Y_AXIS_SOL=0;    //Y축 흡착한 채로 후진
            T_ORDER=2;       //다음 단계로
            break;

        case 2: //창고에 물건을 내려놓는다.
            if(Y_AXIS_RS1==0) X_AXIS_SOL=1;  //Y축이 후진해 있으면 X축 전진
            delay_ms(500);
            if(X_AXIS_RS2==0)      //X축이 전진해 있으면
            {
                Y_AXIS_SOL=1;      //Y축 전진
                delay_ms(500);
                if(Y_AXIS_RS2==0) //Y축이 전진해 있으면
                {
                    delay_ms(200);
                    VACUUM_SOL=0; //흡착해제
                    Y_AXIS_SOL=0;    //Y축 후진
                    delay_ms(500);
                    T_ORDER=3;
                }
            }
            break;

        case 3: //X축 후진으로 처음 상태로 복귀
            if(Y_AXIS_RS1==0) X_AXIS_SOL=0;   //Y축이 후진해 있으면 X축 후진
            if(X_AXIS_RS1==0)
            {
                delay_ms(500);
                R_ORDER=0;
                T_ORDER=0;
                Start=0;
```

```
                                STORAGE_NUM++;  //창고번호 증가(0 -> 1 -> 2 -> 3)
                    }
                break;
        }
}

void check_process()  //공급 및 분류 공정
{
    switch(C_ORDER)
    {
        case 0:   //공급 공정
                //공급실린더가 후진해 있고 매거진에 재료가 있으면
                if(MAGAZINE_OS==0 && SUPPLY_RS1==0)
                {
                        delay_ms(3000);
                        SUPPLY_SOL=1;  //공급실린더 전진
                }
                else if(SUPPLY_RS2==0)  //공급실린더 전진해 있으면
                {
                SUPPLY_SOL=0;           //공급실린더 후진
                C_ORDER=1;              //다음 단계로
                }
                break;

        case 1:   //판별 공정
                CONVEYOR_MO=1;          //컨베이어 동작
                if(INDUCTIVE_PS==0)  Metal=1;
                if(CAPACITIVE_PS==0)
                {
                        if(Metal==0)
                        {
                                Nonmetal=1;
                        }
                        C_ORDER=2;
                }
                break;

        case 2:   //금속이면 컨베이어 통과시켜 떨어뜨리고 다시 시작 준비
                if(Metal==1)
                {
                        delay_ms(3000);
```

```
                                CONVEYOR_MO=0;          //컨베이어 정지
                                C_ORDER=0;
                                Start=0;
                                Metal=0;
                        }
                        else C_ORDER=3;
                        break;


        case 3:  //비금속이면 적재
                        if(STOPPER_RS1==0)          //스토퍼가 후진해 있으면
                        {
                                STOPPER_SOL1=1;  //스토퍼가 전진(양솔)
                                STOPPER_SOL2=0;
                        }  //스토퍼가 전진해 있고 물건을 감지하면
                        if(STOPPER_RS2==0 && STOPPER_OS==0)
                        {
                                CONVEYOR_MO=0;          //컨베이어 정지
                                delay_ms(1000);
                                STOPPER_SOL1=0;          //스토퍼가 후진(양솔)
                                STOPPER_SOL2=1;
                                Nonmetal=0;
                                C_ORDER=0;
                                R_ORDER=2;
                                if(STORAGE_NUM == 0)      //처음에는 1번창고로
                                {
                                        COUNT=115;   //엔코더 카운터 수(1번 창고)
                                }
                                if(STORAGE_NUM == 1)
                                {
                                        COUNT=220;   //엔코더 카운터 수(2번 창고)
                                }
                                else     COUNT=325;   //엔코더 카운터 수(3번 창고)
                        }
                        break;
        }
}

void run()  //대분류 작업 오더 분류
{
    switch(R_ORDER)
    {
        case 0:  //창고모터를 원점으로 이동
```

```
                    motor_origin_run();
                    break;
            case 1:    //공급공정 및 분류공정(금속/비금속)
                    check_process();
                    break;
            case 2:    //1번 창고~3번 창고로 이동
                    transfer_motor_run();
                    break;
            case 3:    //지정 창고로 적재공정
                    transfer_process();
                    break;
        }
    }

    void main()
    {
        PORTA=0xFF;
        DDRA=0x00;
        PORTC=0xFF;
        DDRC=0x00;
        PORTD=0x00;
        DDRD=0xFF;
        PORTE=0xC0;
        DDRE=0x3F;
        // INT7 Mode: Falling Edge
        EICRA=0x00;
        EICRB=0x80;
        EIMSK=0x80;
        EIFR=0x80;
        // Global enable interrupts
        #asm("sei")

        while(1)
        {
            if(START_SW==0) Start=1;
            if(Start==1) run();
        }
    }
```

전체적인 프로그램을 이해하려면 프로그램의 실행 순서를 결정하는 케이스 문에서의 변수 값들의 변화되는 과정을 살펴보아야 한다.

다음 표에서와 같이 각 변수들의 값에 따라서 실행순서가 결정되고 다음 순서를 정하기 위해서 변수 값들이 변화하는 과정을 볼 수 있다.

< 프로그램 동작 순서 분석표 >

STEP	Start	Metal	Non metal	R ORDER	C ORDER	T ORDER	STORAGE _NUM	동작상태
1	0	0	0	0	0	0	0	초깃값
2	1	0	0	0	0	0	0	run() 대분류(작업 오더) 실행
3	1	0	0	0	0	0	0	run()의 case 0:에서 motor_origin_run() 실행(창고원점으로 이동)
4	1	0	0	1	0	0	0	motor_origin_run()에서 창고 모터 원점으로 이동
5	1	0	0	1	0	0	0	run()의 case 1:에서 check_process() 실행(분류공정)
6	1	0	0	1	0	0	0	check_process() case 0에서 매거진의 재료를 공급한다.
7	1	0	0	1	1	0	0	run()의 case 1:에서 check_process(); 실행
8	1	1	0	1	2	0	0	check_process() case 1에서 재료를 판별(금속의 경우)
9	1	0	1	1	2	0	0	check_process()에서 재료를 판별(비금속의 경우)
10	1	1	0	1	2	0	0	run()의 case 1:에서 check_process(); 실행
11	1	1	0	1	비금속3	0	0	check_process() case 2에서 금속의 경우 컨베이어 통과
12	1	1	0	1	3	0	0	run()의 case 1:에서 check_process(); 실행
13	1	0	1 0	1 2	3 0	0	0	check_process() case 3에서 비금속의 경우 1번 창고 카운터 값 저장
14	1	0	0	2 3	0	0	0	run()의 case 2:에서 transfer_motor_run() 창고로 이동 실행, FND에 1을 출력
15	1	0	0	3	0	0	0	창고 카운터 값에 의해 창고 이동
16	1	0	0	3	0	0	0	run()의 case 3:에서 transfer_process() 실행(적재공정)
17	1	0	0	3	0	0 1	0	transfer_process() case 0:에서 X축 전진
18	1	0	0	3	0	1 2	0	transfer_process() case 1:에서 진공흡착하고 Y축 후진
19	1	0	0	3	0	2 3	0	transfer_process() case 2:에서 지정 창고에 재료를 내려놓는다.
20	1 0	0	0	3 0	0	3 0	0 1	transfer_process() case 3:에서 X축 후진으로 처음 상태로 복귀

·〈 종합과제 : MPS 종합구동 〉·

〈 실습 개요 〉

　　MPS인터페이스 회로를 이용하여 MPS와 회로를 구성하고 공급공정, 검사공정, 적재공정 등을 연속동작으로 구동시킨다. 비금속 재료는 배출하고 금속재료만 1번 창고부터 3번 창고 까지 적재하는 공정이다.

[1] 제어동작 조건

① 메거진에 재료가 공급되면 공급실린더가 전진하여 재료를 공급하고 컨베이어를 회전시켜서 검사공정으로 이송한다.

② 검사공정에서 금속과 비금속을 검사한다. 비금속은 배출하고 금속은 1번 창고부터 3번 창고까지 3개를 적재한다. 이때 금속의 숫자를 누적하면서 FND에 출력시킨다.

③ 적재공정에서는 금속재료가 이송되면 스토퍼가 하강하여 재료를 정지시키고 스토퍼센서가 감지하면 컨베이어를 정지시킨다. 이후에 1번 창고를 적재위치로 이동 시킨다. 1번 창고가 준비되면 흡착 실린더가 흡착하여 1번 창고에 적재하고 이후에는 2번 창고, 3번 창고 순서로 적재한다.

[2] I/O PORT

소스의 define문을 해석하여 인터페이스 회로와 MPS간을 결선한다.

[3] 프로그램 코드

```
/****************************************************************
// MPS 연속공정 제어
// MPS_Control.c
// 공급실린더는 양솔밸브로 스토퍼실린더는 단솔밸브로 변경하여 실행한다.
// 비금속은 배출하고 금속은 창고에 1~3번순으로 적재한다.
****************************************************************/
#include <mega128.h>
#include <delay.h>

#define SUPPLY1    PORTA.0 //양솔사용
#define SUPPLY2    PORTA.1
#define STOPPER    PORTA.2 //단솔사용
```

```
#define X_          PORTA.3
#define Y_          PORTA.4
#define VACUUM    PORTA.5
#define CONVEYOR PORTA.6

#define STO_MO1   PORTB.6
#define STO_MO2   PORTB.7

#define START_SW    PINC.0
#define SUPPLY_RS1 PINC.1 //공급솔 후진센서
#define SUPPLY_RS2 PINC.2 //공급솔 전진센서
#define MAGAZIN_OS PINC.3
#define METAL_PS    PINC.4
#define CAPACI_PS   PINC.5
#define STOPPER_OS PINC.6

#define POS1         PIND.0
#define POS2         PIND.1
#define POS3         PIND.2

unsigned char metal=0;
unsigned char nonemetal=0;
unsigned char worksu=0;
unsigned char RUN_ORDER=0;

int supplyOP();
int checkOP();
int saveSell();
int pos1sell();
int pos2sell();
int pos3sell();

void main(void)
{
DDRA =0xFF;
PORTA=0x00;
DDRB =0x00;
PORTF=0xF0;
DDRC =0x00;
PORTC=0xFF;
DDRD =0x00;
```

```
PORTD=0x0F;
DDRE =0x0F;
PORTE=0x00;

while (1)
{
    if(START_SW) //공정시작(연속 동작)
    {
        switch(RUN_ORDER)
        {
        case 0:  //공급공정
            supplyOP();
            RUN_ORDER = 1;
        break;

        case 1:  //검사공정
            checkOP();
            RUN_ORDER = 2;
        break;

        case 2:  //저장공정(금속)
            if(metal==1)
            {
                CONVEYOR = 1;
                STOPPER = 1;
                while(STOPPER_OS) ;
                delay_ms(500);
                CONVEYOR = 0;
                saveSell();
            }
            else if(nonemetal==1)
            {
                CONVEYOR = 1;
                STOPPER = 0;
                delay_ms(7000);
                CONVEYOR = 0;
                RUN_ORDER = 0;
                nonemetal = 0;
            }
            break;
        }
    }
```

```
        else ;
}

int supplyOP( ) //공급공정
{   //메거진에 재료가 있고 공급실린더가 후진해 있으면 공급실린더 전진
    if(MAGAZIN_OS==0 && SUPPLY_RS1==0)
    {
        delay_ms(1000);
        SUPPLY1 = 1;
        SUPPLY2 = 0;
        delay_ms(1000);
        SUPPLY1 = 0;
        SUPPLY2 = 1;
    }
    return 0;
}

int checkOP( )  //검사공정
{
    CONVEYOR = 1;
    while(CAPACI_PS) ;

    if(METAL_PS==0 && CAPACI_PS==0) metal = 1;
    else if(METAL_PS==1 && CAPACI_PS==0) metal = 0;

    if(metal==1)
    {
        nonemetal = 0;
        STOPPER = 1;
        delay_ms(1000);
        worksu++;
        PORTE = worksu; //FND에 금속 Work수 출력
    }
    else
    {
        nonemetal = 1;
    }
    return 0;
}

int saveSell( )  //적재공정
{
```

```
        CONVEYOR = 0;
        if(worksu==1) pos1sell();
        else if(worksu==2) pos2sell();
        else if(worksu==3) pos3sell();

        Y_ = 1;
        delay_ms(1500);
        VACUUM = 1;
        delay_ms(1500);
        Y_ = 0;
        delay_ms(1500);

        X_ = 1;
        delay_ms(1500);
        Y_ = 1;
        delay_ms(1500);

        VACUUM = 0;
        delay_ms(1000);
        Y_ = 0;
        delay_ms(1500);

        X_ = 0;
        delay_ms(1500);
        RUN_ORDER = 0;

        STOPPER = 0;
        CONVEYOR = 0;
        nonemetal = 0;
        metal = 0;

        return 0;
}

int pos1sell() //1번 창고를 적재위치로 이동
{
        STO_MO1 = 1;
        STO_MO2 = 0;
        while(1)
        {
            if(POS1==0)
            {
```

```
                STO_MO1 = 0;
                STO_MO2 = 0;
                delay_ms(200);
                break;
            }
            else if(POS2==0)
            {
                STO_MO1 = 0;
                STO_MO2 = 1;
            }
            else if(POS3==0)
            {
                STO_MO1 = 0;
                STO_MO2 = 1;
            }
        }
        return 0;
    }

int pos2sell() //2번 창고를 적재위치로 이동
{
    STO_MO1 = 1;
    STO_MO2 = 0;
    while(1)
    {
        if(POS2==0)
        {
            STO_MO1 = 0;
            STO_MO2 = 0;
            delay_ms(200);
            break;
        }
        else if(POS1==0)
        {
            STO_MO1 = 1;
            STO_MO2 = 0;
        }
        else if(POS3==0)
        {
            STO_MO1 = 0;
            STO_MO2 = 1;
        }
```

```
        }
        return 0;
}


int pos3sell() //3번 창고를 적재위치로 이동
{
        STO_MO1 = 1;
        STO_MO2 = 0;
        while(1)
        {
            if(POS3==0)
            {
                STO_MO1 = 0;
                STO_MO2 = 0;
                delay_ms(200);
                break;
            }
            else if(POS1==0)
            {
                STO_MO1 = 1;
                STO_MO2 = 0;
            }
            else if(POS2==0)
            {
                STO_MO1 = 1;
                STO_MO2 = 0;
            }
        }
        return 0;
}
```

(2) 긴급정지버튼 사용법

앞의 과제에 긴급정지 버튼 기능을 삽입하고자 할 경우에는 외부인터럽트에 스위치를 결선하고, sleep 헤더파일에 내장되어있는 sleep_enable() 기능을 사용하면 된다.

긴급정지 이후에 해제할 경우에는 외부인터럽트만 동작하면 해제되므로 아래와 같은 방법으로 구동시킬 수 있다.

```
#include <sleep.h>

interrupt [EXT_INT1] void ext_int1_isr(void)
{   //긴급정지 및 파워다운
    sleep_enable();
    powerdown();
}

interrupt [EXT_INT2] void ext_int2_isr(void)
{
    //계속운전
}
```

┃참고문헌 및 자료┃

1. 박종갑, 기초전자실기, 한국산업인력공단(2009년)
2. 김진걸, 전가전자란 무엇인가, 골든벨(2007년)
3. 박정민, C언어본색, 프리렉(2011년)
4. 박운재, PC제어 소프트웨어 개발-초급 능력단위 교재, 한국산업인력공단(2008년)
5. Atmega128 매뉴얼, Atmel, www.atmel.com
6. TDS1000B/2000B 시리즈 오실로스코프 사용설명서, Tektronix, www.tektronix.com

하드웨어 제어를 위한
C언어와 마이크로프로세서

정가 ┃ 22,000원

공저자 ┃ **박 영 만**
        홍 순 남
펴낸이 ┃ **차 승 녀**
펴낸곳 ┃ **도서출판 건기원**

2013년 8월 16일 제1판 제1인쇄 발행
2015년 2월 10일 제2판 제1인쇄 발행

주소 ┃ 경기도 파주시 산남로 141번길 59(산남동)
전화 ┃ (02)2662-1874~5
팩스 ┃ (02)2665-8281
등록 ┃ 제11-162호, 1998. 11. 24

ISBN 979-11-5767-047-5 13560